Research on
Silk Culture

U0221720

蚕丝绸文化研究

（2021年）

金佩华◎主编

ZHEJIANG UNIVERSITY PRESS

浙江大学出版社

目录

I

新时代中国蚕桑丝绸文化的功能实现

金佩华

中国蚕桑丝绸文化的内涵极为丰富。在中华文明的发展历程中，中国蚕桑丝绸文化不断吐故纳新、积淀发展，融物质文化、制度文化、行为文化和精神文化于一体，成就了真、善、美的独特品格。中国蚕桑丝绸文化的当下意义主要表现在四个方面。

一、蚕桑丝绸文化的满足功能

习近平在党的十九大报告中强调，中国特色社会主义进入新时代，我国社会主要矛盾已经转化为人民日益增长的美好生活需要和不平衡不充分的发展之间的矛盾。文化学家认为，文化的功能在于直接或间接地满足人类的需要。蚕桑丝绸文化能够多方面满足人民日益增长的美好生活需要。

首先是美食功能。我们的祖先还在远古时期就会采集桑葚来吃，还会用石刀等工具割取野桑蚕茧中的蚕蛹来吃。自从发明了火，先人就会把野蚕茧煮熟后剥出蚕蛹来吃，丢弃的蚕丝到了冬天捡回来，还可以盖在身上保暖。这应该就是蚕桑丝绸文化的滥觞。

太湖流域蚕乡有谜语："青叶方梗子，像个乌枣子。南货店里没卖处，乡下地方多的是。"春蚕时节，桑葚是可以随意采来吃的，并没有进入商品流通领域。丰子恺在随笔《忆儿时》中回忆，童年时，丰家每年都要雇蒋五伯来饲养春蚕。蒋五伯去地里采桑叶，丰子恺跟随姐姐们到桑树地采桑葚吃。"蚕落地铺的

时候，桑葚已很紫很甜了，比杨梅好吃得多。"①

如今，新型农业经营主体引种果桑，春蚕时节采桑葚已成为农家乐旅游的一项特色活动。果桑的桑葚果大肉厚、紫红油润、酸甜适口、营养丰富，深受人们喜爱。桑葚可以现摘现吃，还可以榨桑葚汁、浸桑葚酒，做成桑葚果酱速冻起来，到了夏天可以搭配冰激凌吃。

嫩桑叶也已被开发成一种具有保健功能的美味食材。一般是将嫩桑芽焯水后，与蒜泥、红椒一起炒，或者做成凉拌菜，或者点缀到鱼圆汤或肉圆汤里。焯好的嫩桑芽打成粉末，和在糯米粉里，可以做成干湿茶点。此外，桑芽或嫩桑叶可以炒成桑芽茶或桑叶茶，就成了可以降"三高"的保健茶。

蚕蛹富含蛋白质、脂肪、维生素 B_2 等。新鲜的蚕蛹是蚕农喜爱吃的美味佳肴。鲜蚕蛹洗净滤干后，与笋片和韭菜一同煸炒，味道非常鲜美。鲜蚕蛹油炸后再炒，更为鲜香。这道菜是理想的下酒菜，不仅其味鲜美，而且富有营养，可以与河虾相媲美。

其次是满足百姓日渐增长的保健需求。中国传统文化强调"药食同源"。桑树一身是宝，它的叶、枝、皮、果实都可作中药材。桑叶和桑葚都有保健功能。

桑叶富含的多羟基生物碱具有显著的降血糖功能，含有的黄酮类物质具有抗病毒功能，含有的丰富酚类物质和食用纤维具有调节脂肪代谢、减肥降脂的功能。②桑叶性寒、味苦甘，具有散风清热、清肝明目等功能，主治外感风热、头痛、咳嗽、肝火赤目等症。中国民间有多种桑叶药方。

桑枝味苦，性平，归肝经。桑枝具有祛除风湿的功能，主治风湿疼痛、四肢拘挛、水肿、脚气等病症。中国民间也有以桑枝入药的药方。桑枝还可以做成基质，生产桑木耳。

桑树根的皮剥下晒干后称为桑皮。桑皮味甘，性寒，归肺经，具有清肺下气、利水退肿等功能，主治肺热咳嗽、吐血、水肿腹胀。

桑葚中含有丰富的碳水化合物、有机酸、维生素、纤维素、矿物质等营养物质，还含有花色苷、白藜芦醇、硒等生理活性物质，属于营养与保健功效兼

---

① 丰陈宝、丰一吟编：《丰子恺文集》，浙江文艺出版社、浙江教育出版社1992年版，第135页。
② 何雪梅：《桑树的营养功能性成分及药理作用研究进展》，《蚕业科学》2004年第4期。

具的第三代水果。[①] 即将成熟的桑葚，采来晒干后可以作为中药材。桑葚性寒，味甘，具有补肝益肾、滋阴养血等功能，主治眩晕耳鸣、心悸失眠、须发早白、肠燥便秘等病症。

新鲜的蚕沙晒干或烘干后，是一味很好的中药，可治疗风湿痹痛，临床用于治疗关节炎及关节肿痛。经过科学处理，可以从蚕沙中提取叶绿素、维生素E、维生素K、果胶等。干蚕沙辅以其他中药，可制成蚕沙枕头，有清凉降火的作用。

中国古代民间曾用蚕蛹治疗各种虚症。现代科学研究发现，蚕蛹富含18种氨基酸，其中人体必需的8种氨基酸含量达40%以上。人一旦缺少这8种必需氨基酸，就会消瘦乏力，头晕目眩。蚕蛹中的氨基酸提取物被广泛应用于饼干、果酱、可乐等食品中。

僵蚕性平，味咸、辛。据《神农本草经》记载："自古治小儿惊痫、中风、喉痹，外用治野火丹毒和一切金疮等症。"僵蚕能息风解痉、祛风止疼、化痰散结，中医常用于治疗惊痫喉痹、中风失音、头风齿痛、丹毒瘙痒、瘰疬结核，外用灭诸疮瘢痕，也可用来镇痛，治中风、半身不遂、小儿痉挛、抽搐、夜啼等病症。现代医学通过药理分析，发现僵蚕具有解热、降低胆固醇、抗惊厥和祛痰作用。僵蚕对于金黄色葡萄球菌、大肠杆菌、绿脓杆菌等都有抑制作用。

雄蚕蛾体内富含多种生理活性物质，如细胞色素C、拟胰岛素等，是开发抗疲劳和调节生理平衡保健品的原料。雄蚕蛾制品有利于调节人体内分泌，增强人体免疫力，对人体有很强的滋补作用，能延缓衰老。[②]

再次是满足人们的审美需要。丝绸是"纤维皇后"，被誉为"东方艺术之花"。丝绵服饰的时尚化将会进一步强化其审美功能。

与其他服装相比，丝绸服装的第一大优点是美观，符合现代人追求服饰美的潮流。丝绸服装的美感体现在光泽柔和、色彩鲜艳和身骨柔软等方面。蚕丝对光线反射的波长不同，就形成其温柔、美丽的光泽。"异彩奇文相隐映，转侧看花花不定"，是对丝绸服装丰富光泽的最好写照。

蚕丝的染色性极好，对许多染料的亲和力强。特别是在蚕丝温柔、美丽的

---

① 四敬霞：《果桑：第三代水果中的新贵》，《中国林业》2009年第2期。
② 孔庆富、丁运、孟静等：《我国蚕桑资源综合利用分析》，《蚕桑茶叶通讯》2019年第5期。

光泽基础上，经过染色或印花，丝绸更显得五彩缤纷、鲜艳夺目。加上人们长期在精炼、染色、丝织、刺绣、手绘等方面积累了丰富的工艺技术，丝绸在美化人们生活方面大放异彩。"天上取样人间织"，"染作江南春水色"，人们的审美情趣尽可以在丝绸服饰上得以显现。

蚕丝的柔软性也极好。人体本身为美的杰作，而丝绸服装更能增强人体美。人们穿上丝绸服装，人体美与丝绸美相得益彰，可谓锦上添花。

蚕丝的审美功能将更趋多元化。在家庭居室用纺织品领域，蚕丝类用品越来越受到人们的青睐，成为居室美化的新宠。随着中国城乡人民生活水平的不断提高，乔迁新居者和装修婚房者日益增多，居室装潢业飞速发展，用于居室装潢的丝绸制品作为高档软装，市场前景看好。

家庭居室用纺织品主要有床上用品（家纺）、装潢用品、工艺品和地毯。中国城乡居民在嫁女儿时以真丝家纺作为嫁妆已成了一种时尚。近年来被热炒的蚕丝被更成了高档体面的嫁妆。

随着居室装潢日益讲究，各种丝绸装饰用品也就进了寻常百姓家，如丝织窗帘、窗纱。用丝绸来装饰墙壁，能让居室充满艺术情调，效果远远胜于壁纸等。

东方丝毯具有轻、薄、可折叠、易清洗、经久耐用、编织密度高、图案细腻且富于变化等优点。小巧细软的丝毯还可充当桌毯和挂毯，因而很快成了家饰新宠。从白居易的《红线毯》来看，早在唐代就有了华贵美观的丝毯。居室用丝绸工艺品主要是各种壁挂、织锦、刺绣、缂丝等。中国自古就有用丝绸工艺品点缀居室的传统，如帛画、帛书，或用绫绢装裱过的书画，而织锦、丝绸屏风、丝绸灯笼等丝绸工艺品能使居室显得高雅、温馨，富于艺术情调。

近年来，从日本传来的蚕茧文创悄然兴起。用彩色茧剪制成的彩花、制成的灯饰，为居室增添了艺术情调。

蚕桑丝绸文化的多元化功能，往往能同时满足人们的多种需要。桑叶、桑葚、蚕蛹既能满足人们的美食需求又能满足人们的保健需求。丝绸服装既能满足人们的审美需求又能满足人们的保健需求。医学界非常注意蚕丝对人体的保健功能。科学研究发现，蚕丝是由多种氨基酸组成的蛋白质多孔性纤维，有益于人类健康。丝绸内衣对儿童丘疹性荨麻疹、儿童痱子、妇女外阴瘙痒、妊娠瘙痒、全身性皮肤瘙痒、局部瘙痒等都有明显疗效。

丝绸服装不仅冬暖夏凉，而且美观大方，加上其具有的保健功能，备受人们青睐。更何况穿上名牌丝绸服装，还能给人一种精神上的满足呢。

蚕桑丝织是一条很长的产业链。每一个生产环节产生的废弃物，都有可能成为另一个生产环节可利用的资源，这就符合循环经济的 3R 原则（the rules of 3R）。所谓 3R 原则，指的是减量化（reducing）、再利用（reusing）和再循环（recycling）。因此，延长蚕桑丝绸的产业链，既能变废为宝，又能增加产品的附加值，同时有利于节约型、生态型社会建设。

工业和信息化部、农业农村部等部门制定的《蚕桑丝绸产业高质量发展行动计划（2021—2025 年）》明确要求，推动资源综合利用，丰富产品种类，坚持立桑为业，加快桑叶、桑果、桑枝开发，培育一批骨干企业。

二、蚕桑丝绸文化的传播功能

不管是陆上丝绸之路还是海上丝绸之路，跨文化交流是双向的，有时甚至是多元的融合。通过丝绸之路，中国的丝绸、瓷器、茶叶等流向其他国家，而其他国家的物产也进入中国，中国的丝绸文样也有了异域风情。

随着工业革命的发展以及各种技术的进步，其他国家在蚕种培育、缫丝织绸方面的技术超过了中国。近现代中国从事丝绸贸易的买办、走向世界的留学生努力将海外在蚕种培育、缫丝织绸方面的技术输入国内，以图实业救国。如近代湖州丝商李松筠，将湖绉销往日本。其创办的李成记绉庄主营对日丝绸贸易，兼营茶叶，同时把日本优良的蚕种贩运到国内销售。他通过中日之间的贸易，加强了两国间的蚕桑丝绸文化交流，尤其是日本优良蚕种的引进，为日后蚕种场培育"洋种"打下了一定的基础。

数千年来，中国的丝绸源源不断地输往世界各地，促进了经济文化交流，推动了人类文明的发展。时至今日，中国仍是世界上最大的丝绸生产国和出口国，中国在国际丝绸市场上具有举足轻重的地位和作用。据中国海关总署统计，2016 年中国的生丝、绸缎和丝绸服饰出口量大约分别占世界贸易量的 90%、70%、55%。同时也应看到，中国的丝绸业对于国际丝绸市场有很大的依赖性，

国际丝绸市场的风风雨雨都会对中国丝绸业产生影响，美国"9·11"事件以及欧美金融危机都冲击了世界丝绸市场。更何况，中国在国际丝绸市场上并没有掌握定价权。

随着国与国之间政治、经济、文化交流的日渐频繁，随着传播媒介的多元化和快捷化，蚕桑丝绸文化的传播功能将会大大加强。一旦叠加明星效应，蚕桑丝绸文化的传播功能会进一步强化。

2000年，王家卫导演、梁朝伟和张曼玉主演的爱情片《花样年华》上映。在这部堪称经典的怀旧影片中，张曼玉的"旗袍秀"成了王家卫的"电影语言"。每换一组镜头，张曼玉就要换一款让观众眼前一亮的旗袍。片中张曼玉身着旗袍的造型性感、优雅，迅速让丝绸旗袍时尚化了。张曼玉"旗袍秀"的魅力经久不衰。

近年来，旗袍被赋予了"旗开得胜"的美好祝愿，不少女教师和高考生的妈妈专门穿上旗袍送考，成了考场外一道新的风景。

2001年在上海举办的APEC峰会上，20位国家领导人都穿上了大红色和宝蓝色的中式对襟丝绸唐装。这让全世界眼前一亮。中式对襟丝绸唐装很快成了一种新的时尚，掀起了一股唐装风。

2016年，G20峰会在中国杭州隆重举行。会议赠送给与会20国集团元首夫人的国礼是丝巾、手包套"合礼"。"合礼"由7件丝绸制品组成，集绫、罗、绸、缎为一体的丝织物是国礼的基本材质。丝巾、丝巾袋和手包套等放在木质礼盒中，礼盒则置于真丝礼品袋中，还附有中英文的创意文案及册页。其中丝巾用绫的织造工艺展现出象征着"一带一路"中海上丝绸之路的海浪纹以及陆上丝绸之路的道砖纹，用绞罗织造工艺展现出与会方合作共赢理念的20国集团成员国国花和欧盟会徽图案以及代表杭州的三潭印月风景，又用苏绣绣出中国国花牡丹与杭州市花桂花的组合。

杭州G20峰会上，元首们都穿西装，元首夫人们都穿旗袍，"合礼"则成了与旗袍搭配的坤包。中西合璧，刚柔相济，惊艳了世界。

9月4日晚，在浙江西子宾馆，东道主中国为与会的各国领导人举行了最高规格的晚宴。国宴厅高6米、长20米的巨幅丝绸壁画，以水墨手绘艺术手法展现西湖壮阔的自然风光。杭州万事利丝绸文化股份有限公司向大会提供了卷轴邀请函、丝绸席签、丝绸节目单及菜单、丝绸桌号牌等。会议的伴手礼中有都锦生丝绸、王星记绸扇、"达利"长方形丝巾。浙江企业立体化、多层次地向世界来宾展示了丝绸之府的独特魅力。

2019年在大阪G20峰会上，杭州万事利丝绸文化股份有限公司以丝绸为载体，朱鹮为元素，融合中日文化，向全世界呈现传统文化与现代创意交相辉映的中国韵味。朱鹮是珍稀、濒危的鸟类，素有"东方宝石"之称。将朱鹮呈现在传统的丝绸制品上，使丝绸制品焕发出新的活力。

三、蚕桑丝绸文化的教化功能

从古至今，蚕桑丝绸文化通过神话传说、文学艺术、蚕桑丝绸技艺、节庆活动等，不断发挥着教化功能。漫长的封建社会，讲究男耕女织，每年立春时皇帝要率领文武百官"亲耕"；皇后要"亲蚕"，"嫘祖始蚕"的传说则为"亲蚕"的滥觞。社庙中祈蚕神、演蚕花戏等活动，既是民间的狂欢，又能加强官民互动、蚕农与商人的互动。南宋时的画家楼璹任于潜令时，绘制了《耕织图》45幅，包括耕图21幅、织图24幅。图画与诗歌的结合，较好地发挥了"蚕织图"的教化功能。清朝康熙南巡，见到《耕织图》深受感动，传命内廷供奉焦秉贞在楼璹《耕织图》的基础上重新绘制。耕图和织图各23幅，且每幅配诗一首。焦秉贞的《耕织图》画得更为精美，进一步强化了蚕桑丝绸文化的教化功能。

1898年，杭州知府林启筹集官款，在杭州西湖金沙滩建立了浙江蚕学馆，聘请日本教习，编辑蚕桑学教材，开启了近代蚕桑教育的先河。蚕学馆努力培养蚕桑技术人员，培育抗病力强的改良种。尽管阻力重重，但经过官方、新式学堂与商家的共同努力，科学育蚕、机械缫丝等还是有所发展。

新中国成立后，特别是在改革开放的新时期，蚕桑丝织的现代化不断推进。然而，随着浙江、江苏等东部地区经济的快速发展，受土地成本和人工成本不断上涨的制约，东部地区的蚕桑产业不断萎缩。而西部地区土地和劳动力资源比较丰富，发展蚕桑产业的优势凸显。国家顺势而为，提出"东桑西移"战略，从政策和资金上给予扶持，推动了西部省区蚕桑产业的发展。

2009年9月28日，由浙江省文化厅牵头，联合江苏省文化厅、四川省文

化厅共同申报的"中国蚕桑丝织技艺"被列入联合国教科文组织《人类非物质文化遗产代表作名录》。中国蚕桑丝织技艺包括杭罗、绫绢、丝绵、蜀锦、宋锦等织造技艺及轧蚕花、扫蚕花地等丝绸生产习俗。

此后，在文化主管部门的指导下，通过保护传承责任单位、代表性传承人及社会各界的广泛参与，中国蚕桑丝织技艺的保护传承工作持续推进。中国丝绸博物馆是中国蚕桑丝织技艺保护传承工作的牵头单位，把整个项目的管理做成一个伞状结构，把"中国蚕桑丝织技艺"的所有项目结合进来，以冀通过各地的保护实践，让巧夺天工的绝技得以传承，滋养精神的蚕桑文化得以复兴，立足当代民众的需求，着眼当代生活的应用，开拓丝织品在当代生活中应用的新领域，恢复丝织技艺在当下生活中的位置。"中国蚕桑丝织技艺"项目初步实现了活态传承，成为弘扬中华优秀传统文化的有机组成部分。

在强化蚕桑丝绸文化教化功能、注重蚕桑丝绸文化活态传承方面，高校已成为一支生力军。党的十九大报告提出要坚定文化自信，推动社会主义文化繁荣兴盛。2017年年初，中共中央办公厅、国务院办公厅联合下发《关于实施中华优秀传统文化传承发展工程的意见》，首次以中央文件形式专题阐述中华优秀传统文化传承发展工作。教育部积极响应落实，于2018、2019、2020年连续3年评选全国普通高校中华优秀传统文化传承基地。在遴选出的106个基地中，与蚕桑丝绸文化有关的就有苏绣、汉绣、湘绣、蜀绣、顾绣、黎锦、云南扎染、贵州蜡染、江南染织、江南丝竹、蚕桑丝绸文化等11个基地。各基地紧密围绕课程建设、社团建设、工作坊建设、科学研究、辐射带动、展示交流六个方面的建设任务，开展基于传承项目的中华优秀传统蚕桑丝绸文化普及教育活动，加强成果交流与展示，切实将传承基地打造成所在学校的特色和品牌。

浙江、江苏、上海等省市把小学三年级学生饲养春蚕列入教学计划。孩子们在老师和家长的指导下，通过春蚕饲养，领略蚕桑丝绸文化的独特魅力。此外，传统蚕乡的蚕桑丝绸文化节庆活动、新型农业主体的蚕桑丝织研学活动，也是蚕桑丝绸文化活化与传承的有效载体。

法国著名社会学家哈布瓦赫在《论集体记忆》中指出："过去不是被保留下来的，而是在现在的基础上被重新建构的。""记忆是一项集体功能"，包含两方面内容："一方面是记忆，一个由观念构成的框架，这些观念是我们可以利用的标志，并且指向过去；另一方面是理性活动，这种理性活动的出发点就是社会此刻所处的状况，换言之，理性活动的出发点是现在。"[1]

蚕桑丝绸文化是中华民族的集体记忆。传承蚕桑丝绸文化的路径之一是唤醒我们对蚕桑丝绸文化的集体记忆，过去那些标志性的活动就是集体记忆中需要被唤醒的元素。

四、蚕桑丝绸文化的潜在功能

蚕桑丝绸文化研究的滞后，以及以"种桑—养蚕—作茧—缫丝—织绸—成衣"为主体的蚕业一元化模式，使得蚕桑丝绸文化的内在价值和潜在功能没有得到充分的重视和发掘。随着蚕桑丝绸文化资源的不断开发，跳出蚕桑丝绸产业拓展产业外延，蚕桑丝绸文化的潜在功能将会日益显现。

我国是桑树原产地和丝绸发祥地，也是全球最大的蚕桑丝绸生产国、出口国。蚕桑丝绸产业涉及种植养殖、加工制造、商贸流通、文化创意等多个领域，聚集大量中小微企业、农户、商户、合作社等经济组织，是第一、二、三产业协同发展和大中小企业融通发展的典型。近年来，蚕桑丝绸产业在技术进步、结构调整和品牌建设等方面取得了较大进展。2019年，我国桑园面积1200万亩，柞树场面积1300万亩，丝绸工业年产值1500亿元，蚕茧和生丝产量占全球80%以上。"东桑西移"成效明显，中西部地区蚕茧、生丝产量占全国75%以上，东部地区形成了一批特色集群和知名品牌；蚕桑品种选育、家蚕病害防治、工厂化养蚕、自动缫丝等技术水平不断提升；蜀锦、宋锦、云锦、缂丝等传统丝绸工艺技法得到传承和发扬，丝绸文化影响力有所增强。

在产业转移规律和政府"东桑西移"政策的共同作用下，东部地区（包括江苏、浙江、广东、山东）的蚕桑生产不断萎缩，西部地区（包括广西、四川、重庆、云南、陕西、甘肃、新疆、贵州）的蚕桑生产不断增长。1991—2017年我国东部蚕区家蚕茧产量、桑园面积和发种量占全国的比例分别由58.38%、25.98%和51.15%下降至17.35%、16.89%和16.36%，而西部蚕区家蚕茧产量、桑园面积和发种量占全国的比例分别由34.26%、64.12%和40.49%增加至

---

[1] 哈布瓦赫：《论集体记忆》，毕然、郭金华译，上海人民出版社2002年版，第304页。

76.26%、70.46% 和 78.13%。①

"东桑西移"做得最好的是广西。20 世纪，广西蚕茧产业始终在全国第五六名的位次徘徊。进入 21 世纪以来，广西抓住"东桑西移"的机遇，开启了十多年的黄金发展期。蚕桑产业一年一台阶，一年一飞跃，桑园面积和蚕茧产量连续十多年位居全国首位。2018 年，广西桑园面积达到 342.7 万亩，约占全国的1/4；蚕茧产量 40.44 万吨，约占全国的 55%。②

广西做好"东桑西移"这篇文章，关键一点是抓好了"小蚕共育"。家蚕小蚕共育技术具有节省能源、节省劳动成本、促使蚕生长良好、保证蚕体发育整齐、便于管理等优势。③广西气候条件好，大半年都能饲养家蚕。各级政府的蚕桑技术推广站和农业龙头企业做好了"小蚕共育"，让广大蚕农春夏秋三季随时都可以用低廉的价格买到小蚕来喂养。

各地政府充分发挥丝绸龙头企业的带动作用，调动蚕农积极性，围绕资源开发、土地运营、技术服务、质量控制、资本运作等探索建立农村种桑养蚕产业化发展新模式，既加速了蚕桑丝绸企业的集群发展，又能带动养蚕小农户实现共同富裕。广西蚕桑业每年能为 300 多万名蚕农带来可观的收入。

中国工程院院士向仲怀提出，蚕桑产业未来的发展方向是"立桑为业、拓展提升"，即以桑树为核心，发展生态桑产业，把桑树作为干旱、石漠化、消落带等生态恶化地区环境治理的优良树种，并以生态桑资源开展蚕业、林业、生态、饲料业等多级利用。④

中国历来强调"农桑为本"，栽桑的目的是养蚕。跳出"养蚕"来看"立桑"，根据桑树的潜能可以筛选出果桑、茶用桑、食用桑、药用桑、饲料桑和生态桑等一系列桑资源品种，并开展多元化的开发与利用。⑤果桑、茶用桑、食用桑、药用桑已有论述，下面重点论述饲料桑和生态桑的潜在功能。

桑叶营养丰富，其养分含量高于其他树叶，干叶中粗蛋白约为 22%，粗脂

① 李建琴、封槐松：《中国蚕桑产业改革与发展 40 年回顾与展望》，《中国蚕业》2019 年第 1 期。
② 钟春云：《"东桑西移"的广西突破——世界蚕业看中国 中国蚕业看广西》，《当代广西》2019 年增刊第 1 期。
③ 栾自全：《家蚕小蚕共育技术及其应用探讨》，《南方农业》2019 年第 26 期。
④ 向仲怀：《立桑为业 拓展提升》，《蚕业科学》2015 年第 1 期。
⑤ 刘明鲁、张建平、张雅秋等：《桑树资源多元化开发与利用》，《蚕桑茶叶通讯》2018 年第 3 期。

肪约为 6%，可溶性碳水化合物约为 25%，粗纤维约为 10%，其他钙、磷等含量也很高。桑叶的营养价值，与苜蓿相仿，比禾本科牧草高 80%~100%，比热带豆科牧草高 40%~50%，在以牧草为生产基础的热带地区，配合桑叶饲料可提高饲料的营养价值。[①] 因此，开发饲料桑前景广阔。

饲料桑作为一种新型的非常规蛋白饲料原料，具有较高的生态价值和饲料价值，开发前景十分广阔。[②]2021 年 9 月 9 日，在北京举行的第二届桑蚕经济论坛上，第十二届全国政协委员朱保成呼吁，我们不仅要把粮食饭碗牢牢端在自己手里，也要把畜禽的饭碗牢牢端在自己手里。

2020 年，我国进口大豆、玉米总量超过 1.4 亿吨，是全球蛋白质饲料原料最大进口国。从短期看，这虽然可以暂时弥补我国耕地资源的不足，但从长期看，饲料原料长期大量依赖进口，必然存在着很大的风险。开发利用饲料桑资源，着力调整优化饲料配方结构，促进玉米、豆粕减量替代，是藏粮于地、藏粮于技的具体实践，对保证我国粮食安全、食物安全和国家安全具有战略意义。

《沈氏农书》的"逐月事宜"中有六月"定枯桑叶"、九月"勒叶"晒枯桑叶、十月到桐乡和海宁"买枯叶"、十一月"载羊叶"等记载。叶行专门从事远期交易，类似于桑叶期货。早在六月就由叶行里的牙人上门兜售喂养湖羊的枯桑叶，讲好价格，交好定金，到十一月农闲时就可以直接到叶行里"载羊叶"。农家自己地里的老叶，九月就要勒下来自己晒成枯桑叶。至于十月去买的"枯叶"，则为现货交易的枯桑叶。

太湖流域的枯桑叶，又称"羊叶"，是养蚕剩下来的副产品。如今则已开发出专门用于饲养牛羊马的饲料桑。朱保成指出，各地的饲料桑产业实践探索表明，这条完整的生态产业链实现了"水土保持—生态修复—饲草种植—水肥协作—饲料加工—高效养殖—精深加工—粪污利用"的循环协调发展，系统地解决了粮食种植、饲料生产、畜牧发展的问题和生态保护中的草畜失衡、人畜争粮争地等突出问题。同时，还可以有效推进防沙治沙，筑牢生态安全屏障，走出一条生产发展、生活富裕、生态良好的绿色发展道路。

---

① 廖森泰、肖更生：《全国蚕桑资源高效综合利用发展报告》，中国农业科学技术出版社2009年版，第9—13页。
② 杜光波：《饲料桑在家禽和肉羊上的应用前景》，《中国畜禽种业》2019年第10期。

桑树是多年生阔叶乔木，光合作用强，生物产量大，是固碳减排的优良树种。[①] 大力发展生态桑，可以发挥桑树绿化、美化环境的功能和生态治理、修复的功能。在西部的石漠化、荒漠化、矿产开采等生态破坏严重的地区，可以利用桑树耐寒、耐旱、耐贫瘠、耐盐碱的特性，发挥其涵养水源、防风固沙、净化空气等生态治理功能，进行生态治理和生态修复。[②]

以现代科技和循环经济理念对蚕桑产业链各个环节的资源进行高效开发利用，可促进传统蚕桑产业的转型升级。发展生态蚕桑产业，推行绿色、环保、低碳、节约和高效省力种桑养蚕生产方式，可提高蚕桑产业的经济效益和竞争力；挖掘蚕桑物质和生物资源的新功能，可开发出有利于人类健康的新产品；利用桑树的生态功能，实行生态治理与经济开发相结合，符合我国生态文明建设的要求；利用蚕桑文化资源并与地方民族文化和特色产业结合，开展生态文化旅游，实现第一、二、三产业融合发展，可带动区域经济发展和蚕农脱贫致富。[③]

随着农牧业现代化水平的提高，传统植桑养蚕的农牧业模式有可能被工厂化的人工饲料养蚕挤占甚至替代。有专家认为，近期应重点推广小蚕人工饲料共育、大蚕省力化桑叶饲养，通过人工饲料养蚕与传统养蚕模式的融合来推动我国蚕业的升级发展。从长期发展趋势来看，即使已经规模化开展全龄人工饲料工厂化养蚕，也不可能完全替代传统桑叶养蚕模式，更可能是一种长期并存的状态。[④]

总之，多元化的开发利用以及利用现代高科技的多种探索，能更好地发挥蚕桑丝绸文化的潜在功能。

（作者单位：湖州师范学院）

---

① 秦俭、何宁佳、黄先智等：《桑树生态产业与蚕丝业的发展》，《蚕业科学》2010年第6期。
② 封槐松、李建琴：《蚕桑资源综合利用发展的意义、现状与对策》，《中国蚕业》2015年第3期。
③ 廖森泰：《关于发展生态蚕桑产业的思考》，《蚕业科学》2018年第2期。
④ 李建琴、顾国达、崔为正：《人工饲料养蚕的进程与展望》，《中国蚕业》2021年第1期。

从"处处倚蚕箔，家家下鱼筌"说起

——漫谈古诗词中江南水乡的蚕区风光兼叙平原水网地区的桑基鱼塘

李奕仁　沈兴家

镶嵌在江苏、浙江两省之间的太湖，水域面积约 2400 平方千米，湖岸线全长近 400 千米。太湖岸边是江南水乡，而位于太湖东南岸，名冠"吴"字的吴县、吴江县、吴兴县，可以说是江南水乡的典型。三县面积合计约 5000 平方千米，河道纵横交错，湖荡星罗棋布，桑青麻壮，鱼跃蚕眠，是中国最富足的鱼米之乡与丝绸之府[1]。不少文人墨客留下了描写江南水乡蚕区风光的诗篇。"处处倚蚕箔，家家下鱼筌"，就来自晚唐诗人陆龟蒙的妙笔。

一、诗人笔下江南水乡的蚕区景观

陆龟蒙是苏州人。皮日休是复州竟陵（今湖北天门）人。咸通十年，陆龟蒙与皮日休结识，彼此唱和，世人并称"皮陆"。《太湖诗》二十首为皮陆二人彼此唱和之作，都是皮日休唱，陆龟蒙和。

崦里（傍龟山下有良田二十顷）

［唐］ 皮日休

崦里何幽奇，膏腴二十顷。

---

① 顾兴国、刘某承、闵庆文：《太湖南岸桑基鱼塘的起源与演变》，《丝绸》2018年第7期。

风吹稻花香，直过龟山顶。

青苗细腻卧，白羽悠溶静。

塍畔起鹨鹈，田中通舴艋。

几家傍潭洞，孤戍当林岭。

罢钓时煮菱，停缲或焙茗。

峭然八十翁，生计于此永。

苦力供征赋，怡颜过朝暝。

洞庭取异事，包山极幽景。

念尔饱得知，亦是遗民幸。

崦里

［唐］　陆龟蒙

山横路若绝，转楫逢平川。

川中水木幽，高下兼良田。

沟塍堕微溜，桑柘含疏烟。

处处倚蚕箔，家家下鱼筌。

骙犊卧新簨，野禽争折莲。

试招搔首翁，共语残阳边。

今来九州内，未得皆恬然。

贼阵始吉语，狂波又凶年。

吾翁欲何道，守此常安眠。

笑我掉头去，芦中闻刺船。

余知隐地术，可以齐真仙。

终当从之游，庶复全于天。

山水舟船、桑柘炊烟、牛犊野禽、蚕箔鱼荃，尽收眼底，一幅天人合一、万物通灵、和谐相处的生动画面。

皮、陆《太湖诗》二十首所唱和的地点，多在苏州东山、西山一带，说明晚唐时期太湖流域的蚕桑丝织业已经相当发达。

这种类型的诗词，在唐宋元明清各个朝代多有吟唱。以下罗列部分诗作：

唐武宗会昌元年（841年）任湖州刺史的张文规，在湖州任上留下《吴兴三绝》。

吴兴三绝

［唐］ 张文规

苹洲须觉池沼俗，芝布直胜罗纨轻。

清风楼下草初出，明月峡中茶始生。

吴兴三绝不可舍，劝子强为吴会行。

被称为南宋四名臣之一的李光，则留下了《赴金陵舟过雪川偶作》。其一："孤村远浦接微茫，处处经行看插秧。却忆年时住家处，藕花无数绕林塘。"其二："渔舟荡漾逐鸥轻，呕轧缫车杂橹声。却入江淮兵革地，梦魂何似此间清。"

南宋文学家姜夔写有《除夜自石湖归苕溪》。其八云：桑间篝火却宜蚕，风土相传我未谙。但得明年少行役，只裁白纻作春衫。

元代湖州籍书法大家赵孟𫖯的弟子、宫廷画家唐棣在诗作中写道："吴蚕缫出丝如银，蓬头垢面怎苦辛；苕溪矮桑丝更好，岁岁输官供织造。"

与文徵明、唐寅、仇英并称"明四家"的沈周，写下《黄溪春早》[①]："一水自西东，春流浩荡通。楼台倒明月，舟楫坐长空。芳草鱼隈合，柔桑蚕户同。作文须记胜，要自太湖翁。"

明朝陆萱写有《南塘竹枝词》："春社人归日半斜，村前犹听鼓声挝。侬家活计年年好，只种桑麻不种花。"

明朝嘉靖十四年进士嵇世臣则写下了《归南庄》："小雨初晴春暮天，江村蚕事正三眠。频开亭上看花宴，使尽床头卖叶钱。园笋进阿厨玉嫩，溪鳞带子脍系鲜。醉余负子闲行处，桑柘阴连菜麦田。"

明朝张季淳在《夜过莺脰湖》中写道："蠡壳窗边渔火明，扁舟宛如镜中行。料因夜静钟常在，难得波平梦亦清。十里桑麻迷客路，一帆风雨到江城。推蓬

① 周德华：《吴江蚕丝诗词欣赏》，《丝绸》1993年第9期。

回首闲云处，犹忆前溪唱晚声。"

明朝俞睦写有《莺湖夜月》："几家茅屋住烟村，桑柘重重映绿门。昨夜莺湖初雨过，渐看新涨入篙根。"

清朝周龙藻写下了吴江的景致："湖光浮动夕阳天，小小村墟思渺然。渔女老凭舟当屋，农夫闲占水为田。荻芦风过洲洲雪，桑柘阴含户户烟。却指江湖刚十里，望中孤塔早高悬。"

清朝袁枚五十岁时到了湖州，留有《雨过湖州》："州以湖名听已凉，况兼城郭雨中望。人家门户多临水，儿女生涯总是桑。打桨正逢红叶好，寻春自笑白头狂。明霞碧浪从容问，五十年来得未尝？"

二、《沈氏农书》对桑基鱼塘的记载

从收集到的文献资料来看，最早记载平原水网地区挖塘养鱼、塘基栽桑、塘泥肥桑养蚕的，当数成书于明朝崇祯年间的《沈氏农书》。书中有言，"池蓄鱼，其肥土可上竹地，余可雍桑，鱼，岁终可以易米，蓄羊五六头，以为树桑之本"，可取得"两利俱全，十倍禾稼"的经济效益。

但这本书当时并未刊印，后来才得以面世。其中出力最大者，是世居桐乡清风乡炉镇杨园村的张履祥。张履祥，字考夫，又字渊甫，号念芝。9岁丧父，10岁至钱店渡外祖父家就读。15岁应童子试，成秀才。崇祯三年，祖父去世；翌年，母亡故，与兄相亲相助，勤俭持家。崇祯六年，开始以教馆谋生，过着"耕读自守、行义达道"的隐居生活，同时研究程朱理学，人称杨园先生。另有田地雇人耕种，也亲自动手干些农活，还经常向老农请教问题。

顺治年间，张履祥得到了一本手抄本《沈氏农书》。书中介绍了一整套生产技术和经营管理技术，但这并非沈氏首创。早在沈氏之前约半个世纪，乌镇人李乐曾纂修《乌青志》，其中就总结了当地农民干田、施肥、育秧等水稻生产技术，这些技术为沈氏所借鉴，并加以补充。《沈氏农书》记载的是当地农民长期积累起来行之有效的经验，所以张履祥对此书大加赞赏："按此书大约出于涟川沈氏，而成于崇祯之末年，正与吾乡土宜不远。其艺谷、栽桑、育蚕、畜牧诸事，俱有法度，甚或老农蚕妇之所未谙者。首列月令，深得授时赴功之义。以次条列事力，纤悉委尽，心计周矣。"他亲自抄录了《沈氏农书》，并奉为种植依据①。

张履祥还对此书加以辑录整理，最后形成"逐月事宜"十一条、"运田地法"二十条、"蚕务"四条、"六畜"五条、"家常日用"十一条。顺治十五年，张履祥应好友徐彬的请求，根据自身农业实践所得经验，对《沈氏农书》加以详细增补，即为现在的《补农书》下卷，具体包括"补《农书》后""总论""附录"三部分。其中"补《农书》后"共二十三条，介绍了当时的农业生产、食品加工技术；"总论"共九条，对农业生产以外的相关事项进行了论述；"附录"共八条，介绍了农业生产计划安排和一些农业技术。

《补农书》成书于顺治十五年。成书后，以手抄本形式广为流传。因张履祥晚年清贫，未得刊印。康熙十三年，张履祥因病逝世，葬于故里西溪桥南。康熙四十三年，海宁范鲲根据张的弟子姚琏的抄本，增补佚文，选刻行世。乾隆六年，《杨园张先生全集》初刻本问世。《四库全书总目》把《沈氏农书》收录于"子部"的"农家类存目"中；《续四库全书》收有《沈氏农书》全文，署"明沈口撰，清张履祥补撰"。

三、珠江三角洲桑基鱼塘的兴盛与萎缩

早在明朝初年，在水网密布的珠江三角洲南一带，农民已开始将低洼地挖深为塘，把泥土堆于四周成基。池塘养鱼，基上栽果或栽桑，形成所谓的果基鱼塘或桑基鱼塘。至嘉靖隆庆年间，丝及纺织品大量远销海外，刺激了佛山等地蚕桑生产的发展。果基鱼塘逐渐向桑基鱼塘转化。到清朝初期，南海、顺德已经出现"废稻树桑""废田筑塘"。到清代中叶，已形成以九江、龙山、龙江等为中心，规模百余里，居民数十万户的专业化桑蚕区②。

清光绪年间《高明县志》记载："将洼地挖深，泥复四周为基，中凹下为塘，基六塘四，基种桑，塘养鱼，桑叶饲蚕，蚕屎饲鱼，两利俱全，十倍禾稼。"到19世纪末，单单顺德县开挖的基塘就有十万多亩，桑地面积达到三十万亩以

---

① 杨承禹：《张履祥与〈补农书〉》，《嘉兴故事》2018年10月2日。
② 李奕仁：《神州丝路行》，上海科学技术出版社2013年版，第188—190页。

上。当地老农总结，八担左右蚕沙，可喂养塘鱼一担。

桑基鱼塘是中国水乡人民在土地利用方面的一种创造，也是中国古代劳动人民建立的人工生态农业的开端。它既能合理利用水利和土地资源，又能合理地利用动植物资源，不论在生态上，还是在经济上都取得了很高的效益，赢得了世界注目。国际地理学会秘书长曼斯·哈尔德在参观珠江三角洲的桑基鱼塘以后说："基塘是一个很独特的水陆资源相互作用的人工生态系统，在世界上是少有的，这种耕作制度可以容纳大量的劳动力，有效地保护生态环境，世界各国同类型的低洼地区也可以这样做。"他还同意由联合国大学资助广州地理研究所在顺德县设立桑基鱼塘观测站，开展珠江三角洲桑基鱼塘的合作研究。

20世纪80年代起，随着工业化与城市化的快速发展，产业结构调整，土地利用方式发生重大变化，加上环境污染加剧，珠三角一带的桑基鱼塘出现了三大变化：一是蚕区向粤西、粤北地区转移；二是桑基逐步让位给果基、菜基、花基；三是"四通一平"改造为工业与城市用地。桑基鱼塘面积急剧萎缩到不足200公顷，而且还是零星分布于顺德、南海、花都等一些农业观光园内①。

四、"浙江湖州桑基鱼塘系统"入选"全球重要农业文化遗产"

传统农业模式所面临的危机，引起了有识之士的担忧，也得到了联合国有关机构的重视。2002年，联合国粮农组织、全球环境基金会等国际机构共同发起设立了"全球重要农业文化遗产"项目。该项目旨在建立全球重要农业文化遗产及其相关景观、生物多样性、知识和文化的保护体系，并在世界范围内得到认可与保护，使之成为传统农业系统可持续管理的基础，从而为世界传统农业模式的发展与保护提供新的思路②。

全球重要农业文化遗产2005年第一批授牌，截至2019年5月，共有21个国家57个项目获得授牌。我国有15个项目得到授牌，进入全球重要农业文化遗产保护名录，数量位居世界第一。湖州市2014年以"浙江湖州桑基鱼塘系

---

① 　郭盛晖、司徒尚纪：《农业文化遗产视角下珠三角桑基鱼塘的价值及保护利用》，《热带地理》2010年第4期。

② 　吴传钧：《中国地理学90年发展回忆录》，学苑出版社1999年版。

统"申报此项目，得以入选。这是中国蚕桑丝绸行业难得的荣誉。57 个项目中，蚕桑方面只有 2 个，都在我国，一个是"浙江湖州桑基鱼塘系统"，一个是"山东夏津古桑树群"。

湖州桑基鱼塘位于湖州市南浔区西部，现存 6 万亩桑地和 15 万亩鱼塘，是中国保留最完整的传统桑基鱼塘系统。其中荻港片区桑基鱼塘占地 1007 亩，是湖州桑基鱼塘农业文化遗产的核心保护区。

荻港村紧邻京杭大运河，始建于 1300 多年前，鼎盛于清中期。全村 6.3 平方千米，村内古迹、景点众多，是个富有底蕴内涵的历史文化古村。

南宋王质写过《夜泊荻港》。其一："落日人家已半扉，隔篱问答语声微。桑枝亚路蝉争噪，一似南村割稻归。"其二："野火参差度暗光，萧萧蒲稗自生凉。夜深云上无星斗，古树阴沉觉许长。"

清朝李宗莲的《荻港夜泊》写道："依港结村落，荻苇满溪生。黄昏渔火光，不见一人行。西风芦荻秋，系缆天欲暮。隔树见渔灯，知是前溪度。"

如今，荻港已经成为全球重要农业文化遗产"浙江湖州桑基鱼塘系统"的核心保护区。通过多方面努力建设落成的蚕桑文化博物馆，作为桑基鱼塘系统文化传播的重要平台，向游人展示桑基鱼塘的形成与发展历史。

荻港还获得了全国文明村、中国传统古村落、中国历史文化名村、中国最美休闲乡村等荣誉称号，将农耕、蚕织、养鱼、农居、美食、文旅等融合起来，向世人展示"绿水青山就是金山银山"的可持续发展理念，展示人与自然和谐共生的高质量发展之路，给乡村振兴、蚕桑发展提供了示范样板。

（作者单位：中国农业科学院蚕业研究所）

丝绸之路与蚕丝业的国际传播

顾国达　李建琴　孙倩云

2013 年 9 月，习近平在哈萨克斯坦纳扎尔巴耶夫大学发表演讲，首次提出通过加强政策沟通、道路联通、贸易畅通、货币流通、民心相通的"五通"工程，共同建设"丝绸之路经济带"的倡议。2013 年 10 月，习近平在出席 APEC 领导人非正式会议期间提出中国愿同东盟国家加强海上合作，共同建设"21 世纪海上丝绸之路"的倡议。

在经济全球化和区域经济一体化不断深化发展的背景下，我国将与"一带一路"沿线国家一起积极推动经济、文化和外交等方面的互动发展。作为"一带一路"核心内涵的蚕丝业成为经济与文化互动发展的主要载体，因此，有必要回顾丝绸之路的发展历程与蚕丝业的国际传播。

一、丝绸之路的提出及其路线走向

德国地理学家李希霍芬把起自长安、远达罗马等地的以丝绸为特色的贸易商路，称为"丝绸之路"。

古代的丝绸之路全长 7000 多千米，起自长安，横贯欧亚大陆，途经中国、印度、希腊等国，极大地促进了东西方经济与文化的交流，加强了各国、各族人民的友好往来。因此，丝绸之路被称为文明之路、进步之路和友谊之路。

汉武帝建元三年，张骞受命率领 100 多人第一次出使西域，目的是联络大月氏夹击匈奴。他们经过河西走廊时被匈奴俘获。在被匈奴扣留十年后，张骞趁匈奴不备率随从逃脱，几经周折，到达大月氏。但此时的大月氏已臣服于大夏，无东来攻击匈奴之意。张骞在大月氏停留一年余，未能完成使命，只好返回。

汉武帝元狩四年，张骞受命再次率众出使西域。《汉书》"张骞传"记载："拜骞为中郎将，将三百人，马各二匹，牛羊以万数，赍金币帛直数千巨万。"张骞一行顺利抵达乌孙，受到乌孙王的欢迎，但乌孙王未接受汉朝的建议出兵匈奴。于是张骞一边继续做乌孙王的工作，一边分遣副使前往大宛、康居、大月、大夏等国。乌孙王虽未答应出兵匈奴，但为表示对汉朝的友好，派遣使节数十人随张骞一起返回长安。随着匈奴势力的削弱，陆上丝绸之路的畅通大大促进了中西经济文化的交流，揭开了中国对外贸易的新纪元。

早在张骞出使西域前，中国的丝绸已经输往外国，但是，张骞在第二次出使西域时，有目的地携带大量丝绸，具有官方贸易的性质，这在《汉书》"张骞传"中有明确的文字记载。张骞出使西域的成功，使中外经济贸易往来空前活跃。因此，可以将张骞第二次出使西域这一年作为陆上丝绸之路的起始年。

丝绸之路可分为陆上丝绸之路和海上丝绸之路。陆上丝绸之路可分为草原丝绸之路、沙漠丝绸之路和西南丝绸之路。

草原丝绸之路也称为"回纥道"。由中国的长安出发，往北过榆林受降城、哈尔和林、巴尔瑙尔、卡拉干达，直至里海一带。

沙漠丝绸之路是李希霍芬的"丝绸之路"所指的主要通道。沙漠丝绸之路分为三路：第一路由中国的长安出发经甘肃的兰州到达安西后一路向北经哈密、吉木萨尔、昌吉、精河、托克马克、江布尔，在卡拉干达附近与草原丝绸之路合道直至里海一带。另一路由安西经河西走廊到达敦煌，北路出玉门关沿天山至吐鲁番、库车、阿克苏、喀什、越葱岭到大宛、康居、马里、达姆甘、德黑兰、巴格达、伊斯坦布尔，直至罗马以西。还有一路自敦煌南路出阳关，经楼兰、若羌、且末、于阗、莎车，越葱岭、瓦罕、喀布尔、赫拉特，在达姆甘与北路相合，经德黑兰、巴格达直至罗马以西。

西南丝绸之路，也称"蜀身毒道"。由长安出发，向西南至成都，经大理、达卡，直至天竺。

海上丝绸之路的开拓可能早于陆上丝绸之路。据《汉书》"地理志"载，早在周武王灭纣建立周王朝时，周武王就封箕子于朝鲜，箕子自山东半岛一带泛

海赴韩，带去丝绸蚕种等，"殷道衰，箕子去之朝鲜，教民以礼义，田、蚕、织、作"。

海上丝绸之路依航线不同而有东海丝绸之路和南海丝绸之路。这是根据起航地点、航线不同而区分的。随着时代的推移和新的海上航路的不断开通，17世纪以后，欧洲与亚洲的丝绸贸易更加繁荣。

东海丝绸之路，从中国东海区域起航，主要以朝鲜和日本为目的地。由于早期航海技术差，船舶小，一般是沿海岸航行，经难波、博多到百济。东海丝绸之路是我国向国外传播丝绸及蚕丝技术的最早航线。

有关南海丝绸之路的记载，最早见于《汉书》。汉武帝时我国海船携带大量丝绸和黄金从雷州半岛的徐闻、合浦起航，途经都元国、邑卢没国，谌离国、夫甘都卢国、黄支国，到已程不国后返航。这是我国丝绸作为商品外传到上述国家的最早记录。公元 2 世纪中叶中国与罗马已有海路往来，南海丝绸之路已经开通。三国吴黄武五年后，广州作为南海丝绸之路始发港的地位已经得到确立。郑下西洋对中国对外贸易的发展有很大的促进作用。郑和率领的庞大船队在 20 多年间，七次下西洋，足迹遍布东南亚、南洋诸岛、阿拉伯半岛和东非一带，同多个国家发展了贸易和外交关系，进一步延伸与拓展了南海丝绸之路。

二、蚕丝业的国际传播

（一）向东方传播

由于朝鲜邻接中国，在战乱移民过程中，我国蚕丝业最早传入朝鲜。据《汉书》"地理志"记载："殷道衰，箕子去之朝鲜，教民以礼义，田、蚕、织、作。"据考证箕子赴朝时间在公元前 1223 年前后。据杜佑《通典》载："辰韩耆老自言：秦之亡人避苦役来适韩国，马韩割其地东界与之，知蚕桑作缣布"；"其民土著，种植，知蚕桑，作帛布"。由此认为公元前 12 世纪前后蚕丝业已经传入朝鲜。朝鲜沦为日本的殖民地后，移植日本的蚕丝技术，蚕丝业有较快的发展。1934 年生产蚕茧 22989.1 吨，1944 年生产生丝 2165.8 吨。20 世纪 90 年代，韩元汇率的坚挺、国际市场茧丝价格的下跌和中国与巴西生丝出口竞争的加强使韩国生丝出口受阻，韩国国内劳动力成本的大幅度上涨使蚕业生产的比较收入进一步减少。在这样的国内外环境压力下，韩国的蚕业生产迅速衰退，1999年韩国虽然还有蚕农3976户、桑园1466公顷、饲养蚕种45682盒，但蚕茧产量只有0.7吨。

蚕业技术传至日本，有经朝鲜间接传播和从中国沿海直接传播两条途径。据编年体史书《日本三代实录》记载，仲哀天皇四年，有个叫功满王的秦人，率族前来投靠，而且还向仲哀天皇献上了蚕种和珍物。一般认为公元前二三世纪日本已有蚕丝业。明治维新后，在政府的重视和扶持下，日本的蚕丝业得到迅速发展。1909年，日本出口生丝8081.6吨，超过中国的生丝（包括柞蚕丝）出口量，成为世界最大的生丝出口国。1930年，日本桑园面积占耕地面积的26.3%，有39.6%的农户栽桑养蚕，生产蚕茧399093吨，生产生丝42619吨。1929年，日本出口生丝34857吨，占当年世界生丝出口量的66.1%。日本的养蚕业在20世纪80年代快速衰退，进入90年代趋向消亡。1998年日本废除了《蚕丝业法》和《制丝业法》，可以说蚕丝业在日本作为一个独立的产业已难以维持。2010年日本养蚕农户数只有756户，比上年减少159户，生产蚕茧265吨，生产生丝53吨。

（二）向南方传播

一般认为，公元前4世纪前蚕丝业已经传入印度。印度目前是排名中国之后的世界第二大丝绸生产国，也是世界上唯一生产桑蚕丝、柞蚕丝、蓖麻蚕丝和琥珀蚕丝四种蚕丝的国家。在印度的蚕丝总产量中，桑蚕丝约占90%，野蚕丝约占10%。2010年印度桑园面积170314公顷，比上年减少13459公顷，减幅为7.9%，生产桑蚕茧130714吨，比上年减少947吨，减幅为0.72%，生产家蚕生丝16360吨，比上年增产38吨，增幅为0.23%。同年，印度生产野蚕丝4050吨，比上年增加682吨，增幅为16.8%，其中柞蚕丝生产量为803吨，蓖麻蚕丝2460吨，琥珀蚕丝105吨。

越南在新石器时代晚期已有蚕业。黎嵩推论在雄王朝时越南已"专事农桑之业"。公元6世纪前期的中国古农书《齐民要术》中就有"日南蚕八熟"的记载。公元7世纪越南向唐朝进贡的物品中已有绨和绸，且交州的各种税租一律

规定用绸缴纳。一般认为，我国的蚕丝业在公元前 10 世纪前后已传入越南。18
世纪至 19 世纪前期，产于越南的河南丝曾由英国的东印度公司出口至欧洲。
1905—1909 年法国的殖民统治者颁布种桑免税令，此后越南的蚕丝业以北方为
重点得到较大的发展。最盛时期的 1931 年，越南有桑园 21200 公顷，其中北方
11500 公顷，中部 8500 公顷，南方 1200 公顷；年产生丝 282 吨，废丝 127 吨。
1976 年 7 月越南统一后，蚕丝业在南方有所发展，而北方则有所萎缩。1980 年
越南有桑园面积约 10000 公顷，生产生丝 220 吨，主要出口至苏联及东欧地区
的社会主义国家以抵偿债务。1998 年，越南的蚕茧生产量为 6900 吨，生丝生
产量为 862 吨。

泰国的蚕丝业有 1700 余年的历史。泰国 1901 年在农业部设立蚕丝局，并
接受日本蚕丝技术的指导。第一次世界大战前，泰国的蚕丝业有了较快的发
展，蚕丝出口量由 1910 年的 35.5 吨增加到 1915 年的 66.3 吨。1984 年泰国有
蚕农 403634 户，桑园面积 36572.2 公顷，生产蚕茧 7960.3 吨，生产生丝 832.5
吨。2001 年泰国有蚕农 161000 户，桑园面积 31445.4 公顷，生产二化性蚕茧
2800 吨。

（三）向西方传播

唐代高僧玄奘的《大唐西域记》中有蚕丝业传入于阗（今新疆和田）的传
说："昔者，此国未知蚕桑，闻东国有之，命使求之。时东国君秘而不赐，严敕
关防，令无桑蚕出也。瞿萨旦那王乃卑辞下礼，求婚东国。国君有怀远之志，
遂允其请。"瞿萨旦那王命使送妇而戒曰："尔致辞东国君女，我国素无丝帛，蚕
桑种子可以持来，自为裳服。……既至关防，主者遍索，唯女王帽不敢检，运
入瞿萨旦那国。……以桑蚕种留于此地。"这里记载的是公元 4 世纪栽桑养蚕缫
丝织绸技术传入新疆和田的事情。

随着公元前 2 世纪丝绸之路的开拓，以丝绸贸易为目的的东西方经济文化
交流的得到发展，蚕种及蚕丝技术在公元 3—4 世纪已经传至叙利亚、伊朗、土
耳其、阿富汗、伊拉克等国。

乌兹别克斯坦是丝绸之路的经过地，在公元 4 世纪栽桑养蚕已经从中国传
入费尔干纳盆地，以后传播至中亚其他各国，是中亚国家中最早从事蚕丝业的

国家。19 世纪中期并入沙俄后，乌兹别克斯坦成为沙俄最重要的蚕丝生产基地，蚕丝业有一定的发展，并有相当数量的生丝出口。据里昂蚕丝商协会统计，以乌兹别克斯坦为主的中亚地区，1906—1910 年年均出口生丝达 319.2 吨，1913 年减少至 225 吨。20 世纪 70 年代由于世界丝绸及苏联国内的丝绸消费的增加，乌兹别克斯坦的蚕丝业进入快速发展期；蚕茧生产量由 1969 年的 19549 吨，增加到 1980 年的 30297 吨；生丝生产量也由 1969 年的 1112 吨，增加到 1980 年的 1645 吨；1980 年乌兹别克斯坦的茧丝生产量分别占苏联总产量的 61.9% 和 46.2%。2000 年乌兹别克斯坦的蚕茧生产量为 20375 吨，生丝生产量为 1122 吨。

公元 550 年前后，中国的蚕种、桑种及栽桑养蚕技术从叙利亚等地传入土耳其，随后在马尔马拉海沿岸的布尔萨地区扎根发展，成为土耳其的传统产业之一，至今已有 1400 多年的历史。1901—1905 年土耳其的蚕茧和生丝年均生产量分别为 6297.4 吨和 518 吨，1905—1910 年增至 6977.2 吨和 585.2 吨。第二次世界大战期间，蚕丝主产国中、日、意等国生丝出口的减少，使土耳其的蚕丝业再度辉煌，1942 年土耳其的蚕茧产量达到 3220.5 吨，生丝产量达 249.5 吨。

公元 5 世纪后期，栽桑养蚕技术自土耳其传入保加利亚，因此，保加利亚蚕丝业已有 1400 多年的历史。20 世纪初保加利亚蚕丝业有较快的发展，蚕茧生产量由 1890 年的 201.1 吨，增加至 1907 年的 1931.5 吨。1953 年保加利亚生产蚕茧 3017.3 吨，创造了保加利亚的历史纪录。1989 年经济体制改革引起的混乱和民营以后国家对蚕丝业政策支持的丧失等因素的综合作用，使得保加利亚蚕丝业快速萎缩，蚕茧生产量从 1990 年的 1290 吨，剧减至 1992 年的 300 吨，1998 年蚕茧生产量不足 100 吨，生丝生产量不足 9 吨。

据考古和历史文献研究，约在公元 4—5 世纪，起源于中国的蚕丝生产技术已经传播至伊朗。1925 年巴列维王朝建立后，为发展国民经济，对蚕丝业实行扶持政策，在 20 世纪 30 年代伊朗蚕丝业有相当大的发展，1935 年伊朗的蚕茧和生丝产量分别达到 2077 吨和 140.6 吨。1990 年伊朗的蚕种饲养量达到 20.9 万盒，生产蚕茧 5225 吨，生产生丝 783.8 吨。

此外，栽桑养蚕技术于公元 555 年传至希腊，公元 7 世纪时传至阿拉伯及埃及，以后传至地中海沿岸诸国，公元 8 世纪传至西班牙，公元 9 世纪传至意大利的西西里岛；13 世纪 40 年代从意大利传入法国。由于法国的自然条件适宜

栽桑养蚕，加上法国国民对于丝绸的爱好，随着里昂等地丝绸业的发达以及路易十一世和亨利二世对蚕丝业发展的奖励，至16世纪中期法国东南地区的蚕丝业有较快的发展。17世纪初，英国国王詹姆士一世被法国的塞若斯在1600年发表的蚕业论文所吸引，于是决定从意大利进口桑苗1.4万株，栽植于王室庭园内，致力于在英国推广发展蚕丝业，但由于各种原因未能成功。18世纪法国对蚕丝业继续采取保护奖励政策，至18世纪中期法国东南地区养蚕业已经十分普遍，1760—1780年间的年均产茧量达6600吨，法国大革命时期的1789—1800年间一度减少至3500吨。19世纪初法国蚕丝业处于历史的盛期，1846—1852年的年均产茧量为24250吨，1853年达历史最高纪录的26000吨。

公元1522年蚕丝业由西班牙传入墨西哥。1619年在英国召开的殖民会议上，詹姆士一世决定把殖民地美国作为英国丝绸业的原料基地进行开发。1622年詹姆士一世向代表英国管理殖民地开发的弗吉尼亚公司赠送桑苗和蚕种，并要求对蚕丝业进行推广奖励。因此，蚕丝业由英国传入美国是在公元1622年。至1666年养蚕业在弗吉尼亚州已相当普及。此后，佐治亚州、康涅狄格州、纽约州、新泽西州和马萨诸塞州等地的蚕丝业也在奖励政策下有所发展，其中佐治亚州1766年生产蚕茧高达20000磅，该州1734年开始向英国出口生丝，1768年向英国出口生丝1084磅。[1] 虽然美国各州政府竭力奖励推广养蚕发展蚕丝业，但由于养蚕技术要求高、风险大和劳动强度大，加上棉花和烟草的竞争，以及南北战争后从中国和日本大量免税进口廉价生丝的影响，美国的蚕丝业一直未有大的发展，1886年生产蚕茧5115磅，1889年为6248磅，[2] 至20世纪初蚕丝业在美国自然消亡。

三、结语与展望

中国是蚕丝业的起源国和传播国。丝绸是中国的瑰宝，栽桑、养蚕、缫丝、织绸是中国古代人民的伟大发明。丝绸之路极大地促进了东西方经贸往来和文

---

[1] Shichiro Matsui, The History of the Silk Industry in the United States, New York: Howes Publishing Company, 1930, p.13.

[2] Shichiro Matsui, The History of the Silk Industry in the United States, New York: Howes Publishing Company, 1930, p.13.

化交流，更为"一带一路"倡议的推进奠定了历史基础和文化共识。当前，中国是世界上最大的蚕丝绸生产国、出口国和消费国，蚕丝绸产业发展在中国仍然具有十分重要的社会经济地位和历史文化价值，蚕丝绸产业的发展有利于解决我国人民日益增长的美好生活需要和不平衡不充分的发展之间的矛盾。

本文简要论述了古代丝绸之路的源起及其路线走向，讨论了蚕丝业依托丝绸之路向东、向南、向西的国际传播，但由于土地与气候条件的差异性，资源禀赋的不同，蚕丝业在不同国家表现出不同的命运。"一带一路"倡议，源于古丝绸之路的灵感，自然也离不开蚕丝业的发展。系统研究蚕丝业在"一带一路"沿线国家的发展历程、现状与趋势，不仅有利于世界蚕丝业和中国蚕丝业的发展，也有助于"一带一路"倡议的持续推进和伟大中国梦的实现。

（作者单位：浙江大学经济学院）

创新蚕桑产业　弘扬蚕桑丝绸文化

——谈江浙蚕桑产业振兴与蚕桑丝绸文化传承

沈兴家　吴　洁

蚕桑丝绸文化是中华民族悠久文化之瑰宝。改革开放以来，地处东部沿海的江苏、浙江两省经济快速发展，但是，作为传统优势的蚕桑产业却一路下滑①，蚕桑产业在经济中的比重也越来越小。如何创新思路、稳定蚕桑产业，更好地继承发扬蚕桑丝绸文化，是广大产业管理者、经营者和学者面临的重要课题。这里罗列江浙两省的一些做法，兼谈一点粗浅认识。

一、稳定蚕桑丝绸产业发展

蚕桑、丝绸产业是蚕桑丝绸文化的载体。"皮之不存，毛将焉附"，我们需要集思广益，大胆创新，稳定和振兴蚕桑丝绸产业，筑牢产业根基，巩固蚕桑丝绸文化载体。

（一）强化产业顶层设计

发挥各级政府的领导作用，在社会主义市场经济框架下，制定实施优惠的蚕桑丝绸产业政策。充分发挥行业协会、学会的作用，依靠龙头企业和专家制定蚕桑丝绸产业发展指导意见，引导产业有序健康发展。

---

① 李建琴、封槐松：《中国蚕桑产业改革与发展40年回顾与展望》，《中国蚕业》2019年第1期。

（二）稳定桑园面积和养蚕数量

蚕茧市场价格年度间波动较大，但是与其他农产品相比，蚕茧价格还是相对稳定的。蚕桑产业曾是江浙蚕区农民家庭经济收入的主要来源，即使现在蚕桑产业也是农民脱贫致富的优选产业。在我国"十三五"全面脱贫攻坚中，蚕桑产业发挥了重要的产业扶贫作用，必将继续为乡村振兴发挥重要作用。

最近几年，蚕桑家庭农场、蚕桑合作社发展较快，提高了蚕桑产业的组织化程度和规模化水平，有利于新品种、新技术、新机械的推广应用，有利于提高产业效益，提升产业竞争力。产业经营模式不断优化，"公司＋基地＋农户"和"公司＋合作社／农场"模式成为主体，实行订单生产，保底价收购，利润二次分配[①]。

蚕桑管理部门加强技术指导，提供优质服务，加强蚕农／桑农技术培训，促进了蚕桑产业的稳定。实施养蚕商业保险，政府买单，让蚕农放心养蚕，养出好蚕，产出好茧，提高经济价值和社会效益。

合理管控蚕茧收购，谁签订合同，谁提供管理和技术供服务，谁就有资格收购；实行优质优价，保护蚕农应用新技术、新品种的积极性。

（三）实施轻简化、机械化、工厂化养蚕

目前农村养蚕仍以手工劳作为主，机械化程度低，远不及水稻、小麦、玉米等粮食作物。另一方面，农村青壮年劳动力缺乏，从事蚕桑业的主要是中老年人，有的只是作为一种副业或爱好。因此，新技术、新产品推广应用有难度，产业竞争优势逐渐丧失。

养蚕机械可以大幅度提高生产效率。前几年，江苏省如东县全年多批次全龄人工饲料养蚕取得成功，为工厂化养蚕提供了重要经验[②]。随着人工智能的兴起，智能化、工厂化养蚕已经出现。嵊州陌桑高科股份有限公司创新实践，走出了一条智能化、工厂化养蚕的新路。据报道，公司第一期工程年产鲜茧7000吨，第二期（在建）设计年产鲜茧4万吨，相当于浙江省蚕茧总产量的2倍。

---

① 任永利、窦永群、刘挺等：《江苏省蚕桑产业化经营模式分析》，《中国蚕业》2012年第4期。
② 李建琴、封槐松：《中国蚕桑产业改革与发展40年回顾与展望》，《中国蚕业》2019年第1期。

全封闭无菌养蚕不仅能为蚕丝绸企业提供优质原料，而且为蚕茧和茧丝在生物医药、化妆品和食品领域的应用创造了条件。

（四）加强蚕业科技创新

科研院所和高校要加快科技创新，通过企业将优秀科技成果应用于产业，拓展蚕桑资源利用，提高产业效益，为产业发展提供科技支撑。近年，生态桑产业、蚕桑生物质资源利用和蚕丝生物材料产业逐步形成，并快速发展，为产业振兴和多元化发展提供技术保障[①]。

二、建设特色小镇，发展蚕桑文旅

（一）蚕桑丝绸特色小镇

苏州震泽镇位于江浙交界处，北濒太湖，气候宜人，土壤肥沃，水源充裕，是我国著名的蚕丝之乡，有着悠久而灿烂的蚕桑文化。震泽镇入选江苏农业特色小镇。

湖州丝绸小镇位于湖州吴兴区东部新城西山漾湿地景区内，将湖州的丝绸文化与传统丝绸产业融入小镇。小镇内部突显文艺展览、特色农贸、主题餐饮等多种业态创意，成为集丝绸产业、历史遗存、生态旅游为一体的丝绸文创度假小镇。

江苏射阳县特庸蚕桑特色镇，最近几年蚕桑产业快速发展，现有桑园4万余亩，位列全省乡镇第一，2018年春蚕发种5.5万张，蚕桑产业成为当地农业的主导产业。

（二）桑果采摘园

最近十多年，果桑产业发展较快，果桑采摘园受到民众的欢迎。春季除了草莓和热带水果，其他水果少，桑果正好填补春季时令水果的空缺。制定规划，合理布局，建设果桑采摘园，服务游客，在获得经济收入的同时，也可以发挥

---

① 廖森泰、向仲怀：《论蚕桑产业多元化》，《蚕业科学》2014年第1期。

传承蚕桑文化的作用。

（三）蚕桑丝绸博物馆

随着我国经济社会的快速发展，蚕桑产业已经或正在从苏南地区、杭嘉湖地区等历史上蚕桑发达的地区消退，原来的蚕种场、缫丝厂等已经弃用，可以改造成蚕桑丝绸体验馆、博物馆，让游客亲身体验采桑、喂蚕、采茧、缫丝、剥茧、制绵等，提高他们对蚕桑丝绸文化的兴趣。如无锡西漳蚕种场变成江南蚕桑博物馆，为人们提供了解蚕桑丝绸文化的好去处。

江浙有不少蚕桑、丝绸主题博物馆，如杭州的中国丝绸博物馆、南京云锦博物馆、苏州丝绸博物馆等，这些博物馆在传承发展蚕桑丝绸文化中发挥了重要的作用。

三、加强蚕桑丝绸文化教育与研究

（一）中小学生养蚕教育与实践

目前小学课本中有不少是与养蚕有关的，如浙教版三年级下册《科学》教材的第二单元有《动物的生命周期》，以蚕宝宝的一生为例进行讲解，包括孵出的新生命、生长变化、蛹变成了什么、生命周期等等。苏教版四年级下册《科学》教材有《我们来养蚕》单元。

还有些学校让中小学生养蚕，或到蚕桑丝绸体验馆亲身体验，增强感性认识，在体验中感悟科学探究的真正乐趣，培养他们的创新思维和实践能力。

（二）大学生蚕桑丝绸文化研究与蚕桑生物技术创新实践

高校尤其是涉蚕桑、丝绸的高校，要引导大学生成立蚕桑丝绸文化社团，把蚕桑丝绸文化作为研究的重要课题。

中国蚕学会自2018年开始，每年举办"全国大学生蚕桑生物技术创新大赛"，得到了教育部高等学校动物生产类专业教育指导委员会、有关高校和科研院所的支持，已经连续举办3届，不仅为大学生、研究生的成长提供了平台，

也促进了蚕桑丝绸文化的传承与发扬。

（三）蚕桑丝绸文化研究社团与蚕桑丝绸文化宣传

中国蚕学会和省级蚕学会，可以设立蚕桑丝绸文化研究专委会，聚集相关专家开展蚕桑丝绸文化研究，举办蚕桑丝绸文化活动，弘扬传统蚕桑丝绸文化，使蚕桑丝绸文化与日俱进，永放光芒。

蚕桑丝绸企业在开发生产蚕桑丝绸产品的同时，可从生态环保、亲肤保健、高端优雅等角度，通过各种方式宣传推广蚕桑丝绸产品，引导消费；要开发适合不同阶层、不同用途的新产品，让老百姓想用，而且用得起。

创新蚕桑丝绸文化要充分发挥媒体的作用，多渠道、多视角宣传璀璨的中华蚕桑丝绸文化，使之深入人心，家喻户晓。

（作者单位：中国农业科学院蚕业研究所）

关于丝绸发明及原始纺织技术的若干问题

鲍志成

作为世界四大传统服饰面料之一，丝绸是华夏先民的原创发明和中华民族对人类文明的伟大贡献之一。这是学界共识也是全球共识。但是，丝绸是何时发明的？怎么发明的？技术标准是什么？国内外有着诸多分歧和争议。在国内，以往许多文史、考古学者和媒体记者，常常把某地出土了原始纺织工具如骨匕（针、梭）和石质（陶制、玉质）纺轮，作为丝绸或丝麻纺织技术发明的证据，或把蚕茧、蚕形或类蚕形石（陶、牙、玉）雕饰件、陶器上的蚕形刻划纹饰及类布纹细密印纹的出现，作为养蚕织布（绸）开始的证据，甚至有人把苇编、竹编之类作为原始丝麻纺织技术起源的证据。在国外，也有人把本国史前时期开始利用野蚕茧丝纤维作为发明丝绸的证据，进而质疑中国作为丝绸发明国的历史地位。

仔细分析这些说法，主要存在三个方面的问题。一是对纺轮等只具备某项单一功能的原始纺织工具与原始踞织机（即原始腰机）的发明使用及其功能不加区分，二是对野生蚕茧纤维的发现利用和人工种桑养蚕及茧丝纺织的发明创造混淆不清，三是对搓捻、缝纫、编结、编织等单一纺织技术和织造丝绸成品的纺织技术的起源混为一谈。归根结底，是把丝绸发明简单化了，没有认识到某一项或某几项原始纺织工具的发明使用，并不能满足丝绸发明所需要的诸多生产要素和技术条件，没有认识到丝织技术的发明形成是一个漫长而复杂的技术发明和积累、继承加集成的过程，没有认识到丝绸织造是一个集原始采集、种植、养殖和手工业于一体的系统性技术体系和生产系统。

因此，要搞清丝绸的发明问题，我们可从野蚕茧丝和家蚕茧丝的利用、原始纺织工具的发明、史前丝织技术体系的形成等方面来探讨。由于岁月久远，我们只能凭借有限的考古文物结合零星的文献记载来做比较研究，得出大致的结论。

一、野蚕茧丝和家蚕茧丝的利用

人类对蚕丝的发现和利用，野蚕茧丝在先，家蚕茧丝在后，这是毫无争议的。《荀子·富国》把"麻葛、茧丝、鸟兽之羽毛齿革"当作"足以衣人"的三大类材料。暂且撇开鸟兽皮毛不论，麻葛就是麻类，广义的麻类包括亚麻、葛麻、苎麻、黄麻、剑麻、蕉麻等纤维及其织品，在中国上古时代，主要是葛麻、苎麻；茧丝就是蚕丝，在种桑养蚕发明以前，主要是野外采集的野生蚕茧，如山蚕、柞蚕、木薯蚕、樟蚕、柳蚕和天蚕等野蚕丝，种桑养蚕后，则主要是指家蚕丝或桑蚕丝。

（一）"炼丝"与"治麻"相伴而生

根据考古资料比较分析，我国先民在新石器时代前半期，在茧丝和葛麻这两种天然纤维的发现和利用上，几乎是同步相伴而生的。但从自然性状的不同、天然存量的多寡、采集和纤维获取加工的方法及工具来看，最初人类在野生天蚕茧丝和植物葛麻茎皮韧性纤维的发现利用过程中，肯定是有难易和先后之分的。

在原始采集经济时代，先民为满足自身生存需要，在自然界获取食物、发现或发明某种可食、有用、有益的东西的过程中，都带有很大的冒险性和偶然性。说带有冒险性，是因为有毒有害植物和狩猎动物中对自身生命安全带来的不确定性和危害风险性。而偶然性通常是非先民有限的认知及主观所欲的，往往是在不经意间发现了某种食物或发明了某项器具，在这个过程中往往是某种自然力的巧合或某种自然现象的偶遇，促发了先民的重大发现或发明。如火的发现和利用，最初是先民发现了雷击、自燃等引发的火，然后掌握火种的保存方法，直至发明钻木取火等取火方法，从而开启了全新的生活和生产方式。

　　那么，对茧丝和葛麻的发现，是怎么开始的呢？按常理逻辑，古人类肯定在采集食物中发现野生蚕茧内的蚕蛹和葛藤的块根葛粉在先，利用茧壳茧丝和葛藤茎皮纤维在后。先民采食蚕蛹，有仰韶文化的西阴遗址出土的半个茧壳为证，距今 5600—6000 年①。葛藤的肥大块根是天然优质的淀粉，古人何时发现并食用不得而知，但葛藤茎皮纤维的发现利用，很可能早于野蚕茧丝。葛藤茎皮纤维几乎可以在全自然状态下因为腐败分解而为古人发现采用，而野蚕茧丝纤维相对要复杂而困难得多。《淮南子·氾论训》里说到黄帝之臣伯余发明制衣时说："伯余之初作衣也，緂麻索缕，手经指挂，其成犹网罗。"这里正是绩麻纤维、手工编织网格状平纹麻布的真实写照。河姆渡文化早期遗址曾出土了迄今最早的麻纤维织品麻绳和麻布残片距今 7000 年，江苏苏州吴中区唯亭镇崧泽文化晚期草鞋山遗址出土的炭化纺织品葛布残片距今 5500—6000 年，都要早于迄今发现的钱山漾遗址丝织物和河南青台、汪沟遗址丝织物遗存。

　　作为人类最早利用的动物纤维之一，野蚕茧丝的提取，是古人类面临的一大难题。不论古人类是怎么发现野蚕茧丝的——是为了食用茧内的蚕蛹，还是先发现了茧丝的功用，对茧丝的提取——也就是最初的缫丝技术，又是怎么发明的呢？至今只有猜想，难以定论。现代纺织学把将蚕茧抽出蚕丝的工艺概称为缫丝。据称，原始的缫丝方法，是将蚕茧浸在热水盆汤中，用手抽丝，卷绕于丝筐上，成为织绸的原料。一颗蚕茧可抽出约 1000 米长的茧丝，若干根茧丝合捻，就成为生丝，而盆、筐就是最原始的缫丝器具。

　　同样，葛藤茎皮纤维的提取，对古人而言也不是唾手可得、轻而易举的。葛作为野生藤类植物，多见南方山区，或攀爬于悬崖峭壁之上，或匍匐蜿蜒于缓坡平地之间，或缠绕悬挂于荆棘树木之上，往往长达十余丈。古人可能受到大自然的启迪，葛藤最初被用来作为编织材料。在编织藤编的过程中，或在挖取葛根块根食用葛粉时，发现了腐败分解的葛藤茎皮纤维的韧性坚牢，才进而发明了与茧丝提取类似的加工方法：先用水煮，褪去表皮后，就露出了洁白细长的葛藤纤维，然后捻成麻线。

　　尽管后来的丝麻纺织技术不断发展进步，丝麻纤维的提取技术也不断升级

---

① 蒋猷龙：《西阴村半个茧壳的剖析》，《蚕业科学》1982年第1期。

改良，但用热水煮都是最基本、少不了的关键一环。这就说明，最原始的缫丝冶麻技术，离不开火的利用和陶器的发明。而烧水热煮的另一关键作用，是为了给茧丝和葛麻脱胶。

众所周知，蚕成熟后吐出丝线来包裹自己形成茧，在茧中蚕变态成蛹，蛹进而变态为成虫也就是蛾。如果待到蛾自然地将茧溶解并钻出茧的话，茧就被破洞而损，丝线就会断裂变短，不能用于纺丝织绸。古人发现了这个奥秘后，就在蛾尚未破茧而出以前，将蚕茧放入沸水中煮，杀死蚕蛹，并经水煮后，使得茧更易于抽丝分解。也许，古人类为了获取蚕蛹食之，在截断、剪破茧壳中或水煮蚕茧中，才发现了茧丝的妙用，进而抽丝剥茧，发明了原始缫丝技术，并为东方古国开启了锦绣天下的盛世辉煌。

葛藤韧皮是由植物胶质和纤维组成，要提取纤维进行纺织，必须先把胶质除掉一部分，使纤维分离出来，这一加工过程就是"脱胶"。正如《诗经·周南·葛覃》所记载的，葛藤从野外收割回来，必需"是刈是濩，为絺为绤"，也就是把葛藤刈回来，采用濩煮之法，进行脱胶处理，再把分解得到的葛纤维按粗细不同，加工成絺或绤，用来纺织麻布。先秦到秦汉时期的夏至后沤渍法和蜃灰水煮法，宋元时期的半浸半晒法和硫黄熏蒸法，葛麻、苎麻等纤维提取脱胶技术不断进步，最根本的还是离不开水泡"濩煮"这个基本原理。在有关纺织发明的上古传说中，讲到丝麻提取时常用"冶麻""炼丝"这样的说法，似乎与"濩煮"蚕茧葛皮，然后捻成丝麻纺线的原始缫丝纺麻方法相契合。

人类对野生茧丝和葛藤韧皮纤维的提取，一个重要的技术参照，显然应该是在人类掌握搓捻技术前后。据研究，人类最早搓捻的天然纤维是动物的毛发，大约在距今10000年前，欧亚内陆的游牧民族最先发明并掌握了搓捻羊毛进行纺线的技术。我国考古发现葛麻纤维纺织的麻绳，是在距今7000年的河姆渡文化遗址出土的。有理由相信，一旦掌握了搓捻纺线的方法，那么提取野生茧丝和葛藤韧皮纤维进行搓捻纺线，也就开始了。而从纺织工具和技术的发明来看，骨锥、骨针的使用和缝缀、缝纫技术的出现，应是搓捻纺线的实证。

根据已发表的有关考古资料，我们综合整理了《新石器时代蚕桑文物及纺织器具、丝织品遗存》，据此我们可以得出如下基本判断：华夏先民在距今7000—10000年甚或更早在距今30000—50000年，掌握了搓捻、缝纫技术——

这在距今 30000 年前的山顶洞人遗址和小孤山遗址出土的骨针，距今 7600—10300 年磁山文化遗址、距今 8000—10000 年的小黄山文化遗址、距今 8500—9000 年的裴李岗文化贾湖遗址、距今 7000—7300 年的青莲岗文化遗址、距今 6000—7000 年的河姆渡文化早期遗址、距今约 7000 年的马家浜文化遗址等新石器时代前期遗址中出土的石质、陶制纺轮得到证实；距今 4000—8500 年，华夏先民已经开始纺织以野生茧丝和葛麻纤维为原料的平纹丝麻织品，并至少在距今 5500 年的黄河中下游地区开始养蚕纺织丝绸，在距今 4700 年的长江下游太湖流域开始种桑养蚕并纺织丝绸及麻布，在距今 7000 年已经发明了缫丝治麻的整套技术和纺织丝绸的原始腰机，还产生了蚕神崇拜。距今 6000—7000 年的河姆渡文化早期遗址出土的陶纺轮和木卷布棍、骨机刀和木经轴等纺织机具，以及蚕纹象牙盅、蚕形、丝形刻划符号陶器，良渚文化余杭反山遗址出土的玉质卷布轴镶饰、经轴端饰和开口刀等原始腰机部件玉制品，距今 5500—6800 年广泛分布于北方地区的众多仰韶文化遗址和部分龙山文化遗址、红山文化遗址、齐家文化遗址，距今 4000—5300 年的广泛分布在长江中下游地区太湖流域的众多良渚文化遗址以及商周文化遗址出土的造型各异、材质多样的陶蚕、玉蚕、蚕纹陶器和石纺轮、陶纺轮、玉纺轮以及细密纺织品印纹陶器，尤其是仰韶文化青台遗址和汪沟遗址出土的炭化桑蚕丝织品（绛色罗）残片、良渚文化钱山漾遗址出土的桑蚕丝线、丝带和平纹绢残片，都是有力的实证。

这里要特别阐明的是裴李岗文化贾湖遗址发现蚕丝蛋白的问题。2016 年，中国科学技术大学科技史与科技考古系龚德才教授及其研究团队在对贾湖遗址"两处墓葬人的遗骸腹部土壤样品"检测中，发现了"蚕丝蛋白的腐蚀残留物"，结合遗址中出土的"编织工具和骨针"等综合分析，8500 年前的贾湖人"可能已经掌握了基本的编织和缝纫技艺，并有意识地使用蚕丝纤维制作丝绸"，从而将中国丝绸出现的考古学证据提前近 4000 年。该研究团队在国际期刊 *Plos One* 发表长文《8500 年前丝织品的分子生物学证据》（"Biomolecular Evidence of Silk from 8500 Years Ago"）公布了这一惊人发现，国内外百余家重要媒体竞相报道。该项成果有两个问题尚待明确：一是发现的"蚕丝蛋白的腐蚀残留物"是丝织物还是蚕茧腐化分解所遗留？二是丝织物或蚕茧是桑蚕丝还是野蚕茧丝？从理论上分析，有可能是野蚕茧丝纤维的丝织品，也有可能是桑蚕茧丝的丝织物，也

不排除是野蚕茧或家蚕茧的可能。从报道看明显倾向于是桑蚕茧丝的丝织物，因为是"遗骸腹部土壤样品"检测出来的，就自然联想蚕丝蛋白可能是身上穿着的丝织服饰腐败分解所遗留，但其实也不能排除食用蚕蛹时混入茧丝的可能。综合分析，笔者认为蚕丝蛋白系野蚕茧丝纤维捻纺成丝线后用骨针、骨梭编结的类似"网罗"丝织物腐败分解后遗留物的可能性较大。

到了商周尤其是东周时期，桑树的种植和养蚕缫丝纺织，成为普遍性社会生产，丝织业初具规模，并超越了葛麻纺织，丝织品逐渐超越原来并驾齐驱的葛麻织品，成为中古时期的主流服饰面料。这不仅业已为考古发现所证实，也为后世文献所佐证。

新石器时代蚕桑文物及纺织器具、丝织品遗存

遗存物	出土地点	考古学文化	历史时期	发现时间
骨针	北京房山周口店龙骨山	山顶洞人遗址	距今3万年	1933年
骨针	辽宁海城小孤山遗址	旧石器时代晚期	距今2万—3万年	1983年
石纺轮、陶纺轮、骨针、骨梭、骨匕	河北武安市磁山村	磁山文化遗址	距今7600—10300年	1976—1978年
类丝麻织物印纹陶、类纺轮陶质圆轮、石针、石梭	浙江嵊州小黄山	小黄山文化遗址	距今8000—10000年	2005年
蚕丝蛋白、陶纺轮、骨针	河南舞阳舞渡镇贾湖村	裴李岗文化遗址	距今8500—9000年	1984—1987年，2001年
陶纺轮、骨针	河南新郑县裴李岗	裴李岗文化遗址	距今7000—8000年	1977年
蚕茧、丝形刻划符号陶器、陶纺轮	安徽蚌埠淮上区小蚌埠镇双墩村	青莲岗文化	距今7000—7300年	1985—1992年
蚕纹象牙盅、麻绳、麻布残片	浙江余姚河姆渡	河姆渡文化早期遗址	距今6000—7000年	1977年10月第二次发掘
陶纺轮、骨针、管状针、织网器、骨匕等纺织机具	浙江余姚河姆渡	河姆渡文化早期遗址	距今6000—7000年	1973年11月第一次发掘
木卷布棍、骨机刀、骨匕和木经轴等	浙江余姚河姆渡	河姆渡文化早期遗址	距今6000—7000年	1977年10月第二次发掘

续表

遗存物	出土地点	考古学文化	历史时期	发现时间
桑树孢子粉，石纺轮、陶纺轮	浙江桐乡石门镇罗家角	马家浜文化遗址	距今约 7000 年	1979—1980 年
石纺轮、陶纺轮	陕西西安东郊半坡村	仰韶文化遗址	距今 6300—6800 年	1954 年
石纺轮	陕西省临潼区城北姜寨	仰韶文化遗址	距今 6400—6600 年	1972—1979 年
陶纺轮	黑龙江兴凯新开流	新开流文化遗址	距今 6080±300 年	
蚕茧、纺轮	山西夏县尉郭乡西阴村灰土岭	仰韶文化遗址	距今 5600—6000 年	1926 年
陶蚕形饰	北京平谷上宅	仰韶文化遗址	距今约 6000 年	
炭化纺织品葛布残片	江苏苏州吴中区唯亭镇草鞋山	崧泽文化晚期	距今 5500—6000 年	1973—1974 年试掘
细密纺织品纹陶器（底部）	陕西华县柳枝镇泉护村、安堡村	仰韶文化庙底沟类型	距今 5000—6000 年	1958—1959 年
细密纺织品纹陶器（底部）	河南陕县庙底沟遗址	仰韶文化—龙山文化	距今 4780—5900 年	1956—1957 年
炭化丝织品（绛色罗）残片、麻绳	河南荥阳青台村、汪沟	仰韶文化遗址	距今 5000—5600 年	1983 年，1998 年
蚕纹彩陶器	河南郑州大河村	仰韶文化遗址	距今 5000—5600 年	1972—1987 年
柞蚕纹彩陶	陕西宝鸡北首岭	仰韶文化遗址	距今 5000—5600 年	1958—1960 年
牙雕蚕	河南巩义双槐树	仰韶文化遗址	距今 5000—5600 年	2020 年
大理石蚕形饰物	辽宁锦西沙锅屯	仰韶文化遗址	距今约 5500 年	1921 年
陶蚕蛹	河北正定南杨庄	仰韶文化遗址	距今 5400±70 年	1980 年
蚕纹黑陶（底部）	江苏吴江梅堰袁家埭	崧泽文化—良渚文化遗址	距今 5200—5300 年	1959 年
原始腰机部件玉质卷布轴镶饰、经轴端饰和开口刀等玉制品	浙江杭州余杭反山	良渚文化遗址	距今 4000—5300 年	1986 年

续表

遗存物	出土地点	考古学文化	历史时期	发现时间
丝线、丝带、平纹绢残片、陶纺轮	浙江湖州吴兴八里店镇钱山漾	良渚文化遗址	距今 4700—5200 年	1958 年
陶蚕蛹	山西芮城县西王村	仰韶文化晚期遗址	距今约 5000 年	1960 年
玉蚕、石蚕	内蒙古巴林右旗那斯台	红山文化遗址	距今 5000 多年	近 30 年来
石蚕	辽宁朝阳东山岗、三家子等	红山文化遗址	距今 5000 多年	近 30 年来
玉蚕	辽宁朝阳牛河梁遗址	红山文化遗址	距今 5000—5500 年	1983 年
玉丫形器	辽宁阜新福兴地	红山文化遗址	距今 5000—5500 年	
陶蚕蛹	山西芮城西王村	仰韶文化晚期遗址	距今 5000	1960 年
彩陶纺轮	湖北京山县屈家岭村	屈家岭文化遗址	距今 4800 年	1955、1956、1989 年
陶蚕蛹	河南淅川下王岗	屈家岭文化遗址	距今 4195—4550 年	1971—1974 年
蚕蛾、蚕形纹陶，陶纺轮	江西樟树大桥乡洪光塘村	筑卫城遗址	距今 4500 年	1974 年、1977 年
玉蚕	陕西神木石峁	龙山文化遗址	距今 4000—4300 年	1970 年代以来
六蚕纹红陶二连罐	甘肃临洮冯家坪	齐家文化遗址	距今 4000 年	1963 年
双大耳罐和尸骨附着类丝织物印痕、陶纺轮、骨匕	甘肃永靖大河庄	齐家文化遗址	距今 3600 年	1959 年

注：本表系根据已发表的新石器时代主要考古文化遗址出土的有关同期中年代最早的或首次发现的蚕桑文物及纺织器具、丝织品遗存等不完全考古资料综合而成。

（二）野蚕的驯化家养和桑树的人工种植

蚕是蚕蛾的幼虫，原生的蚕广泛分布在温带、亚热带和热带地区。现在一般所谓的蚕，主要分为两大类。一种为山蚕，也称柞蚕，以柞树叶为生；另一种就是家蚕，也叫桑蚕。我国是蚕的主要原生国，也是世界上最早养殖蚕的国度。由于现今的桑蚕，是从古代栖息于桑树的原生野蚕驯化饲养而来，其形态和习性与今天食害桑叶的野桑蚕十分相似，血清沉淀反应强度也相同，杂交能产生正常子代。桑蚕的染色体是 28 对，野桑蚕则有 27 对和 28 对两种类型。因此，一般认为家蚕或桑蚕与中国的染色体 28 对型野桑蚕同源。这是桑蚕起源于我国一个十分重要的生物学依据。

驯养家蚕和利用蚕丝，是中国先民的伟大发明，是人类生产和生活史上的一件大事，对人类文明产生了巨大而深远的影响。蚕的主要经济价值在于蚕丝。蚕丝是主要的纺织原料之一。中国是最早利用蚕丝的国家。我国先民对桑蚕的认知，可以追溯到新石器时代。

关于先民驯养野蚕的缘起或动因，有人认为是私有制产生后对财富的占有所驱使，也有人认为与蚕蛹作茧羽化、象征灵魂升天转世有关①。从社会生产发展的历史背景来看，这个原因是多方面的。古人类在长期的采集、加工和观察中，意识到野生蚕茧及其丝的来源，存在天然的有限性、不稳定性，要获得更多的茧丝，必须通过驯化养殖野蚕，才能保证足够的稳定的丝源，而要满足养殖更多家蚕的需要，必须人工栽培桑树，保证稳定可靠的蚕食料供应。因此，养蚕和种桑是密切相关、互为因果的两个问题。这当中，人口和需求的增加是最基本的内在动因，而原始农耕、养殖技术和原始农业、手工业的发展，是必要的前提条件。而全新世大暖期（距今 8200 年—约 3300 年）为中国带来的温暖气候，使桑树和蚕的养殖得以在黄河—长江中下游流域成为可能。显然，古人类最初可能是从原生桑林中采集原始野生蚕茧取丝利用；随着人类生活的定居和对蚕丝用途的进一步了解，进而试行在室内养蚕；经过长期的培育和选择，野生蚕才逐渐驯化成为具有家蚕生物性状和经济价值的桑蚕种。考古发现证明，华夏先民至少在 5000 年前甚至更早已经开始人工养蚕，是毫无疑问的。

桑树原产我国中部，树冠丰满，枝叶茂密，桑叶是蚕的主要食料。我国先民为了饲养桑蚕的需要，早在原始农耕时代就开始栽培原生桑树，距今已有 4000—6000 年的历史了。特别是长江中下游地区先民，早在 6000 年前就开始人工栽培桑树了。到西周，种桑养蚕成为农耕经济重要业态。春秋战国时期，桑树已成片大面积栽植。在漫长的种桑养蚕历史中，我国劳动人民对桑树作了改良，还培育了许多产量高、质量好的品种。我国收集保存的桑树种质分属 15

① 卫斯：《中国丝织技术起始时代初探——兼论中国养蚕起始时代问题》，《中国农史》1993 年第 2 期；赵丰：《丝绸起源的文化契机》，《东南文化》1996 年第 1 期。

个桑种 3 个变种，是世界上桑树种最多的国家。如今在我国大江南北都有广泛种植，尤以江南地区的江浙一带居多，且以历史悠久、品优质高而著称。

（三）蚕形文物的考古发现

有关蚕的考古发现，指的不是有机质生物体蚕本身的遗存发现，而是指蚕形或类蚕形的原始饰品的发现。从蚕形文物考古资料的分析研究，可以推测中国上古时代对野蚕的驯养与家化，可能在新石器时期的早期就已经开始了。

在距今 6000 年左右的河姆渡遗址第三文化层中出土的牙雕小盅（一说象牙杖首饰）刻有一圈编织纹装饰带和四个蚕形纹，蚕纹的头昂伸，身子作多节折状，似在一屈一伸地向前蠕动[1]。此外，河姆渡遗址出土的一件残陶片上，也刻有一对相向的残存的蚕纹，蚕头上以小点表示眼睛，身子也作屈伸状，并有多节折。从这些栩栩如生的蚕纹体形特征来看，从蚕的形态看，有人认为是家蚕，有人认为是野蚕。还有人认为，蚕纹与编织纹刻在一起，无论如何应是河姆渡人养蚕用丝的生动反映。即便这些蚕纹只是野蚕形象，也至少说明，河姆渡人对蚕有了初步的认识和崇拜。

北方地区新石器时代中期文化遗址出土的蚕形或类蚕形陶器饰品，相对较多。在北京平谷上宅仰韶文化遗址出土的陶蚕形饰，距今约 6000 年[2]；1980 年在河北正定南杨庄距今 5400 年左右的仰韶文化晚期遗址中出土了两枚陶质蚕蛹，昆虫专家参考、比较家蚕蛹和野蚕蛹的外观色泽等因素分析后认为，这两枚陶质蚕蛹是史前匠人参照真实蚕蛹制作的[3]；1960 年在山西芮城西王村遗址仰韶文化晚期地层中，也发现了类似的陶蚕蛹[4]；1971—1974 年河南省博物馆在河南淅川屈家岭文化下王岗遗址中发现了一陶蚕蛹[5]；2018 年，河南郑州巩义双槐树仰韶文化晚期遗址发现了一个蚕形牙雕，造型与正在昂首吐丝的家蚕十分相

---

① 河姆渡遗址考古队：《浙江河姆渡遗址第二期发掘的主要收获》，《文物》1980 年第 5 期。

② 郁金城、王武钰：《北京平谷上宅新石器时代遗址发掘简报》，《文物》1989 年第 8 期。

③ 郭郛：《从河北省正定南杨庄出土的陶蚕蛹试论我国家蚕的起源问题》，《农业考古》1987 年第 1 期。

④ 中国科学院考古研究所山西工作队：《山西芮城东庄村和西王村遗址的发掘》，《考古学报》1973 年第 1 期。

⑤ 河南省博物馆：《河南淅川下王岗遗址的试掘》，《文物》1972 年第 10 期。

近，距今5500年[①]。在辽宁、内蒙古等地距今5000多年的红山文化遗址中，出土有陶蚕、石蚕、玉蚕，经专家鉴定，属家蚕类。如内蒙古巴林右旗那斯台遗址采集到4件"玉蚕"，均为黄绿色，专家认为这4件"玉蚕"是蚕蛹，从圆形大眼睛是蝉幼虫的典型标志分析，更准确地说应该是幼蝉。辽宁建平东山岗红山文化积石冢2号墓中出有类似器物，为白色蛇纹石制，身体扁平，更似蝉的形状。此外，还有三件被定为其他动物的出土玉石器，其造型其实也与蚕有关。一是"兽头饰"，整体看颇似柞蚕蛹之形。二是"鱼形器"玉器，似某些昆虫的幼虫破卵而出的形态。三是石"鸟形玦"，应为勾曲的昆虫幼虫[②]。1983年辽宁朝阳凌源市红山文化牛河梁遗址群墓葬，出土有与蚕有关的玉器多件；1971年内蒙古翁牛特旗三星塔拉出土玉猪龙等相似器物发现颇多，应系红山文化普遍存在的对昆虫"蜕变"和"羽化"能力的信仰遗存物[③]。1963年在甘肃临洮冯家坪出土了一件距今约4000年的齐家文化泥质红陶二连罐，其腹部刻画出六条蚕纹，与甲骨文"蚕"字和其他省区出土的新石器时代晚期的蚕纹极为相似，因而很可能是人工家养蚕[④]；在江苏省吴江梅堰良渚文化遗址中，发现过一件刻有蚕纹的黑陶器[⑤]。

上述这些蚕形或蚕纹装饰图样的文物，无论是野蚕还是家蚕，都说明当时的人们已经十分熟悉和喜爱这种昆虫动物了。他们不仅饲养与利用蚕，而且用它作为纹饰图案，把它形象化、神化了，足见蚕对当时人们的重要。这些原始艺术作品，既是先民在采集、饲养蚕以获取茧丝纤维、捻丝纺线的长期生产实践中对蚕的感知、认识、认知、审美的反映，也蕴含、表达、寄托了先民们对美好事物、生活、未来的感怀、向往和情怀，既有很高的文物和历史价值，也具有一定的原始宗教意义和审美价值，揭开了源远流长的丝绸文化的序幕[⑥]。

---

① 石大东、李娜、左丽慧：《河洛古国打开黄河流域文明起源的关键钥匙》，https://www.sohu.com/a/393706949_120125238，2020年5月8日。
② 董文义、韩仁信：《内蒙古巴林右旗那斯台遗址调查》，《考古》1987年第6期；索秀芬、李少兵：《那斯台遗址再认识》，《草原文物》2013年第2期。
③ 李新伟：《红山文化玉器内涵的新认识》，《中原文物》2021年第1期。
④ 陈炳应：《群蚕图》，《中国文物报》1988年10月10日。
⑤ 陈玉寅：《江苏吴江梅堰新石器时代遗址》，《考古》1963年第6期。
⑥ 陶红、张诗亚：《新石器时代蚕纹陶器和陶蚕蛹新论》，《社会科学战线》2010年第3期。

二、原始纺织工具的发明

俗话说，工欲利其行，必先利其器。那么，即将踏入文明门槛的先民，在原始纺织技术方面，需要发明哪些工具呢？

从考古出土的各类纺织器具文物看，在新石器时代主要有骨针、骨匕、骨梭和石纺轮、陶纺轮等类型。不少学者不加区别地把这类骨器的出现，当作是原始丝织技术出现的开始[①]。毫无疑问，陶纺轮、石纺轮、骨梭的出现，肯定与原始纺织的出现直接有关，但骨匕、骨针之类就不一定了。

人类纺织技术和纺织品水平的高低，与纺织所使用的工具的类型和构造有着极其密切的关系。从最初简单的单件工具如骨锥、骨针、骨匕，到组合式的纺轮、骨梭，再到集成式的原始织机，在新旧石器时代之交到新石器时代中期乃至前期漫长的四五千年历史中，古人类为了满足生存和生活的需要，就地取材，创制工具，反复尝试，不断完善，终于形成了原始手工纺织机具的集成定型——原始织机。

这是一个长期的递进式的发明创造过程，不是一朝一夕突然发明的，也不是间隔五年或十年跳跃式前进的，而是以数十几百年为时间跨度慢慢积累逐步改进形成的。我们今天探究丝绸的起源，要以古代丝织技术的整体工艺和纺织机具的基本定型为历史标准和技术基础，要以能织造出丝绸的成品——哪怕是最简单的平纹织物，而不能仅仅以某一种工具、某一项技术的出现为开始。因此，我们把原始织机的出现或原始手工纺织技术体系的形成，作为丝绸起源的重要因素之一来考量。

（一）骨针、骨匕的发明使用

纵观考古发现，在距今五六万年以前的旧石器时代晚期，古人类早就掌握了磨制技术，发明了骨锥；古人类很可能在钻木取火过程中，发明了钻孔技术，进而发明了最早期的缝纫技术和缝纫工具——骨针。1933年在北京郊区房山县周口店龙骨山山顶洞人遗址，出土了刮磨光滑、针身保存完好的骨针，被誉为

[①]　如甘肃永靖大河庄齐家文化遗址出土了陶纺轮和为数较多的薄片条形骨匕，被认为是大河庄已有育蚕织绸的佐证。参见唐元明：《我国育蚕织绸起源时代初探》，《农业考古》1985年第2期。

"世界上发现的最早的缝纫工具"。这表明，在距今 3 万年以前，华夏祖先已能缝缀树叶、兽皮之类作为保暖御寒、蔽体遮羞的衣服。1983 年辽宁海城旧石器时代晚期洞穴遗址小孤山遗址，也出土了距今二三万年以前的 3 枚骨针，保存完好。

骨针堪称是古人类的一大革命性发明。在此之前，古人类先用骨匕切割、骨锥刺穿缝制品如兽皮之类成孔，然后用线穿过孔进行缝纫缀接。而骨针的使用，可以将骨锥刺入兽皮并同时拉线穿过孔内，缝纫工序减半，效率提高。五六万年过去了，骨针也早为铁针、钢针所替代，但在手工缝制工艺中，这枚小小的针不仅形制、功能没有改变，而且至今仍在被广泛使用。

从人类文明起源看，一枚骨针的发明和使用，其历史意义和人文价值就更大了。骨针的发明，哪怕只是用来缝纫最简陋的蔽体之物，也是古人类告别野蛮、迈向文明的一大步。这是刮削、磨制、搓捻、钻孔等技术经过数万年的积累、集成而诞生的一次技术飞跃。

在原始纺织工具中，骨针不仅是缝纫的主要工具，也是后来原始织机引纬器的前身，骨针引纬大大提高了纺织功效；骨匕是先民狩猎和切割的用具，后来成为原始织机木质纬刀的前身。

（二）纺轮、骨梭的发明使用

在距今 10000 年前后，当古人类从旧石器时代迈入新石器时代之际，骨针、骨匕等骨器的发明和使用已经越来越普遍，捻线、缝纫技术越来越娴熟，在串连饰品、缝制兽皮、编结苇席和渔网中广泛使用。在距今七八千年前的新石器时代前期，纺轮、骨梭等原始纺织器具发明后，真正意义上的原始手工纺织史，才算正式开启。

早期的纺轮一般由石片或陶片经简单打磨而成，形状不一，多呈鼓形、圆形、扁圆形、四边形等状，有的轮面上还绘有纹饰。作为一种简便的纺纱工具，纺轮由砖盘和砖杆组成，可将散纤维集中成一根纱线。砖杆插在纺轮中的圆孔，当人手用力使纺盘转动时，砖自身的重力使一堆乱麻似的纤维牵伸拉细，使拉细的纤维捻成麻花状，加捻过的纱缠绕在砖杆上，就完成纺纱过程。原始人配合自己灵巧的双手，完成了喂给、牵伸、加捻、卷取、成形五大现代纺纱工艺。

骨梭的一端有尖刃，另一端钻有一孔，其主要功能是牵引一根纬线从交错的经线之间穿过，使经、纬线快速地完成一次编织过程，从而加快织机的变换速度，提高编织的准确性。骨梭可谓是骨针的升级版，用来穿引纬线，成为原始织机的组件。纺轮和骨梭几乎在全国绝大多数省份的新石器时代早期遗址有零星出土，到中期前后开始大量出土，可见其在早期纺织中的使用也有一个从发明到推广的过程。

如果说骨针的发明最初满足了缝纫的需要，那么骨梭的出现，则标志着编结网罗、渔网的开始。伯余最初"作衣"，"緂麻索缕，手经指挂"，编结而成衣料"其成犹网罗"，这就是最好的说明。渔网的编结，也属于广义的纺织技术的一种，但相对于丝麻纤维纺织来说，严格意义上只是编结而非纺织，不能混为一谈。《易经·系辞下传》在论及上古历史人物时说，"上古结绳而治"，包羲氏"作结绳而为网罟，以佃以渔"，说明古人类在跨入文明门槛的原初时代，以植物韧皮纤维搓成绳以记事，捻成线以编织成网罟，在狩猎时盛以石球抛击动物。搓绳记事、捻线结网，在原始纺织技术上属于搓捻、编结的有纺无织时代。骨针、骨梭的发明使用为纺织发展积累了技术基础，开启了针织之先河。

从考古发现成果和技术进步的内在逻辑来看，纺轮的出现是与丝麻棉毛类优质动植物纤维发现采集利用相对应的实证，而随着纺轮的广泛普遍使用，必然伴随着原始踞织机的发明。从考古资料的梳理得出的大致推论是：距今8000—10000年前的小黄山文化遗址（所谓的细密印纹陶有待确证）和磁山文化遗址、距今八九千年的裴李岗文化遗址、距今六七千年的河姆渡文化遗址、距今五六千年的仰韶文化遗址，普遍出土了陶石纺轮和骨针、骨梭等器具，同期其他遗址出土有细密印纹陶、蚕丝刻画纹，在距今5500年的仰韶文化晚期遗址、距今四五千年的良渚文化遗址，出土了迄今为止发现的经过科学鉴定的桑蚕丝织物遗存。据此，在距今4500—5500年间，原始丝织业已经诞生并初步成型，是合乎情理、符合事实的。而纺轮和纺织用骨器的发明，分别至迟在距今七八千年前和近万年至几万年以前，到距今六七千年期间已经普遍使用。这似乎说明，搓捻、缝纫和编结、编织技术与借助纺轮的纺线技术，几乎相伴而生，长期共存；而原始织机的发明，实际上比纺轮等的发明，可能晚了4000年左右。

当然，在陶石纺轮大量出现后，这类骨器在原始纺织活动中仍大量使用，不仅是完全可能而且是顺理成章的。从人类使用和制造工具的技术和材料来看，能人与直立人都会同时使用单一的木质和石质工具如木棒、手斧等，这是"木器和石器并用"时期；到现代人（晚期智人，即新人）时期，开始发明"木石复合工具"，如木柄石斧、投枪、木柄镰、弓箭、石网坠渔网、细石器镶嵌复合器等，还发明了用石燧、木燧摩擦取火技术。因此，有学者提出用"木石并用时期"代替"旧石器时期"，用"木石复合工具时期"代替"中石器和细石器时期"[①]，这是有一定依据的。必须指出的是，事实上即便是到了新石器时代中后期甚至青铜时代、铁器时代，木器、骨器的使用仍是普遍存在的。

（三）原始踞织机的发明使用

原始织机是后世改进创新的各式古代织机和现代织机的鼻祖，它虽然简单甚至简陋，但其基本的纺织原理、纺机构造和古人的聪明才智，在人类纺织史上影响深远。

随着纺轮使用越来越普及，纱线的质量不断提高，数量成倍增加，原来的编织速度太慢，而且织品的密度不均匀美观。经过长期的摸索实践，古人创造发明了席地而坐的"踞织机"。与传统认知的织布机不同，这种踞织机没有机架，前后两根横木，卷布轴的一端系于腰间，双足蹬住另一端的经轴并张紧织物，以人来代替支架，"腰机"之名就因此而来。

一般说来，织造过程须完成开口、引纬、打纬、卷取、送经五大环节，织机上的部件，就是根据这些环节或流程的需要设置并加以不断完善才集成定型的。原始腰机的主要工具，有前后两根横木，相当于现代织机上的卷布轴和经轴。它们之间没有固定距离的支架，而是以人来代替支架，用腰带缚在织工的腰上；另有一把刀、一个杼子、一根较粗的分经棍与一根较细的综杆。

原始腰机织造采用了提综杆、分经棍和打纬刀，实现了经纬纱纵横交织，通过上下开启织口、左右穿引纬纱、前后打紧纬纱三种主要技艺，将丝线织成罗帛，构成基本织物。织造时，织工席地而坐，依靠两脚的位置及腰脊来控制

---

① 陈明远、金岷彬：《从现代人的进化看木石复合工具的历史意义——全盘修正"史前史三分期学说"之三》，《社会科学论坛》2012年第10期。

经丝的张力。通过分经棍把经丝分成上下两层，形成一个自然的梭口，再用竹制的综杆从上层经丝上面用线垂直穿过上层经纱，把下层经纱一根根牵吊起来，这样用手将棍提起便可使上下层位置对调，形成新的织口，众多上下层经纱均牵系于一综，"综合"一词便由此而出。

作为最古老、构造最简单的织机，原始腰机在我国的发明使用，既有新石器时代考古学文化遗址的考古发现，也有部分少数民族世代流传至今仍在使用的生动例证。浙江河姆渡文化遗址、良渚文化遗址和江西贵溪春秋战国墓群，都出土了原始腰机的零部件，如打纬刀、分经棍、综杆等。在云南石寨山遗址出土的汉代铜制贮贝器的盖子上，有一组纺织场景的铸像，生动地再现了当时人们使用腰机织布的场景，展示了经纬纱纵横交织、织成布帛这一构成织物的基本原理。

据考古报告，河姆渡遗址不仅出土了制作精美的骨针、骨匕、骨梭和许多陶制、石制纺轮，还有形状各异如凸字形、算珠形、工字形、圆饼形、梯形等形制的木制纺轮。在第四文化层，出土了多达300多件的各类木制器具，其中除了木桨外，最主要的是木纺轮、木纬刀、木织轴（木齿状器）、木卷布棍、圆木棒、尖头小棒、木匕（或即木机刀）等纺织工具。经纺织机械专家研究鉴定，推测这些木制机具，尤其是其中的两端削有缺口的卷布棍、梭形器和木机刀、木纺轮等特殊形制的木器机具，属于原始踞织机的零件[1]。著名丝绸考古专家宋兆麟、牟永抗先生据此提出并成功复原了由纺轮、经杆、机刀、梭子、布轴、经轴、综杆组成的原始踞织机——水平腰机，在原始织机复原研究上取得重大成果。从技术上分析，河姆渡水平腰机在织造过程中，当纬纱穿过织口后，还要用木制砍刀（即打纬刀）打纬，杼子可能是一根细木杆或可能是骨针，上面绕有纬丝。这足以证明，在距今七千年的新石器时代前半期，当时的河姆渡人不仅在生产和生活的各个方面都已广泛使用木制器具，木器制作技术也已达到相当高的水平，而且已经发明使用集成原始编织技术和工具的成套纺织机械，形成了以木质原始腰机为主、兼有陶制石质纺轮等工具的成套原始纺织技术体系。有了纺织，人类从此脱离茹毛饮血、草衣裸处的野蛮生活，迈入了文明的

---

① 河姆渡遗址考古队：《浙江河姆渡遗址第二期发掘的主要收获》，《文物》1980年第5期。

门槛。河姆渡人发明的原始踞织机，在我国纺织史上属于开山之作，在历史上沿用了数千年之久，对中国纺织技术和中华服饰文明做出了从无到有的开创新贡献，其意义和作用丝毫不亚于指南针、造纸术等四大发明。

无独有偶，广泛分布于太湖流域的良渚文化遗址，不仅出土了钱山漾遗址的丝织品、编织物和57件陶纺轮，还在核心区的余杭反山遗址出土了原始腰机部件的玉饰品。根据考古发掘资料，反山遗址属于等级较高的良渚贵族墓地，其中的第23号墓出土了467件玉器（不含玉粒和玉片），与其他墓葬不同的是，该墓有玉琮、玉璜、玉圆牌、玉织机组件，却无代表王权的玉钺。专家据此推断，该墓主应为良渚女性贵族，说明当时已有"男耕女织"的社会分工。该墓出土的玉纺机端饰件，从形制分析主要有玉纺轮、带玉捻杆、玉卷布轴镶饰、玉经轴端饰和玉开口刀等，雕琢精美，结构符合木制腰机的构造、功能和比例，属于绝无仅有的珍贵纺织文物。纺织专家研究后认为，从良渚反山遗址出土的玉腰机端饰件看，其机刀比河姆渡出土的要轻巧，分经杆为并列的双杆，比河姆渡木腰机有进步[1]。

腰机的出现，让人类告别了草衣木食的蒙昧时代，进入了服用纺织品的文明时代。考古学家戈登·柴尔德曾经指出，织机的发明是人类发明天才的一大胜利。腰机的发明在人类文明起源史上的地位，无论怎么评价都不为过。如果说火的发明，极大提高了古人类生产力和生活水平，开启了摆脱茹毛饮血的野蛮时代，加速人类自身进化的步伐，那么，腰机的发明，彻底改善了古人类围草裙披兽皮的原始服饰状态，既保暖又遮羞更美观，改善了服饰条件，提升了古人类的审美和文明程度，成为从野蛮到文明的标志性里程碑。

纵观远古时代的莽荒旧大陆，世界各地都有织机的发明，但唯独华夏先民发明的织机，是最完善、最先进的，集中体现了华夏先民的智慧。正因为如此，著名的科学史学家李约瑟博士在其著作《中国科学技术史》中说："中国人赋予织造工具一个极佳的名称：机。从此，机成了机智、巧妙、机动敏捷的同义词。"从人类的早期发明甚至近代以前的发明创造历史来看，织造可能是最复杂、最美妙、最精巧、最具匠心、最具系统性的一项技艺。

---

[1]　赵丰：《良渚织机的复原》，《东南文化》1992年第2期。

三、史前纺织技术体系的形成

陈放认为，丝织原理的发明，是基于编织原理，而对编织原理的认知和掌握，源自编结原理以及与之相关的搓动原理、加捻原理[①]。这里所谓的"原理"，其实是相关技术的过于教科书式的表述，对原始先民而言，恐怕只有动手的技术，谈不上什么科学原理。这是关于原始纺织技术发明、形成过程的比较可信的一个解释或假设，具有一定的科学性和可信度。从人类手工技艺的发展史来看，纺织技术源自编织或编结技术，是符合技术进步的科学规律的，从最简单最原始的搓捻技术开始，先民们逐步掌握、发展了缝纫、编结、编织和纺织技术。

（一）搓捻、缝纫技术

用双手搓绳，恐怕无人不能。但从纺织技术而言，搓绳捻线，却是人类最早最原始的纺织技术。现代纺织科学认为，这是人类最原始的加捻法，无论是原始的纺轮、纺织机械，还是近代的纺锭，都离不开搓捻这个最基本的技能。

说到搓捻技术，有必要做一个基本的考释。搓，本义是两掌互相摩擦，两个手掌反复摩擦，或把手掌放在别的东西上来回揉，手拿一种东西在另一种东西上产生摩擦。捻，最初是用手指把纤维搓转和捻成条状物。仔细分析搓和捻两种动作，搓用手掌，捻用手指，主要功能之一，是把某种纤维类材料搓或捻成条状物，实际目的是差不多的，只是手掌和手指对纤维类材料的夹持多少不同，搓成的条状物粗大一些，捻成的条状物细小一点，如搓麻绳、捻灯芯之类说法，就是一个很好理解的例证。至于"加捻"之说，是近代纺织工业的技术术语，是指将两股纱捻成一根线。推而广之，把多根丝、毛、麻线捻成"加捻丝""加捻毛""加捻麻"，以适用纺织主要是针织机织的需要，也就是自然而然、顺理成章的事情。由此，我们可以推断，先民在发明最初的编结和纺织技术过程中，也必然在无数次反复实践中掌握了这种搓捻技术或搓捻工艺，以达到增强牢度和弹性的目的。作为当代研究者，一方面，我们要沿着纺织—编织、编结—搓捻这样的技术逻辑和历史逻辑，去追溯、探寻原始纺织技术产生的源

---

① 陈放：《史前时代的江南丝绸之路》，http://blog.sina.com.cn/bjchenfang.

头，另一方面，我们不能把近现代科学发明的原理和加捻技术之类的术语，强加到原始纺织技术发明历史中。尽管加捻技术在所有纺织领域普遍存在，无所不用，是最基础的生产技术和工艺方法，但与原始的搓捻技术和工艺，毕竟大相径庭，不可同日而语。

古人为了御寒，最初直接用草叶和兽皮蔽体。后来开始采集野生葛麻、蚕丝等纤维和鸟兽羽毛，进行撮绩、缝缀、编织成粗陋的衣服。古人根据搓（撮）绳的经验，创造出绩和捻（纺）的技术。绩是先将植物茎皮加工成细长的纤维，然后逐根拈接。捻是用手指把纤维搓转和捻成条状物，后来发明纺轮后就开始纺线了。河姆渡遗址中出土了粗细不一的绳子，直径细者仅两三毫米，粗者有两厘米。专家鉴定结果，粗绳是用韧性较好的树藤、树枝纤维搓的，较细的是用葛、麻之类的长纤维鞣软脱胶后搓捻而成。缝纫是骨锥缝缀技术在发明使用骨针和纺线后的创新和进步，原来缝缀兽皮、连缀草叶要先用骨锥钻孔，再穿入细绳子，有了骨针和纺线后，就演化出针线缝合的缝纫技术。在编织过程中，用骨针把纬线穿于针孔之中，可一次性将纬线穿过经线，省去了逐根穿引的烦琐，大大提高了功效。骨针引纬的发明是纺织工艺的一项重要进展，作为最原始的织具之一，骨针是引纬器的前身，骨针引线开创了腰机织造的先河。

手工搓捻与纺轮捻线显然代表了搓绳捻线和纺轮纺纱的两个阶段，前者是纯手工的，后者是半手工的，在手工搓捻、缝纫、编结、编织到原始纺织的技术演进中，他们分别代表了两个生产力水平，不仅生产原料、生产工具等生产方式不同，其产品形态也不相同。如果说适用于纯手工搓捻、缝纫和编结、编织技术的原材料，主要是枝条、茎叶之类的原生态粗放原料的话，那么，适用于纺轮和原始织机的原材料，就是经过初加工的葛麻、茧丝之类的精密纤维。手工搓捻、缝纫和编结、编织的主要产品形态，是绳子，如麻绳、毛绳、苇席、竹编、藤编、兽皮等，半手工纺轮捻线和原始踞织机生产的产品，主要是天然野生蚕茧丝纤维平纹罗、葛麻韧性茎皮纤维麻布、动物毛发纤维毛织物等早期纺织品。特别要指出的是，纺轮捻线意味着纺纱线水平的提高，捻线原料纤维的精细化和标准化，捻线产量的成倍增加，在某种程度上也预示着原始踞织机的发明应用。

（二）编结、编织技术

比搓捻技术进一步的，是编结或编织技术。说到编结或编织，我们马上就会联想到草编、藤编、竹编、棕编、柳编、麻编之类，但很少有人会意识到这是人类最古老的手工艺之一。从技术上看，编结或编织就是把植物的枝条、茎叶、韧皮等处理后用手工进行编织成各类器皿的技术和工艺，在现实生活中，各类编织用品随处可见。这种古老的技术因为材料不同和地域差异，其产品和工艺丰富多样。令人庆幸的是，原始编织物的遗存和考古发现，已经足以让我们探知七八千年乃至上万年以前，我们的先民们所掌握的工艺水平、使用材料和器物种类。

据考古资料，在北方新石器时代典型的考古学文化——仰韶文化的半坡、庙底沟、三里桥等遗址出土的印纹陶器上，有十字纹、人字纹等竹编篾席的印模纹饰，有的陶钵底部还黏附着竹编篾席残片。在南方地区著名的新石器时代文化——浙江余姚的河姆渡遗址中，出土了粗细不一的绳子，细者直径只有两三毫米，系用葛麻之类的植物纤维鞣软后搓捻而成的，粗者则有两厘米，是用韧性较好的树藤、树枝搓捻制成的；同时出土的还有上百件之多的苇席残片，小者如巴掌，大者如毛毯、座席，达 1 平方米以上，距今有 7000 年历史。近些年在附近的距今 6000 年的田螺山遗址、距今 8000 年的井头山遗址，也有类似苇席和竹编织品出土，色泽如新，结构清晰，纹理宛然。这是浙东地区古越先民发明使用编结编织技术的实物证据，也是迄今全国最早的编织物遗存。被誉为"世界丝绸之源"的浙江湖州钱山漾遗址出土的最早的丝织品，发掘出土时就是盛放在竹编的箩筐里的，且各类竹编器具如竹篓、竹篮等多达 200 多件，其中大部分篾条经过刮磨加工，有人字形、十字形、菱形、梅花形等纹饰，编织工艺相当精巧。类似的编织遗存，普遍出土于新石器时代文化遗址中，说明至少在七八千年前，我们的先民已经熟练掌握了利用植物纤维搓捻、编结或编织技术。

在搓捻、编结、编织时代，古人发明适用的主要工具是骨针、骨匕、骨梭等，主要的编结、编织技术或方式有两种。一种是"平铺式编织"，即先把线绳水平铺开，一端固定，使用骨针，在呈横向的经线中一根根地穿织。另一种是

"吊挂式编织"，把准备好的纱线垂吊在转动的圆木上，纱线下端一律系以石制或陶制的重锤即纺坠，使纱线绷紧。吊挂式编织织作时，甩动相邻或有固定间隔的重锤，使纱线相互纠缠形成绞结，逐根编织。使用这种方法，可以编织出许多不同纹路的带状织物。在这个过程中，古人发明了用纺轮捻线纺纱技术，替代手工搓捻纺线的纯手工劳作。

（三）原始纺织技术

在大致厘清搓捻、缝纫和编结、编织技术后，我们就面临一个新的问题：纺织与编织是先编织后纺织，还是同步产生的呢？从字面上看，纺就是纺线，织就是把纺线织成布。换言之，纺是纯手工为主的搓捻的升级版——通过人工辅助实现以纺轮为主要工具的加捻；织则是纯手工为主的编结、缝纫的升级版——通过人工参与并主导、实现原始织机为主要工具的编织。如果这样的理解和分析是符合实际的话，那么纺织就是搓捻、缝纫、编织基础上的技术进步，业已摆脱纯手工的生产力水平和生产方式，而是集成了数万年发明的单一的简单的纺或织器具的复合技术体系，尤其是纺轮和原始腰机，提高了生产力水平和生产效率，也对生产原料的精细化、标准化提出了要求，并保证了产品质量的较大提高和相对一致。因此，只要原材料和生产器具有了大的改进，那么成熟的编结、编织技术就可以转换为纺织技术。

毫无疑问，腰机纺织技术是在搓捻、编结、编织技术基础上发明的，是纺织技术的一大飞跃。所谓的纺织技术，纺就是纺线，就是纤维加捻后成为纺线，源自搓绳技术；织就是用纺线编织成布或绸等纺织品，源自苇席、竹编等编织技术和渔网等编结技术。河姆渡遗址出土的绳子、苇编等实物说明，河姆渡人已经发明使用并熟练掌握了搓捻、编织技术。而大量纺轮和织机机具组件的发现，更有力证明河姆渡人是迄今为止我国最早的成套原始纺织技术的发明者和使用者。

原始腰机不仅是原始纺织工具的集成和编织技术的提升，而且是一个把人自身作为机具的一部分，参与整个织造过程，形成人机合一的纺织工程系统。在这个系统里，既有古人聪明才智的发挥和手工技艺的运用，也有自然材料的利用和人造工具的使用，既有古人对美好事物的向往和原始审美意识的表达，

也有天人合一宇宙观的蕴含和道法自然天道观的萌发。在古代世界，很少有一种生产劳作形式像织造丝绸那样，既富有动感和情趣，又充满憧憬和期待，在手足并举、全身心参与的过程中，让美妙在自己的手中造就，有美好在自己的眼前展现。虽然近现代的织机和纺织技术不断发展完善，但古人最原始的织机构造原理和纺织技术工艺，不仅留给我们历史长河中对美好生活的纯粹向往，而且启发了华夏历代圣贤天地人"三才和合"的无上智慧源泉。

根据余杭反山良渚文化反山遗址发现的成套原始腰机部件玉饰品的成套、精美和墓主身份和性别的特殊性，我们完全可以肯定，距今5000多年的良渚人不仅完善创新并普遍使用了原始腰机，而且在稻作农业已经很成熟的生产力背景下，已经形成了男耕女织的社会分工，而这一社会分工，足足延续并影响了整个古代中华农耕文明的社会风貌和人文传统，成为中古时期社会和谐生活富庶的美好图景。

事实上，从良渚文化出土的其他反映社会生活的丰富资料和专家的深入研究得出的结论来看，当时的良渚王国和这里生活的良渚人，已经不再是莽荒之地和野蛮之人，而是具有相当生产力水平和社会文明程度的迈入文明社会门槛的国家和社会形态了。单从良渚人的衣着服饰来看，良渚人穿衣着装，主要已不再是为了御寒、遮羞，而是为了漂亮美观、美化生活。养蚕种桑和丝麻纺织业的发达，使良渚人的服饰和服饰文化，位居当时全国乃至世界前列。据研究，当时良渚人的服饰面料和配套装饰品，其样式、色泽、花纹、冠饰件及带钩等，已经十分丰富多样，搭配成套。有学者程世华研究，良渚人在夏季已习惯于"上衣下裳"的着装制度；为了适应夏季炎热的特点，还有了束腰、短裤（没有裤腰，类似于围裙、布詹）、背心、衣襟等夏季服装。脚上穿的鞋，除了木屐外，还有缀有玉饰片的丝麻之履、竹布壳和皮革编结的皮鞋。头上戴的玉珠冠，手上戴的玉环、玉镯，脚踝上戴的玉链，勾勒出良渚人头戴羽冠、身着丝麻、衣缀珠玑的服饰装扮，给人琳琅满目、雍容华贵、美轮美奂的盛装之美、华美之感。董楚平先生曾说，冠戴服饰是人类的第二肌肤，是人类文化的标志之一。在距今四五千年的旧大陆的东方，后世及现今的中华文化高地——江南地区，在史前时期达到如此高度的衣冠服饰和文明程度的，恐怕只有良渚先民创造的丝玉文化。

四、余论

从前述人类发现大自然中可供纺织的纤维和发明原始纺织工具及技术的探讨中，我们可以得到如下启示：野生蚕茧的采集及茧丝的提取以及简单的搓捻技术和纺线工具的发明，不等于我们现今所说的桑蚕和丝绸的发明；从技术标准来说，桑蚕茧丝绸的发明，是一个种植、饲养、加工生产体系和相应技术和机具的发明和成熟丝绸产品的生产；从发展过程来看，这是基于野生蚕茧丝简单加工技术、工具和初级产品发明基础上的技术集成和优化发展，是一个漫长又复杂的历史过程；从研究学科来看，蚕桑的起源属于农耕文明发轫的重要命题之一，而丝绸的发明则主要是纺织科学技术史的研究对象。这就是说，要探讨人类历史上蚕的养殖和桑的种植的起源问题，需要从原始农业发生的历史背景出发，来分析其发源的主客观条件和原因，而要探索人类历史上丝绸纺织技术的发明问题，则需要从原始手工业发生的历史背景出发，来分析其发源的主客观条件和原因。

当我们从文明史和科技史的视角来审视这个问题时，我们发现，蚕桑的起源和丝绸的发明，是一个复杂而伟大的发明创造体系，是在原始采集经济向原始农耕经济的转化过程中华夏先民最先发明创造的，其中包含了原始纺织技术的发明、原生野蚕茧的采集利用、野生蚕的驯化养殖和野生桑树的栽培种植、原始缫丝技术和纺织技术及其工具机具的发明，以及原始审美和美术设计等方面。这是一个十分繁杂的跨界集成的发明系统，涉及采集、饲养、种植、手工织造等生产领域，贯穿了生存、生活、审美、技艺等人文领域。它既是一条完整的产业链，从原料的采集、生产、配置到产品的加工、制造、使用，自成体系、自给自足，又是一条美丽的风景线，从先民山野采集、田园劳作、宅舍养殖到抽丝剥茧、捻丝纺织、裁剪成衣，满足需要、美化生活。

（作者单位：浙江省文化和旅游发展研究院）

德清蚕桑文化元素解码

邱高兴　房瑞丽

德清县位于杭嘉湖平原，素有鱼米之乡、丝绸之府、文化之邦的美誉。蚕业生产源远流长，大运河穿城而过，是承载蚕桑文化的重要水脉。德清新市是浙江省诗路文化带建设重点镇，也是湖州市大运河文化暨国家文化公园建设的重要节点。德清悠久的蚕桑生产历史以及蚕桑生产在社会经济生活中占有的特殊地位，使得当地很多民俗民风与蚕桑活动有关。德清蚕桑文化主要包括民间蚕丝制作技艺、扫蚕花地表演和新市蚕花庙会习俗。中国蚕桑丝织技艺2009年被联合国教科文组织列入"人类非物质文化遗产代表作名录"，德清县非物质文化遗产保护中心是合作单位之一。德清蚕事习俗颇多，围绕代表蚕桑生产的"蚕花"，就有十多种。"扫蚕花地"是清末至民国时期广泛流传于杭嘉湖蚕区的蚕俗之一，2008年入选国家级非物质文化遗产名录。主要艺人都集中在德清一带。新市蚕花庙会是杭嘉湖地区最为盛大的蚕桑节庆民俗之一，以集市庙会为载体，以祈蚕为主要文化心理，集商贸娱乐祭典于一体，2013年入选国家级非物质文化遗产名录。

2020年浙江省政府工作报告提出了"实施文化基因解码工程"。5月，浙江省文旅厅启动了各地文化基因解码工作。蚕桑文化作为德清文化的核心要素，是文化基因解码的重点对象，本文结合文化基因解码工作的要求，对蚕桑文化中所包含的各类要素进行解析，为德清文化的创新转化提供支撑。

一、德清蚕桑文化的物质要素

德清具有得天独厚的栽桑养蚕的自然条件。德清位于长江中下游的杭嘉湖平原，城内溪、漾、河、湖、港、渚星罗棋布，水源极为丰富，土质肥沃，雨量充沛、气候湿润，四季分明。明万历《湖州府志》载："树艺无遗隙，蚕丝被天下。"清康熙《德清县志》载："栽桑一事，明洪、永、宣德年间，敕县植桑，报闻枝数，以是各乡桑柘成荫，蚕丝广获。"蚕业的发展，造成了无地不桑、无人不蚕的局面。王道隆《菰城文献》载："（乌程）桑叶宜蚕，民以此为恒产，傍水之地，无一旷土，一望郁然。"清康熙《德清县志》载："穷僻壤无地不桑，季春孟夏时，无人不蚕，男妇昼夜勤苦，始获茧丝告成。"得天独厚的养蚕条件孕育了质量上乘的蚕丝。三国吴时，乌程县南疆设置永安县（今德清县的前身）。那时永安的缫丝水平已达上乘。《太平御览》引《陆凯奏事》载："永安出御丝。"《湖蚕述》引《劳府志》及张铎《湖州府志》载："'丝'头蚕为上，柘蚕次之，属县俱有，惟菱湖、洛舍（德清县洛舍镇一带）第一。""丝出归安，德清者佳"，而德清又以新市所出蚕丝为最佳。明正德年间陈霆所著《仙潭志》载："大抵蚕丝之贡，湖郡独良，而湖郡所出，本镇所得者独正外，此皆其次也。"

德清桑蚕贸易具有交通便利的优越条件。德清新市"水陆环绕，舟车通利"，为"四贩之通道"，享有"江南小上海、千年百老汇"的美称，是京杭大运河重要的蚕丝产品中转站。

德清蚕桑文化具有广泛的群众基础。清代，德清几乎无地不桑、无人不蚕、蚕事普兴。从广泛流传的蚕桑农谚中，可以窥见一斑，如"种得一亩桑，可免一年荒"，"家有百株桑，一年勿吃光"。因为蚕桑与人们的生活息息相关，因此与蚕事有关的活动有着广泛的群众基础。蚕花庙会以新市为中心区域，影响至整个德清及嘉兴桐乡、杭州余杭、湖州南浔等地。规模庞大，延续时间长，自阴历二月一日至谷雨前，延续近一个月；参与人数众多，各种游艺表演荟萃，通街景物繁华。

德清蚕桑艺术展演样式丰富，表演形式不拘一格。以扫蚕花地为例，有的在春节和清明前后"马鸣王菩萨"庙会上表演，有的被蚕农请到家中演出。表演形式多样，具有即兴性。以单人小歌舞为主，由女性表演。另有唱马鸣王菩萨，

男子一人，只唱不舞；男子双人扫蚕花地，又称"摇钱树"。

二、德清蚕桑文化的精神要素

传承千年的祭蚕神观念。因为养好蚕很不容易，所以新市一带的蚕农几乎都信奉蚕神。建于唐代的觉海寺塑有蚕神娘娘神像，专为四乡蚕农所塑。从前的养蚕村中，都建有专门的小庙供奉蚕花娘娘，一进腊月，香火更旺，蚕农们纷纷叩拜，以保佑来年"蚕花廿四分"。蚕神曰"蚕姑"或"马头娘"。俗以十二月十二日为蚕花娘娘生日，称"蚕生日"，蚕妇做蚕茧样的圆子供奉蚕花娘娘的塑像，备酒肉，点香烛，祭拜蚕神。新市历来民间蚕事活动频繁，不但有单家独户供、贴纸马祭先蚕的仪式，还有到庙中许愿酬神拜马鸣王菩萨。

朴素的祈蚕花意象。新市蚕花庙会，又称轧蚕花，源于祛蚕祟习俗。南宋杨万里《宿新市徐公店》中有"便作在家寒食看，村歌社舞更风流"的诗句。明清时期庙会活动达到鼎盛，有"脚踏新市地，蚕花宝气带回家"的说法。明《仙潭志》载"乡人清明前后作社请神出游"。晚清古诗《轧蚕花》："清明红雨暖平沙，陌上晴桑欲吐芽。作社祭神同结伴，胭脂弄里轧蚕花。"民国《德清县新志》卷二《风俗》有明确记载："清明后，觉海寺有香市，村农妇女结伴成群，名曰轧蚕花。"扫蚕花地则带有祭祀性，较为庄重，是对蚕桑、蚕农的良好祝愿，表达了蚕农虔诚的心。除了轧蚕花和扫蚕花地的习俗外，祭蚕花、剪蚕花、赐蚕花、请蚕花、佩蚕花、戴蚕花、焐蚕花、轧蚕花、摸蚕花、供蚕花、呼蚕花、斋蚕花、关蚕花等一系列活动，无不包含着祈蚕意象。

"尚礼仪见勇力"的社会风尚。明陈霆《新市镇志》载："井间田野之氓，大抵尚礼仪而贱勇力"。蚕桑习俗从一开始就打上了文人的烙印，文人留下的诗歌就是很好的证明。苏辙的《蚕市》诗道："枯桑舒牙叶渐青，新蚕可浴日晴明。前年器用随手败，今冬衣着及春营。倾困计口卖余粟，买箔还家待种生。不惟箱筐供妇女，亦有鉏镈资男耕。空巷无人斗容冶，六亲相见争邀迎。酒肴劝属坊市满，鼓笛繁乱倡优狞。蚕丛在时已如此，古人虽没谁敢更。异方不见古风俗，但向陌上闻吹笙。"。

"饲蚕以资生业"的生存观念。新市物产丰厚，富渔、稻、蚕、桑之利，人口商贾云集，家家"饲蚕以资生业"，蚕桑历来是此地的支柱产业，每至清明谷雨后家家关门育蚕、插田甚忙。那时的蚕业收益比种粮高 2—3 倍，农民栽桑养蚕的积极性很高。明陈霆《新市镇志》载："农桑，衣食之本。"清代皇帝有劝民农桑的政令。如雍正二年曾下诏："舍旁田群，以及荒山旷野，度量择宜，种植树木，桑柘可以饲蚕。"在康熙《德清县志·艺文》陈元所撰的《德清农田水利议》中，再三提到"俗务农桑""农桑衣食之本""劝于农桑"等议。"邑中穷乡僻壤，无地不桑，季春孟夏时，无人不蚕"反映了重桑的观念。

三、德清蚕桑文化的制度要素

习俗展演的特定性和蚕事内容的程序性。扫蚕花地是蚕桑生产习俗中重要的一环。展演的时间具有特定性，每年寒食清明，关蚕房门生产前，请艺人到家演出是一种祈愿。表演的动作和唱词内容均以描述养蚕的劳动过程为主，有扫地、糊窗、掸蚕蚁、采桑叶、喂蚕、捉蚕换匾、上山、采茧等一系列与养蚕生产有关的动作，舞蹈动作程式化，并与其他蚕民俗紧密联系。如蚕风俗有讨蚕花、照蚕花、抢蚕花、串蚕花、轧蚕花等；又如表演者头上的蚕花，就来自"西施给蚕娘赠蚕花"的传说。

新市蚕花庙会以"蚕花"为核心，围绕清明蚕事进行，活动时间自三月至四月二十日左右，活动以觉海寺、寺前弄、胭脂弄等地为中心，主要内容包括花灯、祭蚕神、拈香、请神出游、划龙舟、打拳船、请蚕花、轧蚕花、演蚕花戏、商贸集市等。

广大蚕农长期奉行历代沿袭的传承性。蚕事习俗，历代传承。新市蚕花庙会民俗直接源于古老的祛蚕祟习俗，有七百余年历史，是自发兴起的群体性集市香会。庙会活动期间集中展示民间歌舞，民间蚕花戏雅俗共赏，还有打拳船、划龙舟等民俗事项。新市蚕花庙会瑰丽生动，描绘生活，是集体的记忆；它有效充实了中国蚕桑丝织技艺的民俗内涵，是当代民俗传承的成功案例和鲜活教材。

与人生礼仪、岁时习俗紧密联系的关联性。蚕俗与人生礼仪、岁时习俗等相互渗透。如年三十的呼蚕花、点蚕花火、焐蚕花、谢蚕花、讨蚕花、扫蚕花、

吃蚕花饭等等。又如在婚礼上"蚕花鸡"嫁妆必不可少，新房里叠得如山高的染了红色棉的棉绡蚕丝被，新娘"撒蚕花铜钿"，在新婚房里点"蚕花蜡烛"，新娘在回门前要将嫁来的衣箱钥匙交给婆婆，由女性长辈陪着打开箱子点数陪嫁物，俗称"点蚕花"，这些婚俗礼仪都与祈求蚕花丰收息息相关。

兼顾生存、信仰与艺术表现三个层面的需求。蚕农们在蚕桑技艺上不断探索，包括养蚕的精细化探索和蚕丝织造方法的不断改进，这是因为生存需求，也是最基本的需求层级。因为养蚕不易，蚕农们除了提高技艺之外，还要寻求一种心理寄托，这就是对蚕神的崇拜。与蚕桑生产过程相结合的各种信仰层面的仪式由此产生，这是精神层面的需求。由于养蚕关涉每个人的切身利益，造成了全民皆蚕农的社会现象，必然在精神层面也要出现全民参与的群体性聚集场合，只有这样才能满足群体参与的诉求，而人人能够参与其中而又带有某种祈祷性质的蚕花庙会则是最符合蚕农们的这一精神需求的。如果说新市蚕花庙会是群体性参与的精神寄托需求，那么扫蚕花地仪式表演则是各家各户分散场合的个体性参与。而当仪式进行到比较高的层次的时候，就要求表达一种审美的需求。《扫蚕花地》曲调古朴，旋律优美，舞蹈动作以"端"为主要特色，"稳而不沉，轻而不飘"，在风格上体现出来的细腻、轻巧的特点，正是审美需求的反映。所以说，蚕桑文化完美地阐释了从人们最基本的生存需求到朴素的精神需求再到高层次的审美需求的理论内涵。

四、德清蚕桑文化的语言与象征符号

习俗展现方式的统一性与多样性结合。蚕桑习俗作为德清蚕桑文化的载体，它的独特性或者说统一性就在于紧紧围绕蚕事活动而展开，由此可以窥及我国先民对种桑养蚕的重视以及祈求蚕茧丰收的虔诚心态。以不同的形式展现出来，反映了蚕农们生活的方方面面；从农业技术看，可看出养蚕生产从原始化到科学化的渐变过程；从文学艺术价值看，可以看到民间文化发展脉络和通俗文学经久不衰的生命力；从音乐价值看，可窥及民间乐器的种类、歌舞曲调和舞步的演变过程。

祈求蚕茧丰收的心理诉求象征。德清蚕桑习俗实际上就是蚕农们辟邪祛秽的心理诉求象征。古代蚕神信仰和祛蚕祟有着一定的渊源关系，《扫蚕花地》带有祭祀性，反映蚕农虔诚的愿景。还有蚕花庙会祈福、蚕事习俗禁忌等，都为祈求蚕茧丰收。而在蚕丝绣艺上也广泛融入祈福的图案，做到"有绣必有艺，有艺必吉祥"，将丝绣技艺与文化内涵融为一体，反映了人们追求美好生活的愿望。蚕俗活动中的相互尊重和相互配合，在当今建构和谐社会方面也具有重要的现实意义。

（作者单位：中国计量大学人文与外语学院）

桑：影响世界的十种中国植物之一

黄凌霞

在中国，种桑养蚕有悠久的历史。桑在古时候就有着举足轻重的地位，被赋予了神秘色彩。随着科技的发展，人们对桑树的特性越来越了解，对种桑业的研究有了新的突破，促进种桑业向着多元、综合的方向发展。

一、典故与传说

"桑"字早在殷商时期就出现在甲骨文中，甲骨文的"桑"很形象，其上半部分为桑叶，下半部分为木；金文的"桑"与甲骨文没有很大差异；而小篆的"桑"却发生了较大的变化，上半部分的桑叶变成三只手，表示有很多人来采摘；后来手又变成了"又"，就逐渐演变为我们如今的会意字。

骨刻文　甲骨文　金文　小篆　隶书

图1 "桑"字的演变

在原始宗教和神话传说中，桑树被誉为"生命树"和"母亲树"，它连接着人与神，是支撑这个世界的关键。正是古人对这种带有生命意义的大树的高度崇拜，才给后人留下了许多关于桑的神话传说和文化意象。

（一）扶桑

扶桑是古代神话里太阳栖息的地方。传说在黑齿国的背面的汤谷边上有一棵扶桑树，是十个太阳洗澡的地方。水中有一棵高大的树木，九个太阳停在树的下面，一个太阳挂在树上。这在《山海经·海外东经》有记载："汤谷上有扶桑，十日所浴，在黑齿北。居水中，有大木，九日居下枝，一日居上枝。"《楚辞·九歌·东君》曰："暾将出兮东方，照吾槛兮扶桑。"

图2　一日居上枝

为什么要将桑树称为扶桑？古人是这么解释的：因为这棵桑树较为特别，它高两千丈、粗两千丈，有两个同根的树干，它们互相依靠、互相支撑，所以称为扶桑。《海内十洲记·扶桑》中记述："多生林木，叶如桑。又有椹，树长者二千丈，大二千余围。树两两同根偶生，更相依倚，是以名为扶桑也。"并且扶桑这棵神树，上通天庭，下及黄泉碧落，将天、地、人连接到一起。晋代郭璞《玄中记》也有记载："天下之高者，扶桑无枝木焉，上至天，盘蜿而下屈，通三泉。"神话故事虽有一定的夸张成分，但也可以由此看出古人对桑树有多么重视。

（二）空桑

在我国的古代传说典故中，关于桑的地名有不少，并且这些地区都圣贤辈出，其中空桑是最有名的地区之一。"空桑"一名出自《山海经》，因该地区大片的桑林而得名，该名一直沿用至东周晚期，主要指今鲁西豫东地区。空桑出过很多名人，例如商代名相伊尹，据《吕氏春秋》记载："侁氏女子采桑，得婴儿于空桑之中，献之其君"，这里的婴儿指的就是伊尹；再例如，空桑也是孔子的

诞生地,《春秋孔演图》记述:"孔子母征在游大冢之坡睡,梦黑帝使清与己交。语曰:女乳必于空桑之中,觉则若感,生丘于空桑之中。"除此之外,还有其他名人或出自空桑,或在空桑做过一番大事业,如皇帝之相力牧、天文世家羲和、皇帝之孙颛顼、蚩尤氏、轩辕氏、神农氏、空桑氏……如此多的名人,给桑树更增添了神秘色彩。

(三)成汤祷雨

由于桑林在古时候人们的印象里是连接神与人的,因此桑林也被赋予了神圣的使命,例如祈雨。据说,灭夏建商的商朝开国君主成汤,在初建国之际,连续遇到大旱天气,整整五年颗粒无收。于是成汤亲自在桑林中祈求降雨,最终感动了上苍,大雨倾盆,缓解了旱情。《吕氏春秋·顺民篇》中记述:"昔者汤克夏而正天下,天大旱,五年不收。汤乃以身祷于桑林,曰:'余一人有罪无及万夫,万夫有罪在余一人;无以一人之不敏,使上帝鬼神伤民之命'。于是翦其发,磿其手,以身为牺牲,用祈福于上帝。民乃甚悦,雨乃大至。"

图3 成汤祷雨

(四)"桑林"与《桑林》

"桑林"是商朝一种国家级的大型祭祀活动,据史料记载,这个活动一直延续到春秋墨子时期。商朝是一个注重礼乐的朝代,因此无论是什么祭祀活动都会配上隆重的乐舞,在"桑林"祭祀活动上所用的舞乐便是《桑林》。《庄子·养生主第三》中对庖丁解牛时的动作、节奏、音响的描写是"莫不中音,合于《桑林》之舞"，由此可以看出《桑林》是一曲强而有力、轻盈灵巧、震撼人心的乐舞。但由于这首乐舞中有描写简狄吞玄鸟卵生商始祖契的具体过程的部分，有史料记载，晋侯因为讲究礼法，看了表演之后感到十分害怕。《左传·襄公十年》中记载："宋公享晋侯于楚丘，请以《桑林》。荀罃辞。荀偃、士匄曰：'诸侯宋、鲁，于是观礼。鲁有禘乐，宾祭用之。宋以《桑林》享君，不亦可乎？'舞，师题以旌夏，晋侯惧而退入于房。"

二、桑树的特性与利用

桑树是桑科、桑属的落叶乔木或灌木，属于被子植物，为深根性树种，其根系扩展范围大于树冠，纵向的深度约达 10 厘米。桑树种植分布范围广泛，原产于我国华北及中部地区。

（一）特性

桑树具有易繁育、生命周期长、再生能力强、产量高、分布广等优良特性。桑树的繁育方法多样，可分为有性繁殖和无性繁殖两大类，即播种、嫁接、压条、扦插、分株等形式。在自然生长状态下，不采伐的桑树，特别是野生的桑树，从种子萌发到衰老枯死，其生命周期非常长，可达数百年，甚至上千年。2018 年 4 月 19 日，在第五次全球重要农业文化遗产国际论坛上，获得了全球重要农业文化遗产正式授牌的中国山东夏津黄河故道古桑树群，是中国树龄最高、规模最大的古桑树群，占地 400 公顷以上，百年以上古树 2 万多株，数百年的古桑枝繁叶茂，根系发达，冠幅 10 米，年产桑果 400 千克，鲜叶 225 千克，附近居民多食桑葚而长寿，因此桑园又叫"颐寿园"。在风沙区，桑树还发挥着保持水土的巨大作用。再如西藏林芝县帮那村的千年古桑至今仍生长旺盛。

桑树品种多样，基本上在全世界都有分布，既能耐华南的湿热气候，也能耐华北的干冷气候，既耐旱，又耐涝。桑树对土壤的适应性也极强，在微酸性土壤、中性土壤及含盐量在 0.2% 以下的盐碱土上均能生长，特别适合种植于石灰质土中。

此外，值得一提的是桑树的叶产量很高，一年多收，每亩产量可达 4000 千

克以上。随着现代农业科技的发展，科学家不断地研究新品种，采用因地制宜、因材制宜的方式栽培桑树，其亩产量还在不断提高，这在木本植物中是绝无仅有的。

（二）作物价值

在传统观念中，桑叶一直是作为蚕的饲料而存在的，但随着人们对桑树的研究深入，桑叶作为其他方面的应用也越来越受关注。

首先随着畜牧业的发展，饲料资源的短缺成为亟待解决的问题，桑叶在畜牧饲料中的应用越来越广泛。由于桑叶营养成分与苜蓿相似，丰富的维生素有利于机体免疫系统和抗氧化能力的提高，而丰富的矿物质有利于畜禽的发育。此外，桑叶作为饲料具有很高的消化率，首次接触桑叶的畜禽很容易接受它，而当家畜熟悉桑叶以后，相比于其他饲草，会更倾向于选择桑叶。更何况，采食桑叶对家畜本身也会产生有利影响，比如在产蛋鸡的食物中添加桑叶粉，不仅能改善蛋黄颜色，更重要的是能提高产蛋量和单蛋的重量。

我国幅员辽阔，桑树在我国分布广泛，随着我国经济的发展，桑树的种植面积还在扩大，结合桑树在木本植物中绝无仅有的高产量、资源丰富、易于取得，把桑叶作为新型的动物饲料，解决了动物饲料短缺问题的同时，也有益于家畜自身的生长发育。

（三）药用价值

桑树全身上下各个部位都是宝贵的药材。

桑叶：具有疏风清热，养肺明目的功效。对胸肺颈面和头部因风热上扰所致的病变以及调节血管收舒功能等疗效明显，在临床上还被用于治疗心脑血管病或脱发。

桑枝：具有祛风清热通络的功效。可用于治疗颈椎病、肩肘关节病等上半身痹病。桑枝常与桂枝相配，一辛一苦，被称为"辛开苦将法"。

桑葚：具有补阴补血、生津润肠的功效。桑葚可做成膏，将其当作药服用，有补血补肾养颜的作用。也可直接当作一种水果食用，具有抗衰老、促健康的作用。

桑花（桑树主干皮上的白色附着物）：具有健脾止泻的功效，可止咳咽痒。

桑白皮：具有泄肺平喘、利尿消肿的功效。临床上多用于治疗过敏性哮喘、小儿肺炎等。

桑耳、桑寄生、桑蚕沙等都具有各自极高的药用价值。

桑资源为中医药临床工作提供了宝贵的资源，为人类的生存和健康做出了巨大的贡献。

（四）其他

桑树木质中硬，木材呈淡黄色至黄色，质地紧密，可以用来制作家具、农具以及乐器，亦可供雕刻、薪炭之用。树皮纤维长且洁白，是优良的造纸原材料；树皮浆汁外用治疗神经性皮炎和癣症；树皮、茎、叶含鞣质，可用于提制栲胶。

三、桑树的生态作用

（一）桑基鱼塘

顾名思义，桑基鱼塘人工生态系统由基和塘两部分组成。其中，桑基主要用来种植桑树，也可采取间作、套作的方式，种植其他农作物如蔬菜、药材等；池塘用来养鱼，不同地区选用的鱼品种不尽相同，太湖流域以鲢鱼、草鱼为主要品种，而珠三角地区则以鳙鱼、草鱼为主[1]。

2018年中国浙江湖州的桑基鱼塘系统被联合国粮农组织授牌为全球重要农业文化遗产，其主要亮点就是巧妙利用种养结合的生产模式，让常年洪水泛滥的低洼地变成丝绸之府、鱼米之乡，是全球沼泽地合理利用的典范。桑基上种植的桑树，作为生态系统中的生产者固定太阳能，将二氧化碳和水转化为糖类，大量储存在桑叶中。蚕农采摘叶片喂蚕，蚕从摄入叶片中吸收能量用于各种生命活动，包括结茧。而摄入但未被吸收的能量则存于蚕沙中，被蚕农收集并投入池塘中，为一些鱼类、底栖动物和浮游动物提供食料，底栖动物和浮游动

---

[1] 吴清曼、韩可、贾艺柔等：《四个桑树品种枝条落叶期热值比较》，《北方蚕业》2017年第4期。

物也会被次级消费者鱼类所食。鱼类产生的粪便经细菌的分解作用，可作为浮游生物的养料，重新参与物质循环。分立的桑田和鱼塘，尚不具有十分高效的循环流动，而如何将它们紧密结合在一起，正是劳动人民的智慧所在。在长期的生产过程当中，劳动人民充分利用了当地水土资源以及桑基生态系统和鱼塘生态系统的特点，将蚕沙投进鱼塘，把塘泥用于桑基的施肥，将桑基和鱼塘有机结合在一起。实现了物质和能量的更大化利用。劳动人民用自己的双手创造了物质的良性循环，使桑基鱼塘这个生态系统高效运作，产生极大的经济价值。

（二）桑树用于空气净化

目前，我国空气污染情况不容乐观，空气污染指数已成为衡量环境状况的重要指标。空气中常见的危害健康的有害物有二氧化硫、一氧化碳、氮氧化物、苯并芘等有机致癌物以及含重金属的粉尘颗粒。

桑树属于多年生木本植物，落叶阔叶树种，喜光，光合作用强，能够高效固定二氧化碳并释放氧气[1]。此外，桑树对二氧化硫、氯气等大气污染物有较高的吸收和耐受性，也对粉尘颗粒有较好的吸附作用[2]。我国新疆维吾尔自治区的克拉玛依市以及欧洲一些国家（如希腊等）的城市选择桑树作为行道树，有利于改善空气质量状况，尤其能有效减轻汽车尾气排放造成的污染。

（三）桑树用于生态修复

桑树的根系发达，纵向、横向的树根交错形成庞大的网络，根系生物量可超过总生物量的一半。于是，桑树有良好的防风固沙作用，涵养水源，大大减少水土流失。有研究表明，陕南地区在陡坡耕地上建立的生态桑园，对水土保持效果明显，可减少70%左右的降水流失量以及79.7%的土壤侵蚀量[3]。

桑树耐旱耐碱，对酸、碱性土壤均有较好耐受性，能够在pH被破坏或含盐量过高的环境中抗逆性生长，改良土壤环境，修复土地功能，在生态恢复过程中能够起到非常大的作用，是北方众多省份进行生态环境修复建设的首选树

① 毛景山、朱淑杰：《桑树的生长特性及适生条件》，《农业与技术》2013年第2期。
② 梁权明：《动物饲料桑叶的应用研究》，《农业与技术》2018年第12期。
③ 田硕：《桑树的药用价值》，《基层医学论坛》2019年第11期。

种之一。

（四）桑树用于重金属污染修复

桑树对多种生物有害的重金属如镉、铜、铅、锌等有耐受性，发达的根系更加有利于桑树从地底吸收、富集重金属到自身的各部位中，总体上富集量从根到分枝依次减少。

湖南省作物种质创新与资源利用重点实验室在湖南浏阳七宝山矿区污染土壤上，以"湖桑一号"为研究材料探究桑树对土壤中铜、铅、镉、锌4种金属的富集特征与能力，实验结果表明迁移总量趋势为：$Zn > Cu > Pb > Cd$；修复年限由快到慢表现为：$Zn > Cd > Cu > Pb$，其中对锌的富集作用最为明显，迁移总量为254532.8 mg，修复年限为0.39 年[1]。

四、结束语

桑树在古代被赋予神的色彩，神桑的形象留存于各种典故与传说中。在当代，随着科技进步，我们对于桑树的各种特性与功能有了更多了解。如何根据桑树的特性发掘其功能，并应用于生产、生活与生态建设当中，需要我们不断发掘、探索。

（作者单位：浙江大学动物科学学院）

---

[1] 侯玉洁、徐俊、王文龙等：《桑叶的生物学特性及其在动物生产中的应用》，《饲料博览》2017年第6期。

太湖流域的蚕神崇拜

余连祥

一

花冠雄鸡大彘首，佳果肥鱼旧醉酒。

两行红烛三炷香，阿翁前拜童孙后。

孙言昨返自前村，闻村夫子谈蚕神。

神为天驷配嫘祖，或祀菀窳寓氏主。

九宫仙嫔马鸣王，众说纷纭难悉数。

翁云何用知许事？但愿神欢乞神庇。

年年收取十二分，神福散来谋一醉。

这是清代道光年间湖州南浔诗人董蠡舟所作的《南浔蚕桑乐府·赛神》的主要部分。这几句诗形象生动地描述了近代太湖流域蚕神崇拜的概貌。

诗中的"天驷"是由星相学家所指的天驷星（即辰星）衍化而来的，道教认为蚕与马同"气"，所以天驷马也就成了蚕神嫘祖所骑的一匹神马。嫘祖是传说中黄帝的妻子。据《史记》载："黄帝居轩辕之丘，而娶于西陵之女，是为嫘祖。"刘恕《通鉴外记》称她"始教民育蚕，治丝茧以供衣服"，所以嫘祖常常被奉为蚕神。据同治《湖州府志》记载，明嘉靖年间，湖州还专门为她建了"蚕神庙"，民间称她为"嫘祖娘娘"。诗中的"菀窳寓氏主"是指"菀窳妇人、寓氏公主"。这是汉代所祭祀的两位蚕神。据卫宏的《汉官仪》记载："春桑生而皇后视亲桑于菀中。蚕室养蚕千薄以上。祠以中牢羊豕，今祭蚕神曰菀窳妇人、寓氏公主，凡二神。"菀窳妇人是由盘瓠生蛮的神话衍化而来的。该神话具有鲜明的图腾崇拜色彩。神话叙述的是一位公主毅然与神狗盘瓠结合，繁衍了南方的蛮民族。所以晋代干宝《搜神记》中的"太古蚕马"神话可能与盘瓠生蛮的神话有渊源关系。"九宫仙嫔"的神话，初见于《原化传拾遗》，而该神话显然脱胎于"太古蚕马"的神话，只是把原先的神话历史化和伦理化了。神话中的女子化为身骑白马的蚕神后，对其父亲说："太上以我孝能致身，心不忘义，授以九宫仙嫔之任，长生于天矣。"显然该神话被改造成适合于儒家的"天命"思想和忠孝节义的伦理观了。

马鸣原是印度的一位高僧，随着佛教的传入中国，他也被神化成为"马鸣王"，而且与女性的蚕神相混淆，变成了蚕神"马鸣王菩萨"。

从以上粗略的叙述中我们可以看出，典籍中的蚕神的确是"众说纷纭难悉数"的。造成太湖流域蚕神众多的原因是多方面的。太湖流域蚕农的信仰习俗是务实的，宗教色彩不浓，其目的并不是为了追求精神上的超越，而是为了祈求蚕神保佑他们养好蚕。在太湖流域的蚕农看来，谁是蚕神并不重要，重要的是灵验，能给他们带来蚕花喜气，使得蚕事丰收。事实上，太湖流域的蚕农，信仰习俗本来就是不专一的，自古就有"江南多淫祀"之说。太湖流域的蚕农在蚕神崇拜方面表现得尤为充分。蚕农们为了养好蚕，几乎是见佛就烧香，见神就磕头。除了众多的蚕神，蚕农们还要向佛道各类菩萨敬香，祈求众菩萨在受了香火后保佑蚕事大吉。其他如土地菩萨、灶君等也是蚕农所要祭祀的神灵。甚至连捕鼠的猫也会被神化，也是蚕农所祭祀的对象。在蚕农看来，为蚕宝宝广结善缘总是不会有坏处的。

二

不过要考察太湖流域的蚕神崇拜，主要还得从考察民俗事象着手。

蚕桑生产周期短，收益大，俗谓"四十五天见茧白"，"上半年靠养蚕，下半年靠种田"，"养蚕用白银，种田吃白米"。旧时太湖流域的蚕农，辛苦一个半月养一季春蚕，其收入占全年经济收入的一大半。太湖流域的蚕农，具有经济头脑，自明代起就认识到养蚕比种田来得合算，毁田植桑的事时常发生。由于重桑轻稻，被誉为"天下粮仓"的太湖流域，粮食常常要从外地输入。所以有些蚕农，其养蚕的收入除了支付一年的开销外，还得用于买米和交税。因此，太湖流域广大蚕农把蚕当作命根子。他们亲热地称呼蚕为"蚕宝宝"。然而"蚕宝宝"为"忧虫"，偏偏极难待候。"蚕宝宝"遭病变坏，常常发生在转瞬之间。在不懂得科学养蚕以前，广大蚕农以为冥冥之中有神灵在掌管蚕事。在他们看来，蚕事好，是"蚕花娘娘"带来了蚕花喜气；蚕事坏，则是"蚕祟"在作怪。太湖流域众多的蚕桑习俗，其目的主要是迎取蚕花喜气和祛除蚕祟晦气。

相传腊月十二日为蚕神生日。太湖流域的蚕农都在这一天郑重祭祀蚕神，并于此日浴种，来年的蚕事就此拉开序幕。真可谓"隔岁迢遥指星纪，农事告登蚕事始"。

这一天，蚕家都要磨出粳糯相掺的白米粉，再从石灰水坛子里掏出用南瓜秧叶腌制的碧绿的"草头"，将南瓜煮成金黄的南瓜糊，分别揉成雪白、青翠和粉红的米粉团，然后将三色米粉巧妙配置，做成鲜艳的象形圆子，如红袄绿裙的蚕花娘娘身骑白马、滚壮雪白的龙蚕在吃绿油油的桑叶，还有一绞绞洁白生辉的丝束、一叠叠金光闪闪的元宝。剩下的米粉则搓成形如蚕茧的圆子，俗称"茧子圆"。这种茧圆就成了太湖流域祭祀蚕神特有的供品。

清代桐乡诗人陈梓的《茧圆歌》就是描述这一习俗的："黄金白金鸽卵圆，小锅炊热汤沸然。今年生日粉茧大，来岁山头十万颗。新妇端端拜灶君，灶君有灵风卷云。丁宁上启西陵氏，加意寅年福蚕市。问他分数隐语娇，十二楼前廿四桥。"

从诗中所述的情形看，陈梓的老家桐乡濮院一带似乎是祭祀灶君的，让灶君再去向蚕神祈求蚕花大熟。不过太湖流域的蚕农大多是直接祭祀"蚕花娘娘"的，除必不可少的茧圆外，其他供品则各地不大一样了，有些蚕农认为"蚕花娘娘"是吃素的，所以供品只是一些千张豆腐干之类的素食和甘蔗、荸荠之类的水果，也有的则以鸡鸭鱼肉等荤菜为主。清代李兆铉的《蚕妇》便是描写蚕妇祭奉蚕花娘娘的："村南少妇理新妆，女伴相携过上方。要卜今年蚕事好，来朝先祭马头娘。"

20 世纪 30 年代以前，蚕种是蚕农自己育的。"浴种"的日子就在蚕神生日这一天。诚如元代湖州诗人赵孟頫的《题耕织图》所言："是月浴蚕种，自古相传流。"

祭祀蚕神是一种十分古老的习俗，殷代甲骨卜辞中就有"蚕示三牢"记载。不过后起的三宝弟子和三清教徒也不甘落后，太湖流域的和尚和道士也凑在"蚕花娘娘"生日这一天拜经忏，俗称"蚕花忏"，以祈菩萨保佑来年蚕花大熟。拜过"蚕花忏"后，和尚或道士就挨户分送五色纸花，俗称"送蚕花"或"蚕花缘"。奉送时还要说上一些吉利话，蚕家便慷慨施舍。

眨眼已是春节，新春佳节是太湖流域最为隆重的节日。岁末年初太湖流域蚕乡的许多习俗与蚕神崇拜有关。除夕夜有"呼蚕花"的习俗，其主角为儿童。吃过年夜饭，儿童们便手提马头灯、元宝灯、鳌鱼灯、兔子灯等各种象形的彩灯，成群结队，在村前屋后、田埂地头奔逐嬉戏，且高唱蚕花歌谣："猫也来，狗也来，蚕花娘子一道来，大元宝滚进来，小元宝门角落里轧进来。"

除夕夜，家家户户都要在家堂菩萨的神龛里点上一盏油灯，或一支红烛，一直点到大年初一早晨，俗称"点蚕花灯"。

太湖流域不大有"守岁"的习俗。大年初一，蚕农一般要困晏觉，意思是焐发蚕花，俗称"困蚕花"。这大概是从蚕眠受到的启示。蚕宝宝每增一龄，都要眠上一段时间。新年伊始，人人都大了一岁，自然也要"眠"上一会儿。

种种迹象表明，太湖流域的"呼蚕花""点蚕花灯""困蚕花"还有更深一层用意。太湖流域蚕农的深层文化心态还受到吴越文化中务实精神的制约，最明显的表现便是广大蚕农具有较强的商品意识，且崇拜"财神"。据说大年初一早晨财神光顾了谁家，谁家就会财源茂盛，否则就变得财源枯竭。而蚕农的财源主要是蚕桑，俗谓："种田吃白米，养蚕用白银。"所以在蚕农看来，蚕神垂青与蚕花大熟几乎可以画上等号。因而便产生了蚕神与财神的戏剧性融合。"呼蚕花""点蚕花灯"和"困蚕花"实质上是迎财神"三部曲"：呼唤财神、照亮财神进门和留住财神。大年初一"困蚕花"还有怕惊跑财神的意思。初一不扫地、不动刀剪，其用意也是如此。此外，太湖流域的蚕农除了称蚕神为"蚕花娘娘"外，有时也称"蚕花利市"或"蚕花五圣"，且"蚕花五圣"的神像是一位酷似财神的男性。这些迹象进一步证实了蚕神与财神两者的融合。

  岁末年初，太湖流域还有"烧田蚕"的习俗。"烧田蚕"是太湖流域三吴蚕区广为盛行的一种习俗，清代顾禄的《清嘉录》有较为详细的记载："村农以长竿燃灯，插田间，云祈有秋，焰高者稔，谓之照田财。案《吴江县志》云，乡村之人，就田中立长竿，用藁筱夹爆竹缚其上，四旁金鼓声不绝，起自初更，至夜半乃举火焚之，名曰烧田财。黎里、屯村为盛。盖类昔照田蚕之俗。"

  宋代诗人范成大在《照田蚕行》中对此做了形象生动的描述："乡村腊月二十五，长竿然炬照南亩。近似云开森列星，远如风起飘流萤。今春雨雹茧丝少，秋日雷鸣稻堆小。侬家今夜火最明，的知新岁田蚕好。"

  《湖州府志》和《乌青镇志》也都有关于"烧田蚕"的记载，只是时间或岁末或年初不等。至于这一习俗的起源，据《浙江风俗简志·嘉兴篇》，民间传说是起于隋炀帝时。其实这是远古时代火神崇拜的一种遗风，只是被改造成宜于田蚕罢了。所以在"烧田蚕"这一习俗中，蚕神又与火神发生了融合。

  元宵前后，太湖流域的蚕农有请三姑的习俗。这是古代紫姑崇拜的遗风。历代民间有关紫姑的传说比较多，以元代《三教搜神源流大全》所记载的较为全面："紫姑神者，山东莱阳县人也。姓何名媚，字丽卿，自幼读书。唐垂拱三年，寿阳刺史李景纳为妾。其妻妒之，遂阴杀之于厕，自此始也。紫姑神死于正月十五日，故显灵于正月也。"

  紫姑原先只是位厕神，后被道教徒改造成何仙姑，跻身于八仙行列。太湖流域的阴阳术士则因地制宜，把她改造为蚕神，且利用"道生一，一生二，二生三，三生万物"的道教理论，把紫姑变成了大姑、二姑、三姑三位女性蚕神，以宜于占卜蚕事丰歉的需要。因为三姑的生日是在元宵，所以元宵前后太湖流域蚕农就延请阴阳家掷钱布卦以卜蚕事。以寅、申、巳、亥为大姑把蚕，子、午、卯、酉为二姑把蚕，辰、戌、丑、未为三姑把蚕。据说大姑多损伤，二姑最吉利，三姑则凶吉未定。因蚕好则叶贵，蚕坏则叶贱，故也以此法预卜桑叶价格之贵贱。一姑把蚕则叶贱，二姑把蚕则叶贵，三姑把蚕则叶价忽贵忽贱无定市。沈炳震的《蚕桑乐府·赛神》开头的几句盖源于此："今年把蚕值三姑，叶价贵贱相悬殊。侬家幸未食贵叶，唯姑所祝诚难诬。"旧时庙会上或南货店中出售的蚕神像大多是一女子骑在一匹白马上，也有的是三女共乘一驷，后者便是三姑神像，可见三姑影响还是比较大的。

蚕宝宝是老鼠的垂涎之物，而猫是老鼠的克星，所以元宵迎猫也便成了太湖流域的一种习俗。嘉庆年间周凯的《迎猫》诗便反映了此种习俗："元宵闹灯火，蚕娘作糜粥。将蚕先逐鼠，背人再拜祝。里盐聘狸奴，加以笔一束。尔鼠虽有牙，不敢穿有屋。"聘猫加笔一束，希望聘到的是一只"逼（笔）鼠"的猫。别处迎猫，是要让猫驱逐田中的老鼠，而此地迎的是"蚕猫"，希望能逼退蚕室里的老鼠。

将猫神化，在蚕农布置蚕室时也有所体现，有些地方在蚕室的门框上张贴两只用红纸剪成的"蚕猫"，而有的地方则用瓷猫镇鼠。

三

每年春季，太湖流域的广大蚕农云集杭州，烧香拜佛，"借佛嬉春"，祈求蚕花大熟。清代范祖述的《杭俗遗风》对此有详尽的记述：

> 下乡者，下至苏州一省，以及杭嘉湖三府属各乡村民男女，坐航船而来杭州进香……早则正月尽，迟则三月初，咸来聚焉。准于看蚕返棹，延有月余之久……故昭庆寺前后左右各行店面均皆云集，曰："赶香市。"其进香，城内则城隍山各庙；城外则天竺及四大丛林。惟行大蜡烛，则天竺一处；城隍庙间有焉。其法：造数十斤大烛，用架装住，两人扛抬，余人和以锣鼓，到庙将大烛燃点即熄，带回以作照蚕之用。

由此看来太湖流域佛道各菩萨，在西湖香市上"客串"一回蚕神，会享受到太湖流域的蚕农众多的香火。

据茅盾在散文《香市》中所述，乌镇一带的蚕农在上杭城烧香时，还有一种奇怪的习俗："杭州岳坟前跪着秦桧和王氏的铁像。上杭州去烧香的乡下人一定要到'岳老爷坟上'去一趟，却并不为瞻仰忠魂，而为的要摸跪在那里的王氏的铁奶；据说由此一摸，蚕花能够茂盛。"[①] 这就有游戏鬼神和性崇拜的意味了。

清明前后，杭州的香客渐渐稀少，而太湖流域众多的集镇上，轧蚕花的习

---

① 茅盾：《茅盾全集》（第十一卷），人民文学出版社1986年版，第183页。

俗正演得如火如荼。

蚕乡集镇、山丘上大大小小的蚕神庙中挤满了善男信女。他们烧香拜神，祈求蚕神保佑蚕花大熟。庙中的蚕神有的是"正宗"的蚕花娘娘，有的却是土生土长的，有的甚至是由一方的土地充当的。反正蚕农并不计较蚕神是否"正宗"，只要传闻是灵验的蚕神，香火便十分旺盛。

轧蚕花庙会上，还专门有人出售一种用彩纸彩绢扎成的花儿，俗称蚕花。据说当年西施去越适吴时，将这种蚕花分送给太湖流域的蚕妇们，预祝蚕茧丰收，那年果然蚕事大熟。相沿成习，太湖流域的蚕妇便有了簪戴蚕花的习俗。小小的蚕花，因为有了神性，所以十分抢手。轧蚕花的蚕妇都喜欢买一朵或一束插在头上。蚕娘簪戴蚕花这一特殊的装饰习俗，朱恒的《武原竹枝词》写道："小年朝过便焚香，礼拜观音渡海航。剪得纸花双鬓插，满头春色压蚕娘。"

旧时德清新市镇上有一条蚕花弄，弄里被姑娘小伙挤得拥挤不堪，哪位姑娘被小伙子挤落的蚕花多，这一年就会养得好蚕。旧时新市、含山和乌镇等处在轧蚕花时还有"摸蚕花奶奶"的陋习，据说是"摸发摸发，越摸越发"。此外，蚕宝宝"收蚁"时，蚕妇也得簪戴蚕花。茅盾的小说《春蚕》便写到了这种习俗。

清明时节的另一种习俗便是赛龙舟。龙舟，太湖流域俗称"快船""踏排船"。《西吴里语》载："棹小舟于溪上为竞渡，谓宜田蚕，始于寒食，到清明日而止，谓之水嬉。"宋代张先的词《乙卯吴兴寒食》中也有"龙头舴艋吴儿竞"的名句。据闻一多先生考证，赛龙舟的习俗起源于古代越族某一部落的龙图腾崇拜。后人一般与纪念屈原相联系，而太湖流域却把这一习俗改造成"宜于田蚕"了。于是，古老的龙，在清明时节也充当了蚕乡的蚕神了。

龙崇拜的另一种表现，便产生了在蚕乡家喻户晓的"龙蚕"的传说。有一种玩蟒蛇的乞丐，俗称"放蛇佬"，便巧妙地利用蚕农崇拜龙蚕的心理把蟒蛇说成是"青龙"，唱着祝愿龙蚕丰收的小曲，在清明时挨户乞讨，生意比普通乞丐要好得多。[1]

蚕事有丰有歉。在不懂得科学养蚕以前，在太湖流域的蚕农看来，蚕事的好坏是冥冥之中有一种超自然的力量在起作用。蚕事大熟，是蚕花娘娘带来了

---

[1] 陆殿奎主编：《浙江省民间文学集成·嘉兴市歌谣谚语卷》，浙江文艺出版社1991年版，第33、34页。

"蚕花喜气";而蚕茧歉收,则是"蚕祟"在作怪。蚕农把有害于蚕宝宝的鬼邪、病毒、虫害之灾总称为"蚕祟"。所以蚕农认为,除了蚕花娘娘,还得有能为蚕宝宝祛除"蚕祟"的守护神。上文所述的"猫神"便是其中之一,而另一种守护神便是由门神来充当的。

关于门神的记载,典籍中大同小异,以汉代王充的《论衡·订鬼》所引《山海经》较为全面:"沧海之中,有度朔之山,上有大桃木。其屈蟠三千里,其枝间东北曰鬼门,万鬼所出入也。上有二神人,一曰神荼,一曰郁垒,主领阅万鬼。恶害之鬼,执以苇索而以食虎。于是黄帝乃作礼以时驱之,立大桃人,门户画神荼、郁垒与虎悬苇索以御。凶魅有形,故执以食虎。"

贴门神的习俗外地大多是在除夕,且往往衍化成贴春联。太湖流域贴门神的时间则为清明。蚕农们吃过清明夜饭后,先是将一只象征蚕祟的白虎形的米粉圆子弃于三岔路口,再在蚕室前后的稻场上用石灰画上弧形的弓箭,意谓射祛白虎,还有弯弓。然后是在蚕室的大门贴上神荼和郁垒的画像。用意是让门神把守大门,白虎之类的蚕祟不准进入蚕室。由此,门神在太湖流域成了蚕宝宝的专职守护神。清代诗人董恂的《南浔蚕桑乐府·溽种》中的几句便是描述此种习俗的:"今年又到清明夜,浴种例与残年同。门神竞向白板贴,以灰画地如弯弓。祈禳白虎避蚕祟,欲趋其吉先祛凶。"清代周煌的《吴兴蚕词》也描述了这一习俗:"好是风风雨雨天,清明时节闹桑田。青螺白虎刚祠罢,留得灰弓月样圆。"

与门神相关的大桃人,在蚕乡则简化为桃枝,是蚕家必不可少的避邪工具。如头眠以前遇到雷声大作,蚕家得设法护蚕。其方法为:用布种的纸覆盖小蚕,把蚕花娘娘的马张"请"进蚕室,蚕室门口要布列桃枝,蚕妇头上也要簪戴桃枝。再如蚕家桑叶不够,去"叶行"上购买来的桑叶挑进家门前,蚕妇要用桃枝鞭打桑叶,以防止把别家的蚕祟带进自己的蚕室。

蚕忙时节,每逢蚕眠,蚕农可以略事休整。而有些蚕农则利用这难得的空闲时间祭祀蚕花娘娘。做上一锅茧圆,烧上几个菜,便可以因陋就简,祭祀蚕神了。祭祀的地方往往不在桌子上,而在灶台上,将蚕神和灶君一同祭祀。清代海盐诗人黄燮清的《长水竹枝词》便是反映这一习俗的:"蚕种须教觉四眠,买桑须买树头鲜。蚕眠桑老红闺静,灯火三更作茧圆。"

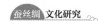

上述诸种民俗事象都是祈求神灵保佑蚕花大熟的。卖去新丝或春茧后，已临近端午了。太湖流域的蚕农便有端午谢蚕神的习俗。蚕农对蚕神的崇拜真可谓是善始善终的了。元代赵孟頫的《题耕织图·五月》中的四句诗便是描述这种习俗的："欣欣举家喜，稍慰经时勤。论功何所归，再拜谢蚕神。"

这时的蚕农因为口袋里又有了钱，所以供品准备得特别丰富。鸡鸭鱼肉、时鲜蔬果应有尽有。不过谢蚕神的另一层用意则是举家托神之福，犒劳自己。诚如沈炳震的《蚕桑乐府·赛神》所述："团乐共坐享神余，大肉硬饼堆盘行。老翁醉饱坐春风，小儿快活舞庭中。酒瓶已罄盘已空，堂前摒档还匆匆。狸奴不眠勤捕鼠，剩有鱼头却赉汝。"

吴越先民注重实际、善于变通、游戏鬼神。综观太湖流域的蚕神崇拜，吴越先民这些特性还是在制约着广大蚕农。太湖流域的蚕神崇拜，宗教色彩并不浓，倒是洋溢着浓郁的世俗色彩。他们的崇拜蚕神，并不是为了追求精神上超越，而是为了达到现实的目的：祈求蚕神保佑蚕花大熟，好让他们发家致富。为了世俗目的而崇拜蚕神是太湖流域蚕神崇拜的第一大特点。

其第二大特点便是善于变通。许多古老的习俗，儒道释的众多神灵，经太湖流域广大蚕农的变通改造，便成了他们蚕神崇拜的有机组成部分。

与这两大特点相联系的游戏鬼神的特点也十分鲜明。正因为宗教色彩不浓和善于变通，所以许多与蚕神相联系的民俗事象并不显得庄严肃穆，倒是充满了欢乐祥和气氛，甚至不乏幽默感。

太湖流域的蚕农把赛龙舟安排在清明时节，自有其道理在。当地谚云："小满动三车。""三车"是指丝车、油车和水车。在机械化缫丝没有兴起以前，当地蚕农都是自己缫丝的，且那时种的又是单季稻。所以，端午前后，当地蚕农正忙于做丝、榨取菜油和车水种田，没有工夫像外地人那样忙乎过端午节。而清明时节，蚕乡已是桃红柳绿、百花争艳、春意盎然了。俗云："三月三，鲈鱼上河滩。"河水转暖，连喜温怕寒的土鲈鱼也不再躲在河底，游到河滩上交配产卵了。的确，清明时节的河水已不再刺骨寒冷，溅到身上，凉爽宜人，不慎落水，也不至于冻坏身体，实在是赛龙舟的好时机。加上清明时节比较空闲，利用蚕忙前的空闲时间，借助明媚的春光，大家借蚕嬉春，乐上一乐，岂不是赏心乐事？于是，乐观、务实、善于变通的蚕乡人也就随机应变，将端午节的乐事提前到清明时节乐了。清明节，实在是蚕乡的狂欢节。更何况，如此狂欢，还是宜于蚕事的呢！

事实上，太湖流域的蚕神崇拜深受蚕桑生产的制约。由于生产力水平低下，蚕桑生产富于神秘色彩，才造成了蚕神崇拜。时移俗易，自20世纪二三十年代起，太湖流域的蚕桑生产逐渐由原始、落后向科学化、现代化迈进，笼罩在蚕桑生产上的神秘的面纱也渐渐被揭去。如今太湖流域蚕农都相信科学，布满蚕乡的蚕神庙早已在历次移风易俗运动中被拆除，蚕神崇拜已经大大淡化了。不过那曾经盛行过的蚕神崇拜从一个侧面反映了太湖流域蚕农的文化心态和蚕桑生产的发展变化。因此对这一现象作一番钩沉还是有一定的历史意义和现实意义。

近年来各地举行的轧蚕花、蚕花庙会等，具有节庆活动的特色，将文化的活态传承与旅游开发结合起来，既能丰富百姓文娱生活，又能吸引外地游客，有利于城乡融合和乡村振兴。

（作者单位：湖州师范学院）

脉动：江南运河丝绸之路与清末民初江南市镇社会变迁

——以南浔为个案考察市场与道路交通的交互作用

李学功

一、江南运河丝绸之路：一个被遮蔽的概念

在中国文化的标识物中，丝绸无疑是其中的翘楚。相传黄帝元妃嫘祖首创种桑养蚕技术。南北朝以降，嫘祖始被奉为中华先蚕之神。嫘祖传说及其信仰既是部族迁徙和文化传播过程中发生的重要文化现象，也是华夏文明发育成长过程中具有标志意义的大事件。一方面，它是在中国文化区系内，经由众多部族集体性记忆的塑造形成的国族起源上由黄帝和嫘祖后裔的文化身份认同；另一方面，它是神治主义时代光影下，历史传说与神话流转交融汇合而成的家国历史一致性的文化起源认同。

以浙江为例。据《西吴蚕略》《湖蚕述》记载，南北朝时期杭嘉湖地区向奉先蚕黄帝元妃西陵氏嫘祖；"嘉庆四年，抚浙中丞以浙西杭嘉湖三府，民重蚕桑，请建祠以答神贶"①。杭嘉湖地区在历史上不仅蚕桑产业发达，而且出土了大量新石器时代有关蚕桑的实物，是中国丝绸文化的重要发祥地。其中，钱山漾文化的发现无疑是一个重要事件。

2018年对于钱山漾文化而言，是一个颇不寻常的年份。这一年是标识中国

---

① 《西吴蚕略·赛神》，《续修四库全书·子部·农家类》，上海古籍出版社2013年版，第160—161页；《湖蚕述·赛神》，《续修四库全书·子部·农家类》，上海古籍出版社2013年版，第345页。

丝绸之源的代表性物品——绢片（绸片）发现 60 周年。1958 年，考古工作者在浙江钱山漾遗址发掘出土了绢片（绸片）、丝带和丝线。1956 年钱山漾遗址即开始发掘。1958 年 2—3 月，考古工作者在钱山漾遗址的北部进行第二次发掘，共挖探方 13 个，总面积为 341 平方米。正是在这次发掘中，发现了一批盛在竹筐内的丝织品，包括绢片、丝带和丝线等。据《吴兴钱山漾遗址第一、二次发掘报告》，第二次发掘时，在探坑 22 出土不少丝麻织品。麻织品有麻布残片、细麻绳，丝织品有绢片、丝带、丝线等，大部分都保存在一个竹筐里[1]。经浙江省纺织科学研究所和浙江丝绸工学院多次验证鉴定，原料是家蚕丝，"证实钱山漾出土的丝织物是由桑蚕丝原料织成的"。[2] 著名考古学家夏鼐认为"中国最早的丝织品，是 1958 年在浙江省吴兴县钱山漾遗址中所发现的"[3]。不唯如此，在距今 7000 年左右的浙江河姆渡文化遗址，考古工作者发现有一枚"蚕"纹象牙杖饰。凡此，皆表明太湖流域在上古时期有着适宜家蚕生长的良好生态环境。从唐宋的贡丝，明代徐光启《农政全书》"东南之机，三吴、闽、越最夥，取给于湖（湖州）茧"[4] 之记载，到有清一代皇帝的龙袍和"湖丝遍天下"[5] 的盛景；从首届伦敦世博会获得金奖的"湖丝"，到以"四象八牛"为代表的丝业帝国，浙江丝绸在长江三角洲乃至中国文化和产业的历史上扮演了十分重要的角色。

学界对丝绸之路的研究，早已突破了德国学者李希霍芬对丝绸之路概念的狭隘界定，研究成果蔚为大观，而且多说竞起。笔者在此所要申说的问题，是一直以来被"陆海丝绸之路"概念遮蔽的江南运河丝绸之路。

过去，人们有意无意间常以一个政权所在的经济政治中心或丝绸对外出口的起运地来界定丝绸之路的起点，而忽略了丝绸产品的主产地与丝绸之路的关系。

放宽历史的视界，不难发现作为中国丝绸主产区的苏浙，是古代和近代陆海丝绸之路的交汇点，而江南运河丝绸之路成为丝绸北运、南输、东出的重要

① 浙江省文物管理委员会：《吴兴钱山漾遗址第一、二次发掘报告》，《考古学报》1960第2期。
② 徐辉：《对钱山漾出土丝织品的验证》，《丝绸》1981年第2期。
③ 夏鼐：《汉唐丝绸和丝绸之路》，《中国文明的起源》，文物出版社1985年版，第48页、第70页。
④ 徐光启：《农政全书》卷三一。
⑤ 乾隆《湖州府志》卷四一。

黄金孔道。王健有谓："唐宋以来，我国经济重心逐渐南移到以太湖流域为中心的江南地区，这也是运河经济带的中心。"[1] 王万盈则从全球史的视角出发研究明清时期作为东南孔道的浙江海洋贸易与商品经济的发展，并考察了浙江商贸水陆交通路线[2]。明清时期的苏杭和近代开埠后的上海，都是凭依着江南运河运输体系的支撑成为辐射东南的都市圈中心。正是在这样一个"饶桑棉文采布帛鱼稻，运河委输四通"[3] 的所在——江南运河丝绸之路经济带，产生了"紫光可鉴"[4] "为欧洲诸夷所珍"[5] 的辑里湖丝。

不仅如此，杭嘉湖地区也是中国绿茶的重要产区，在这里产生了中国第一部茶学专著——《茶经》；湖州茶曾被"茶圣"陆羽品评为上等，唐宋时期湖州顾渚山的紫笋茶作为宫廷贡茶，迄今大唐贡茶院残碑犹存；其后更有西湖龙井、安吉白茶闻名遐迩。杭嘉湖地区还是中国青瓷的诞生地，2011 年中国先秦史学会与德清县政府联合举办了"全国防风文化学术研讨会"，会议的议题之一便是探讨商周时期原始瓷及其文化问题。唐宋时期，青瓷与丝绸作为中国江南名品行销海外，备受青睐；16 世纪，茶叶渐为西人所识，凭依江南运河丝绸之路的便捷交通开始登陆国际市场。借着江南运河丝绸之路的支撑，包括丝绸、青瓷、茶叶在内的江南物产，经由陆路、海路而名播四海，冠誉天下。特别是丝绸轻柔、飘逸、华贵的品质与秀美江南相映生辉，成为文化江南的一抹亮色。沿着历史的纵贯线上下求索，从丝绸文化的原点出发，探讨丝茶经济商路贸易与江南运河的关系，对于重新发现和认识江南运河丝绸之路自有着不同一般的反响和意义。

---

①　王健：《江苏大运河的前世今生》，河海大学出版社2015年版，第175页。

②　王万盈：《东南孔道——明清浙江海洋贸易与商品经济研究》，海洋出版社2009年版，第3页。

③　张謇：《清通奉大夫工部郎中加五级南浔刘公墓志铭》，《张謇全集》第6卷，上海辞书出版社2012年版，第289页。

④　朱国祯：《涌幢小品》卷二，《四库全书存目丛书》子部，第106册，台湾庄严文化事业有限公司1995年版，第206页。

⑤　张謇：《清通奉大夫工部郎中加五级南浔刘公墓志铭》，《张謇全集》第6卷，上海辞书出版社2012年版，第289页。

二、市场：影响市镇经济发展的推力

由传统向近代转变的中国，不仅经历着资本主义市场化带来的变化，而且注定要承受新生产方式发展不足的困扰。这一点，在位处临海地带的长江三角洲感触更为明显。这是一种发展与不发展的现实悖论。对此，人们尽可从经济、社会、政治、文化、历史的角度进行分析、解读。笔者以为，不妨跳出传统的社会结构分析框架，从市场的视角入手，厘酌问津。

经济学中讲经济发展要有路径依赖，主要讲的是要有良好的制度[①]。笔者浅见，剖解晚近江南市镇社会变迁，应当特别留意市场及与之相关的制度安排或制度设计，这是影响清末民初江南市镇经济发展的重要路径依赖或曰重要推力，由此可深度剖解中国近代发展与不发展的主题困境[②]。

以往谈及"市场"，似乎以为"市场"只是资本主义才特有的专利。但布罗代尔认为市场经济与资本主义并不必然地同质[③]。事实上，市场到处都存在，古代社会也有市场，只是层级不同而已[④]。沃勒斯坦明确指出："今天，我们再也不能拿这个粗浅的公式当做分析的基础了。""自1945年以来，对封建社会的研究取得了很大的进展，种种事实表明，人们不能把封建社会看作是一个在自然经济框架中完全自给自足的封闭型结构。实际上，市场遍布各地。"[⑤]

确乎是这样，即以中国论，王家范先生指出："至迟到明代，苏松常、杭嘉湖地区，在人们的心目中，已经是一个有着内在经济联系和共同点的区域整体。其时，官方文书和私人著述，屡屡五府乃至七府连称。最早的江南经济区（严格地说是长江三角洲经济区）事实上已经初步形成。"[⑥] 南浔等江南市镇在明清

---

① 梁小民：《小民谈市场》，广东经济出版社2002年版，第239页。

② "中国资本主义的发展和不发展"的理论命题，出自著名学者汪敬虞。参见汪敬虞《中国资本主义的发展和不发展：中国近代经济史中心线索问题研究》，中国财政经济出版社2002年版。

③ 在布罗代尔看来，资本主义是与市场经济严格区分的一种上层建筑。参见费尔南·布罗代尔著，顾良、张慧君译《资本主义论丛》，中央编译出版社1997年版，第2页。

④ 费尔南·布罗代尔著，杨起译《资本主义的动力》，生活·读书·新知三联书店1997年版，第15页；另见费尔南·布罗代尔著，顾良、张慧君译《资本主义论丛》，中央编译出版社1997年版，第73页。

⑤ 此为美国著名学者沃勒斯坦1985年10月19日在法国夏托瓦隆会议中心举行的国际学术研讨会上的发言，该发言后收入《费尔南·布罗代尔的一堂历史课》，见费尔南·布罗代尔著，顾良、张慧君译《资本主义论丛》，中央编译出版社1997年版，第33页。

⑥ 王家范：《明清江南市镇结构及其历史价值初探》，《华东师范大学学报》1984年第1期。

的勃兴，皆缘于市场之手的推动。南浔等江南市镇在近代的起落峰回，仍离不开市场推手的作用。可以说，市场决定了市镇的命运。所不同的是，明清时期的江南市场是以有限的国内贸易为主的、带有超经济强制色调的传统内需型市场，而近代的江南市场则是外贸为主、受资本主义市场体系影响的出口外向型市场。

论及江南市镇在明清的兴起，一些学者着眼于重赋动力，这无疑是对的。不过，这只是问题的一个方面。另一方面，催动江南市镇勃兴的落点还在于重赋之后的减赋，甚或逃赋，在于丝棉织业等多种经营模式的发展。尽管专制国家对减赋是一百个不情愿，甚或严厉处罚主张减赋的地方要员，但逃赋的现实使得重赋政策不得不前行在加减律作用下的矛盾两难中。并且，作为一种对现实的承认（江南粮田减少，农民普遍植桑养蚕和种植棉花等经济作物），国家不得不采取相应的政策调整，于是有了采买制度在江南的大规模推行。换句时髦用语，采买制度是政府对江南的一份特别订单，是国家行为的礼单大派送，是先撒一把米的放水养鱼策略。应当说，这是造成明清江南市镇勃兴的重要内因。某种意义上，甚或可以说，政府采买制度充当了支持江南市镇经济成长的"不自觉"的"投资人"。故此，研究江南市镇的兴起及发展，不能忽视政府采购和政府减赋在其中所扮演的重要角色。汪敬虞先生即曾指陈：事实上，中国历史上的手工丝织业，与皇室的消费有直接的关联[1]。兹胪列相关资料，以作说明：

据《明会典》《明史》记载，明廷在苏州、镇江、杭州、松江、徽州、宁国、广德以及江西、福建、四川、河南、山东等州府均设有织染局。其中尤以苏州织造局、杭州织造局和江宁织造局最为著名。明清时期，"可以确定，苏州市是唯一巨大的前现代化城市，是它资助了政府而不是相反"[2]。史载，"自万历中，频数派造，岁至食物万匹，相沿日久，遂以为常"[3]。江南三织造后渐停废，迄清恢复重建。具体做法上，因地因事而宜，采取集中生产，分散经营方式。"例如织造原料的丝斤，由征用税丝改为向丝行限价采购，丝经的印染加工，由局

① 汪敬虞：《中国资本主义的发展和不发展：中国近代经济史中心线索问题研究》，中国财政经济出版社2002年版，第33页。

② 迈克尔·马默：《人间天堂：苏州的崛起（1127—1550）》，林达·约翰逊主编：《帝国晚期的江南城市》，成一农译，上海人民出版社2005年版，第59页。

③ 《明史》卷八二《食货志六》。

内额设工匠改为民间铺户和工匠的'承值'，以'轮值'和'均机'的办法，利用封建权势，强制一部分民间机户为其服务。"[1]

南浔作为苏州都市圈核心带的卫星城镇，在国家减赋、采买政策的刺激下，市镇经济得到快速发展。有论者谓："湖州所产生丝是官方织造机构的首选原料，本地官营织造局以及江宁、苏州、杭州三大织造局所需原料皆仰湖丝供给。乾隆十八年《内务府来文》中说：'三处（苏、宁、杭）织造缎纱料工画一案内，丝斤一项，嗣后所需上用丝斤，令赴南浔、双林二处置买，官用丝斤令赴新市置买……自丙寅年为始，永为定例，一体遵行。'如此，从丙寅年即乾隆十一年（1746 年）开始，湖州府所属南浔、双林、新市就成为苏、宁、杭织染局所需上用丝纬丝和官用丝纬丝的固定采买点。与此同时，京城内务府织造局所需丝料也固定在南浔七里和石门置办。"[2]

丝织业生产在传统中国社会具有明显的市场指向性、订单计划性，丝织品一直是社会上层人物身份、地位的象征，是皇室、贵族和官僚集团的特供品，社会底层的里居百姓不得"僭越"。

上引材料旨在说明，以南浔为代表的江南市镇在明清时期的成长，离不开市场的作用，离不开政府减赋政策和计划订单对市镇经济的拉动。但采买制度本身的封闭性及消费取向，注定了这一制度的脆弱性和不可持续性。光绪三十年，江宁织造局裁撤，标志这一制度的衰落。

需要指出的是，明清时期的市场是以有限的国内贸易（政府采买为大宗）为主的传统的内需型市场。就长江三角洲而言，这个市场以苏州为中心。这一时期，长江三角洲地区虽也有对外经济活动，但基本上是出于广州一口，且运输线路过长，交易成本过大。

步入近代，上海开埠。自此，上海取代苏州成为资本主义世界经济格局下，连接中国与资本主义市场体系的主节点，成为引领长江三角洲乃至整个中国经济发展的"火车头"。苏州在这一"经济之地理再层级化"的变迁中，由于地理位置等的局

---

① 汪敬虞：《中国资本主义的发展和不发展：中国近代经济史中心线索问题研究》，中国财政经济出版社2002年版，第34页。

② 黄新华：《湖州城市近代化及其发展滞缓的原因探析（1840—1937年）》，南京师范大学硕士论文，2002年。直到20世纪20年代中叶，苏州丝织生产所需原料，仍"泰半仰给于浙丝"。参见《广丰、苏经、洽大三绸厂禀江苏省巡按公署书》，1916年，苏州市档案馆藏。

限，由中心城市降为二级城市。这"导致了不同空间层级之间新的经济连接"①，由此深刻影响了长江三角洲地区乃至中国市场网络结构随之而发生改变。诚如马寅初先生所论：至20世纪初"凡进出口贸易，多须经过上海，无论从南洋输入江浙之米，或由浙江运往南洋之丝绸，皆靠上海为集散地。……故上海显然为吾国经济金融之中心点。全国经济，莫不赖上海之调剂，始能顺利进行"。②

三、交通网络：改写江南经济地理的力量

航运交通对江南市镇经济社会的发展至关重要，它为江南各个分散的地理单元连接成为一个相互联系的经济整体提供了实现的可能。这里不妨以新经济地理学（又名空间经济理论）的相关观点加以说明③。《空间经济学》一书认为："任何地区的市场潜力总是相对于城市的区位而言的"，"即使随意一瞥也会发现……世界上很多大城市都得益于其得天独厚的自然优势，主要是拥有一个好的港口或是其非常接近主要的水上通道"。④《气候、临海性和发展》亦指出："多数有关经济增长的研究倾向于忽视或低估自然地理的作用。然而，我们最近的分析表明，自然地理（包括气候、海洋可达性、土壤质量等等）在经济发展中起着重要作用，它能帮助解释国家间在人均国内生产总值水平和增长方面的差异。"⑤在分析、考量近代上海口岸经济中心形成的过程中，不难发现，促动上海经济中心地位形成的另一个重要因素，或另一股重要推力是以江南运河丝绸之路为纽带的水路网运系统和以上海为中心的港口航运网络的出现。

地理因素在经济发展中的表现及作用，亚当·斯密曾有十分睿智的观察和颇

① G.L.克拉克、M.P.费尔德曼、M.S.格特勒主编：《牛津经济地理学手册》，刘卫东、王缉慈、李小建、杜德斌等译，商务印书馆2005年版，第553页。

② 马寅初：《中国经济改造》上册，商务印书馆1935年版，第59页。

③ 新经济地理学兴起于20世纪90年代，其研究指向于主流经济学的盲点——区位问题，该理论为人们研究空间区位和解释现实经济现象提供了新的视角和方法。参见梁琦《空间经济学：过去、现在与未来》，《经济学季刊》2005年第4卷第4期，并见《空间经济学》代译者序。

④ 藤田昌久、保罗·克鲁格曼、安东尼·维纳布尔斯：《空间经济学——城市、区域与国际贸易》，梁琦主译，中国人民大学出版社2005年版，第280、151页。

⑤ A.D.梅林杰、J.D.萨奇斯、J.L.加罗普：《气候、临海性和发展》，G.L.克拉克、M.P.费尔德曼、M.S.格特勒主编：《牛津经济地理学手册》，刘卫东、王缉慈、李小建、杜德斌等译，商务印书馆2005年版，第169页。

为独到的见解。他提出"劳动分工受市场化程度的限制，而临海地带由于从事航海贸易的能力，比内陆地区享有更为广阔的市场范畴"。[1]他认为："水运方式为各式各样的产业打开了一个更为广阔的市场，而这样的市场是陆路运输无法支撑的；正是在海岸带或航运河道岸边，各种产业开始细分和改进，而且通常用不了多久这些产业就会扩展到国家的内陆。"[2]

上海在清末的崛起，确乎如斯密所言，"水运方式为各式各样的产业打开了一个更为广阔的市场"。只是近代上海的航运业，"不是从原有的帆船航运业的基础上发展起来的，而是在外国航运势力入侵后在中国江海帆船业产生的同时，作为外国外船航运业的附庸出现的"。[3]上海开埠后，"内河小火轮船，上海为苏杭之归宿"，客货运往来频繁，"汽艇拖着中外商号的货船定期往返于上海和这些新口岸之间"。"走吴淞江者，由苏州而上达常熟、无锡，或达南浔、湖州"。"内地通行小轮船，取费既廉，行驶亦捷，绅商士庶皆乐出于其途。沪上为南北要冲，商贾骈阗，尤为他处之冠。每日小轮船之来往苏、嘉、湖等处者，遥望苏州河一带，气管鸣雷，煤烟聚墨，盖无一不在谷满谷，在坑满坑焉。"[4]

小轮船来往苏嘉湖，即是依托了江南运河丝绸之路。显见航运交通在社会进步中的意义，在于其发展的程度与水平影响着社会的整个内部结构。对此，马克思和恩格斯有着非常精辟的论述："各民族之间的相互关系取决于每一个民族的生产力、分工和内部交往的发展程度。这个原理是公认的。然而不仅一个民族与其他民族的关系，而且一个民族本身的整个内部结构都取决于它的生产以及内部和外部的交往的发展程度。"[5]

社会学家费孝通亦指出："自从航海技术有了大发展以来，几个世纪海运畅通。全世界的居民已抛弃了划地聚居、互不往来、遗世孤立的区位格局，不同

---

[1] G.L.克拉克、M.P.费尔德曼、M.S.格特勒主编：《牛津经济地理学手册》，刘卫东、王缉慈、李小建、杜德斌等译，商务印书馆2005年版，第170页。

[2] G.L.克拉克、M.P.费尔德曼、M.S.格特勒主编：《牛津经济地理学手册》，刘卫东、王缉慈、李小建、杜德斌等译，商务印书馆2005年版，第170页。

[3] 樊百川：《中国轮船航运业的兴起》序，四川人民出版社1985年版，第10页。

[4] 戴鞍钢：《近代上海与江浙城镇——以航运网络为中心》，梅新林、陈国灿主编：《江南城市化进程与文化转型研究》，浙江大学出版社2005年版，第122—123页。

[5] 马克思、恩格斯：《费尔巴哈》，《马克思恩格斯选集》第一卷，人民出版社1972年版，第25页。

程度地进入了稀疏紧密程度不同的人和人相关的大网络。"① 由此，庶几可以解释航运交通在社会变革中所扮演的推手作用。《上海对外贸易（1840—1949）》有谓："上海开埠后，江南一带生丝出口改变了早期绕道广州的长途运输路线，大量涌进上海市场。"② 至"1871年欧洲与中国的直接电报联系接通了，直接的结果是：在上海买到生丝时，随即在伦敦市场上出售，在1871年夏季，这一方式已大为通行。丝商用这种方法避免营业中的风险，只要能获得最细微的利润，就能鼓励他又去收买生丝"。③

综上而言，上海口岸所发生的巨大变化，不能不说是临海、临江性口岸中心效应带来的运输成本、报酬规模递增赋予经济发展以积极反馈的结果。

四、个案梳理：南浔现象

清末民初发生在江南小镇南浔的故事，是近代变革在基层社会的体现。这一变革本质上是重构中国社会基础的一次划时代转变，是蹒跚前行的中国注定要与传统社会制度揖别的一次转变。晚近时期的南浔，既是中西经济文化交流、碰撞的缩影，更是早期资本主义市场化在中国的缩影，同时，她又以缩影的形式展现了江南市镇由传统向近现代曲水流觞式的转型演进历程。南浔在近代的历史命运，从长时段的空间范围和地方性知识角度提供了一种城镇经济社会建构中极具价值的解读范本和经济文化景观——南浔现象。

作为传统湖丝的主要产地和贸易集散地，南浔无疑是近代中国最早与国际市场接轨的市镇，也是当时全球化、市场化结合程度最紧密的地方之一④。应予说明的是，这种接轨与国际市场对丝绸的大量需求密切相关。丝绸在古罗马时

① 费孝通：《江村经济——中国农民的生活》，商务印书馆2001年版，第328页。

② 五口通商前，江南生丝出口货运广州，行程约为3500里，费时3个月以上，路程较之运沪遥至十倍，运费之增益及利息之损失，达35%—40%之多。参见李国环《论五口通商以后江南地区蚕桑业的发展及其影响》，《浙江学刊》1984年第3期；姚贤镐《中国近代对外贸易史资料》第1卷，中华书局1962年版，第535页。

③ 聂宝璋编：《中国近代航运史资料》第一辑1840—1895（上册），上海人民出版社1983年版，第638页。

④ G.L.克拉克、M.P.费尔德曼、M.S.格特勒主编：《牛津经济地理学手册》，刘卫东、王缉慈、李小建、杜德斌等译，商务印书馆2005年版，第549、550页。

代即是欧洲上层贵族社会身份、地位的标识性、象征性服饰。不唯如此，连接中西的交通孔道名以"丝绸之路"，亦表明丝绸贸易既是当时中外经贸交往的本色写真，也说明量少、质优、价格不菲的丝绸在普罗大众的心目中，已被赋予了具有华贵身份的文化品牌附加值。而南浔凭依其代表性品牌——"辑里湖丝"和江南运河丝绸之路直连上海的地缘优势，势所必然地成为上海外贸出口市场的宠儿。需要说明的是，上海开埠前，南浔已有广东等地商人开设的商号，当时商路是从江南运河水系再转浙南古道，或经浙闽商道或经海路运至泉州、广州。浙西南的仙霞古道（即江浦驿道、浙闽官道）沟通了钱塘江和闽江水系，由此湖丝经由运河、古道与泉州有了关联。据万历《泉州府志》记载，在明代，泉州要织较为上乘的丝绢，需要用湖州的头蚕丝，纱也是以用湖丝者为善[1]。此亦说明，南浔丝绸商贸的繁荣得益于江南运河丝绸之路，江南运河滋养了南浔为中心的湖丝产业。

　　进入20世纪90年代，随着新经济地理学对城市和区域发展的再思考，人们"重新发现区域是在一个更加开放的国际竞争环境中获取竞争优势的关键地点"。[2]作为近代上海都市圈城镇经济网络的主要节点之一，南浔地处杭嘉湖平原北部、太湖南岸，距苏州97公里，距上海120公里，一条江南运河丝绸之路将南浔与上海，与苏杭，与府城湖州紧密地连结起来[3]。"（南浔）距上海比湖州（府治）还近二十五英里，故生丝常自南浔直接运往上海，因为中间地区河流纵横，运输极

---

① 万历《泉州府志》卷三。
② G.L.克拉克、M.P.费尔德曼、M.S.格特勒主编：《牛津经济地理学手册》，刘卫东、王缉慈、李小建、杜德斌等译，商务印书馆2005年版，第555页。
③ 据《南浔研究》，南浔内河航运便利，仅轮船公司即有13家运营商，兹将开往上海方向航运班次列表于下（参见《南浔研究》1932年，湖州市档案馆藏，全宗号313，案卷号7—20，第53—54页。）：

轮船局名	乘船地点	开往地点	开行时间
源通	南浔西栅	上海	15：00
利兴	南浔东栅	上海	14：00
永顺	南浔东栅	上海	12：30
正昌	南浔东栅	上海	10：00
通源	南浔东栅	上海	14：00
永安	南浔东栅	上海	双日9：00 单日17：00
立兴	南浔东栅	上海	14：00
招商	南浔西栅	上海	6：30

为便利，费用亦省（花五六元钱就可雇一艘小船运八十包至一百包生丝），沿途又无税卡阻拦。"[1] 湖丝凭依江南运河丝绸之路就近从上海出口，运输路程较前大大缩短[2]。于是，在上海开埠和国际市场对生丝出口需求呈几何级数增长的拉动作用下，南浔凭借其区位优势和良好的交易环境，成为近代专业化的外贸型蚕丝业生产区，成为中国早期资本主义市场化的典型地区，创造了近代著名商帮——浔商在沪上崛起的传奇[3]。

历史的吊诡在于，曾几何时，南浔曾凭依传统的蚕茧生丝进入国际市场，在国际市场对生丝出口需求一路飙升的利好形势下，采取单一的市场替代模式，以国际市场需求代替国内市场需求，忽视了产品结构的调整和产业升级、交易方式的创新。在市场这只看不见的手的作用下，20世纪二三十年代，南浔饱尝世界性经济危机的冲击，风光不再。南浔在清末民初的际遇，反映了单一的产品结构在市场变化面前的无奈，暴露出单一的市场替代模式的先天不足。

古希腊智者曾云："人不能两次踏进同一条河流。"但历史的韧性在于，这种现象却在不同的时间，同一个空间轮番上演。南浔在近代初叶起落峰回形成的"南浔现象"，值得关心浙商、关心中国区域经济社会发展的人们思考。

（作者单位：湖州师范学院湖州发展研究院）

---

①　姚贤镐：《中国近代对外贸易史资料》第1卷，中华书局1962年版，第69—70页。
②　转引自丁日初《上海近代经济史》第1卷，上海人民出版社1994年版，第59页。
③　浔商创办了近代上海第一家造纸厂——龙章造纸厂，经营上海金利源（十六铺）码头。"百乐门""大世界"的投资也都有浔商的身影。

湖州蚕桑神话的文本叙事性及本文开放性

马明奎

区别"本文（fact）"与"文本（text）"的概念是重要的。在胡克（Hooke）看来，神话不仅指涉人的"行为需要"，可以解释仪式事象，而且作为"行为本身"的符号和象征指涉理念，亦即神话本身具有本文和文本双重性质：一方面，神话作为叙事，在其时间维度上展开时指涉涂尔干意义上的神圣之物及其空间场域，涵泳物质性和事实性；另一方面，神话还装载或贮存历史记忆，"异延"着精神性和虚构性。对此，学者彭兆荣强调说：

在历史民族志的实践中，许多学者循着神话仪式所引导的"事实"寻索，却经常忘却了一个更为重要的"事实"，即神话和仪式本身也构成了一种颠扑不破的事实——非纯粹作为载体的神话。换言之，出于某种职业习惯，学者们不停在论证或寻找"神话中的事实"，忘记了作为"神话事实"的本体要件。[①]

彭兆荣的意思是：神话作为一种符号和象征其本身就是事实的运行，而且按照彭兆荣的意思，虚构本身成为历史的一部分。他评述萨林斯《历史的隐喻与神话的现实》一书时说：

彻底打破了"想象/历史"、"神话/现实"之间的貌合神离的价值界线，在虚构与事实、主观与客观的内部关系的结构中再生产（reproduction）出超越对

---

① 彭兆荣：《瑶汉盘瓠神话——仪式叙事中的"历史记忆"》，《广西民族学院学报（哲学社会科学版）》2003年第1期。

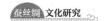

简单真实的追求，再寻找到另外一种真实——"诗性逻辑"（poetic logic）。[①]

看来，区别本文和文本是不够的，还要将两者联系甚至同一起来。首先，我们认同彭兆荣的观点，将描述盘瓠神话的原型进入吴越地域后不断变现，乃至转型为湖州蚕花节的核心意象马头娘亦即马鸣菩萨的文本过程，确认其文本的叙事性；其次，在盘瓠神话向马鸣菩萨的转型进程中，读认那种未完成性，区划本文的层级场域，为文化产业的发展腾挪空间；第三，指陈盘瓠神话本文与马鸣菩萨文本之间的"诗性逻辑"，突显蚕花节的开放性和人类性。

一、作为本文的盘瓠神话与作为文本的马鸣菩萨

《搜神记》卷三盘瓠神话的版本是相对经典的：

昔高辛氏时，有房王作乱，忧国危亡，帝乃召募天下有得房氏首者，赐金千斤，分赏美女。君臣见房氏兵强马壮，难以获之。辛帝有犬字盘瓠，其毛五色，常随帝出入。其日忽失此犬，经三日以上，不知所在，帝甚怪之。其犬走投房王，房王见之大悦，谓左右曰："辛氏其丧乎! 犬犹弃主投吾，吾必兴也。"房氏乃大张宴会，为犬作乐。其夜房氏饮酒而卧，盘瓠咬王首而还。辛见犬衔首，大悦，厚与肉糜饲之，竟不食。经一日，帝呼，犬亦不起。帝曰："如何不食? 呼又不来，莫是恨朕不赏乎? 今当依召募赏汝物，得否? "盘瓠闻帝此言，即起跳跃。帝乃封盘瓠为会稽侯，美女五人，食会稽郡一千户。后生三男六女，其男当生之时，虽似人形，犹有犬尾。其后子孙昌益，号为犬戎之国。

这是文本呢? 还是本文? 一般来说，历史发生的故事乃是本文，故事衍发的"社会记忆"则是文本。据此可以说这里不存在本文。换言之，盘瓠衔房首可

---

① 彭兆荣：《瑶汉盘瓠神话——仪式叙事中的"历史记忆"》，《广西民族学院学报（哲学社会科学版）》2003年第1期。

能会有，但是犬而封会稽侯且生殖繁衍为犬戎之国则不会有。就《搜神记》里的记载而言，应该是本文与文本的融合。事实上，盘瓠神话的版本不胜枚举，不仅在故事的基本框架内追加了地域民族的不同意涵，而且改变了主要情节和人物，比如江浙一带马头娘的神话即是如此：

> 旧说，太古之时，有大人远征，家无余人，唯有一女。牡马一匹，女亲养之。穷居幽处，思念其父，乃戏马曰："尔能为我迎得父还，吾将嫁汝。"马既承此言，乃绝而去，径至父所……父亟乘以归。为畜生有非常之情，厚加刍养。（然）马不肯食，每见女出入，辄喜怒奋击，如此非一。父怪之，密以问女，女具以告父，……于是伏弩身杀之，暴皮于庭。父行，女与邻女于皮所戏，以足蹵之曰："汝是畜生，而欲人为妇耶？招此屠剥，如何自苦？"言未及竟，马皮蹶然而起，卷女以行。……邻女走告其父。……后经数日，得于大树枝间，女及马皮尽化为蚕，而绩于树上。其茧纶理厚大，异于常蚕。邻妇取而养之，其收数倍。因名其树曰桑。桑者，丧也。由斯百姓种之，今世所养是也。①

这则神话同样出自《搜神记》，流传至今。这个故事就有歧义：如果从蚕桑神话来看，这显然是较早的本文；如果比照前面的盘瓠神话来看，这又是借用盘瓠神话的原型重新制作出来的一个文本。这两者有许多相同之处：（1）背景相类。盘瓠于"昔高辛氏时，有房王作乱，忧国危亡"，蚕娘则为"旧说，太古之时，有大人远征"，都是往古的时间意绪中包含了"作乱"或"远征"这样的家国战争情境。（2）故事主角都非人类。盘瓠是狗，蚕神为马。（3）故事情节亦相类。盘瓠是狗衔房首，立了军功，娶人妻立犬国；蚕娘则马驮父还，有汗马功劳，娶女不成，卷而妻之，化为蚕神。两则神话不同的地方是：盘瓠是主动邀功，受封为郡侯，以传高辛氏之德政，即取信于民乃至不违狗誓。蚕神则依约行事，功而不赏，负气卷女带有报复性质，然终不昧天理良知，化蚕而福利万民。我们不能判定干宝搜神是否考订两篇神话所出之先后及版本有无衍射关系，但是蚕神、桑树、女子与马情约乃至最后的桑中之"约"，都具有江浙一带的蚕桑意象，且女子与马的相约、对马的嗔责、马的"卷女而去"……无不凸

---

① 由湖州人韩健口述。

显着女子的主体精神，对于蚕桑养植中商业精神（一种契约精神）的强调也比较明显。这意味着，蚕桑神话文本可能后出，其是以盘瓠神话作底本，在进入江浙桑蚕重地之后形成的，其采桑、养蚕、信义、牺牲等意涵尤其与妇女、与畲族文化有着不可忽视的联系。这表明，所谓本文是一个逻辑推定的概念，是回溯文本的历史生成时设定的一个叙述起点或话语底本，并不等同于历史故事。可见，纯粹的本文是不存在的。与之相类，在湖州地区，蚕神即马头娘的神话续写了以下内容：

女卷为马妻，父念过度，忧郁而亡，遂家事萧条，蚕业大败，百里皆赤。有邻氏女言于村人日："首马而鸣于桑树者，蚕娘也，马卷而妻之者。村人祈祷，必有回应。"乃有马头娘之祭。越数十百年，太湖云影，则举孤帆，近则西施范蠡也。适吴国绝越，勾践去国，为牧马奴。西施范蠡于吴兴之地泊岸而宣养蚕之道，蚕业大兴，拜而为蚕神。后吴国灭，西施范蠡归隐太湖，亡而为马鸣菩萨，享牲不绝。杭嘉湖乃至江南，咸于清明时节祭蚕神，轧蚕花，踏青赛船以迎蚕姑、马明王……[①]

这则神话显然是杜撰的，其底本就是前面的盘瓠神话和蚕桑神话，追加的西施范蠡部分同样回应了前面的情节结构：（1）以吴越争战为背景；（2）主角置换为人（蚕娘而西施），集合了蚕马与女性双重元素；（3）情节从主角亲去立功转换为意象象征或暗示，即以布施养蚕之道以富民象征或暗示西施做卧底以报家国的事功，结局是西施做了菩萨，同样是一种"圣成"，只是融洽于江浙蚕乡水域，成为纯文本。于此回看彭兆荣的论断觉得尤其意味深长："虚构怎样成为历史的一部分！"他如此转述萨林斯的观点：

（1）神话和传说的虚拟性正好构成历史不可或缺的元素。（2）对同一个虚拟故事的复述包含着人们对某种价值的认同和传承。（3）叙事行为本身也是一

---

① 由湖州人韩健口述。

种事件和事实，一种动态的实践。①

当我们不再把文本与本文划割清楚的时候，我们对于文本叙事性的理解其实转换为对文本作为"历史"的真实性和合法性的认同。所有的叙事都构成历史的一部分，或谓之所有文本都是历史叙事的必要成分，都具有历史的合法性和现实的真实性，亦即包括虚构、想象、仪式、理念在内的全部"社会记忆"都无非是在本文逻辑结构之上或之内的一种"添加"或"追加"，此种"添加"或"追加"本身就构成当下的历史，因而具有合法性和真实性。所谓叙事，仅仅是一种建构。

二、蚕花节作为马鸣菩萨道场的层级场域

湖州地区的蚕花节已经成为习俗，在民间具有节庆或节气的性质。每年清明节前后在含山举行蚕花节，名义是纪念蚕花娘娘，庙里供奉的却是马头娘或马鸣菩萨，而塑在含山之下、碧潭之前的则是西施的雕像。山野或郊区还有若干村庙，或有蚕娘父母的塑像陪祀，有专门的神职人员（多是老妪）把守，收钱领供，象征性地祝祷。我们认为这里是一个层级化了的道场，其场域分析如下：

第一，作为本文的却被边缘化了村庙，立在山野或郊区，供奉着蚕花娘娘及其父母，收领着一点象征性的钱财和供品，反映了最原始粗朴的纪念蚕娘被马裹去做了蚕神而造福乡民的心念。史载："吴兴掌故所称马头娘，今佛寺中亦有塑像，妇饰而乘马，乡人多祀之。"② 民俗事象则是"下蚕后，室中即奉马头娘，遇眠，以粉蚕、香花供奉，蚕毕送之"③。这里"遇眠"当指蚕宝宝尚未醒活起来，亦即蚕种方下之时，是睡眠状态。蚕家人即以粉蚕香花之供奉礼请蚕神马头娘进家，待蚕宝宝萌动起来了，则礼送之。这是与养蚕劳作以及蚕农生活同一过程的神事活动，习俗久之，乃有蚕花节，亦即蚕农于清明前后蚕事最重时节，将马头娘塑于村庙，特别供奉，感念她保佑农家蚕事兴旺。但是，替她守庙的没有青年女子，多是寡母或老

---

① 彭兆荣：《瑶汉盘瓠神话——仪式叙事中的"历史记忆"》，《广西民族学院学报（哲学社会科学版）》2003年第1期。

② 光绪《嘉兴府志》卷十八《寺观》。

③ 《西吴蚕略》，见光绪《湖州府志》。

妪，或是失女或无女之妇人，即可见冷清与边缘化。

第二，作为西施法身的马鸣菩萨，是进入佛寺的神祇。这里有一个公案，即蚕神与印度菩萨马鸣的关系。有学者说此马鸣非彼马鸣，认为蚕神菩萨与佛教印度僧人没有关系。但是佛典有载："师谓众曰，此大士者，昔为毗舍离国王。其国有一类人，如马裸露。王运神力健身出蚕，彼乃得衣。王后复生中印度，马人感恋悲鸣，因号马鸣。"[①]《周礼注疏》："蚕为龙精，月直大火，则浴其种，是蚕与马同气。"[②] 更有甚者，《清史稿·礼志·先蚕》载："乾隆五十九年，定浙江轩辕黄帝庙蚕神暨杭嘉湖属蚕神祠。"而同治《湖州府志》亦有"湖州向先蚕黄帝元妃西陵氏嫘祖神位于照磨故署……"的记载，这是由菩萨到国王（毗舍离国王）、到神（龙精）、直到皇妃娘娘嫘祖起伏跌宕、逐渐神化的过程，但是马鸣菩萨怎么变成了西施娘娘了呢？最重要的还是西施泽被乡亲的恩德得到广大人民的认同：

> 春秋战国时，越国范蠡官老爷带了西施娘娘离开越国时，最初就到德清莫干山一带隐居。附近有一片观音漾，范蠡老爷教渔民百姓养鱼，还写了一本养鱼的书，发明了竹子做"鱼簖"防止大鱼逃跑的养鱼技术。西施娘娘带了蚕种，教乡亲们采桑养蚕，还教妇女纺纱织布，当地老百姓尊称她为"蚕花娘娘"。在范蠡和西施的帮助下，这里很快成了富庶之地。后来，老百姓就造起庙宇，感谢他们的恩德。[③]

显然，西施与养蚕是由纺织联系起来的，可能与西施有浣纱故事有关，但是把马鸣与西施联系起来则可能是将蚕与蝉混淆了：蝉鸣于暑夏是常见的自然景象，但是与夏蝉鸣暑、秋蝉嘶寒的曲折关联中，隐约反映了女儿被逼嫁与"马皮"尚存藕连，而与西施屈辱事国也有一丝意脉，都是表达了普通人民对于恩惠桑梓、报效国家的人们的敬重和爱念。据载，清代杭州还有马鸣菩萨庙，俗称马头娘娘庙，供奉的就是西施，晚清萧山也有西施庙。归根到底，这与盘瓠神话进入江浙乃至后来衍为蚕桑神话这一地域民情有着深沉的历史关系。

---

① 道原《景德传灯录》。
② 《周礼注疏》卷三十郑玄引《蚕书》。
③ 由德清县钟管镇蠡山村徐应元口述。

第三，作为现代旅游文化品牌的西施雕像，是市场经济时代的大菩萨。湖州含山的蚕花节核心是仪式和市场，西施娘娘非常招揽观众和香客，乡民从四面八方赶赴现场。当然，我们注意的是这里的场域及其延伸。据乡民讲，好年景的时候，会有龙舟赛或轧蚕花等在周边的乡村举行，更好的时节还会有越剧表演，这就是盛事大典了。

以上描述了蚕花节三重场域：村祀—佛寺—乡野。这是一个时间演进的历史进程，也是一个场域衍化的空间过程。如果从文本与本文的关系看，我们又发现，不仅当下的构想建立着蚕桑神话的本文事实，而且这样的本文就是由文本的历史堆积和本文的当下创构交织构建起来的立体形态。在建构的意义上，本文的描述先于其历史阐释。

三、盘瓠神话与蚕桑神话之间的诗性逻辑

场域的概念很重要。把蚕花节拘囿于村祀或佛庙，乃至几台商业集会是远远不够的。历史记载，唐乾符二年始建含山寺，宋代元祐年间始建含山笔塔，共"十六殿""十大景"，其中马鸣殿也叫蚕花殿，供奉马鸣菩萨亦即蚕花娘娘，香火终年不断。人们一方面祈求蚕神保佑蚕花大熟，另一方面借神嬉春进行狂欢，湖州人所谓"祈蚕嬉春"。庙会自每年清明前一天始、后一日结，大批从桐乡乌镇以北、嘉兴新塍、江苏吴江等地的游人，水陆并进，涌向含山，人山人海，热闹非凡，俗称"轧蚕花"———"轧"是"挤"的意思，以背蚕包种、上山踏青、簪戴蚕花、祭祀蚕神以及水上竞技为主要内容。可以说，盘瓠神话与蚕桑神话之间隐含着诗性逻辑。

诗性逻辑之一：清明是采茶的季节。清明节与蚕花节的重叠首先是因为天时将茶业与蚕事联结起来，但是从神意看，蚕花节与清明节的意向不同：蚕花节是为了蚕事丰收，所祭乃马鸣菩萨；清明节则是祭祀介子推。传说晋文公在清明前一天（寒食节）搜山，介子推于清明后一天被烧死，正是湖州蚕花节的三日内。所谓蚕花，是一种用纸或绢剪扎而成的彩花，形如月季或玉兰，朱恒《武原竹枝词》道："小年朝过便焚香，礼拜观音渡海航。剪得纸花双鬓插，满头

春色压蚕娘。"原注："纸花，号蚕花。"可见蚕花是村人丧礼时头戴的一种纸彩，是人民祭拜和纪念介子推的遗俗，是一种民间形态。基于此，清明节踏青和蚕花节郊游就内在地同一起来，其实是兵民进山搜救介子推的变异和遗存。但时值采茶之时，意义就发生一些变化，进山搜救变成上山采茶和下田采桑。如果把前此二月十九的观音圣诞与其后的端阳节联系起来，一个观音圣成，一个屈子殉国，与清明节及蚕花节的意脉再度同一起来，一个民族对于自己的圣者赴死而操节不泯的精魂有着如何深刻的缅怀和祭奠！

诗性逻辑之二：马头娘在民间还有另一表述——马头谐音，码头也。湖州乃至江浙水域广阔、漕运不歇，与码头的关系密切。如果说马头娘或马鸣菩萨所征示的是神性场域，从文本看是历时已久的文献和传说抽绎出来，然后再进入想象、创构乃至寺观建筑，那么码头替代马头则完成了从庙堂向大野，再向水域实际生活的延伸，盘瓠神话的争战早已改变为西施娘娘的民间传说了。盘瓠神话中狗娶人妻与蚕桑神话中马逼人女具有同样的性意向，只是盘瓠指向的是高辛氏，是皇帝，马鸣菩萨则指向家尊，是父亲。每当我们看着台上喊叫的那些半裸女，就会想起冷落在一潭碧水边的西施塑像，一种诗性逻辑反被世俗抛弃了，五通神就这样被"俗性化"为五猖神，享受民间广泛的祭拜。《聊斋志异》里的五通神有马、猪、蛙、蛇及鱼，这里的马又与马头娘娘的意象谐搭起来，这是真的诗性吗？

诗性逻辑之三：最深刻的诗性是宇宙性，是时间的演进和空间的衍展——从《搜神记》版本承载的往古时代到马鸣菩萨昭示的蚕桑时代，再到西施娘娘象征的市场时代，历史已经发生深刻变化，人民也不再是背着蚕种包裹在龙舟上拚命竞技的人民，香火只缭绕于那些往古而无望的心灵，一切都已结束，一切又重新开始，本文是未完成的，文本同样开放无遮。历史在于建构，生命在于创造，最具体、最生动的逻辑是生命本身，我们谓之文化生态。

湖州蚕桑神话的文本衍生呈示了两个转换的逻辑。一是空间的跌宕：村祀—佛寺—乡野；二是时间的演进：古代的争战—中古时代的蚕桑—现代的市场。前者是无限开放的，后者是永远未完成的。迄今湖州还有寒食节禁食忌火的残留习俗，虽然已经稀有；上巳节郊祭和洗浴的旧俗早已演化成今天蚕花节的郊游和烧烤，但是我们还记念着那个时代儒者的情怀与雅趣：

莫春者，春服既成，冠者五六人，童子六七人，浴乎沂，风乎舞雩，咏而归。[1]

（作者单位：湖州师范学院人文学院）

---

[1]　杨伯峻：《论语译注》，中华书局1958年版。

论《湖蚕述》的乡土文献价值

刘旭青

杭嘉湖地区是我国蚕桑文化的发源地之一。据考古材料证实，早在4700多年前，湖州地区先民就掌握了蚕丝加工技术。从栽桑、养蚕到缫丝、织绸的系列生产过程中，积累了丰富的、系统的、完善的蚕桑技术和丝绸技艺，这里的产品都冠以"湖"字，如湖桑、湖丝、湖绉等，"湖丝甲天下"，自明代起湖丝就享誉全国。

汪日桢（1813—1881），浙江乌程（今湖州）人。其《湖蚕述》成书于1874年，有光绪六年刻本，以及农学丛书、荔墙丛刻本和1956年中华书局铅印本。全书共有4卷，分40个专题门类，并在相应的专题门类之后附录"蚕桑乐府"歌词。此书是江南蚕桑生产技术的集大成之作，记录和保存了丰富的乡土社会生活史料。其学术价值主要体现在乡土文献、蚕桑技术、蚕桑风俗、丝绸经济、方言俗语等五个方面。

一

在阐述编撰《湖蚕述》一书的缘起时，汪日桢"自序"云：

岁壬申重修《湖州府志》，"蚕桑"一门，为余所专任，以旧志唯录《沈氏乐府》，未为该备，因集前人蚕桑之书数种，合而编之，已刊入志中矣。既而思之，方志局于一隅，行之不远，设他出有欲访求其法者，必购觅全志，大非易事，乃略加增损，别编四卷，名之曰《湖蚕述》，以备单行。所集之书，唯取近时近地，……志在切实用，不在侈典博也。

这段文字有以下两点值得注意：一是《湖蚕述》系"集前人蚕桑之书数种，合而编之"而成；二是"所集之书，唯取近时近地"的地方蚕桑文献。

《湖蚕述》征引的文献达 77 种之多，可以分为三类：一是农蚕书类，主要有涟川《沈氏农书》、张履祥《补农书》、费南辉《西吴蚕略》、董开荣《育蚕要旨》、沈炼《广蚕桑说》、高铨《吴兴蚕书》、高时杰《桑谱》等 17 种。二是地理方志书类，主要有劳钺《湖州府志》（《劳府志》）、刘沂春《乌程县志》（《乌程刘志》）、胡承淇《湖州府志》（《胡府志》）、汪日桢《南浔镇志》、张铎《湖州府志》、董斯张《吴兴备志》、陈观《乌青镇志》《武康县志》等 20 种。三是笔记、其他书类，主要有徐献忠《吴兴掌故》、沈炳震《蚕桑乐府》、董蠡舟《南浔蚕桑乐府》、张炎贞《乌青文献》、宋雷《西吴里语》、董恂《南浔蚕桑乐府》等 40 种。这些乡土文献不仅记录、保存了大量的蚕桑技术，也是研究乡土民俗、文化、生活的文献史料。

此外，湖地先贤整理和编撰的蚕桑文献还有高铨《蚕桑辑要》、仲昂庭《广蚕桑说辑补》、李聿求《桑志》等，这是体现湖地地域文化特色鲜明的乡邦蚕桑文献，也是研究地域经济、文化和乡土生活的史料。

二

由于《湖蚕述》是集他人著作而成，作者熟悉蚕桑技术，对资料取舍有据，极少个人主见，故能比较科学体系化地"装备"全书，是江南栽桑养蚕技术的理论集大成之作，对保护和传承蚕桑技术意义重大，其独特的章节"拼接"方式，时至今日仍具有借鉴意义。例如，卷 1 "接桑"条云：

桑本粗壮者可接，细弱者不可接。接法：先剪家桑枝有叶芽者，每枝约长三、四寸（《桑谱》），置筐中，以湿布覆之，勿使见风日（《广蚕桑说》）。用小刀于野桑本上，离地半尺许，划开桑皮（《桑谱》）。将刀略一摆动，则皮已离骨，取小竹钉长二寸许者，削如马耳样，嵌入皮内，嘉湖人谓之桑餂剪（《广

蚕桑说》），随将家桑枝（俗称层头），一头削薄，一面加鸭嘴形（《桑谱》），取出桑餂，而以是条嵌入皮中，须以刀削一面向外乃活（盖桑枝膏液，皆从皮上流过，故必以接条之皮与本树之皮彼此相向，乃得浃洽，若以皮贴皮，以骨贴骨，则必不活矣。《广蚕桑说》）以桑皮缠定，粪土包缚，令不泄气（《乌青文献》）。或用长籼稻秆缚之数转，须宽紧相宜（《桑谱》），污泥护之（《西吴蚕略》），慎勿动摇（《广蚕桑说》）。如天晴和暖，在清明节前十日内接；天寒阴雨，须清明节后十日内接（《桑谱》），月余即活（《西吴蚕略》）。甫接而遇骤雨，则活者寡矣（《广蚕桑说》）。接后能得天晴二日，第三日虽有细雨无害，倘久晴，缚处燥裂，须用水润其缚（《桑谱》），俟新条发芽，将故条剪去，便成家桑（《西吴蚕略》）。接而不活者，其本身必更发新条，可候明春再接（《广蚕桑说》）。

这种资料取舍"装配"毫无违和之感，不仅彰显编撰者非常熟悉蚕桑技术，又见这里的先民对蚕桑嫁接技术非常了解和娴熟。这段文字征引和撷取的文献有《桑谱》《广蚕桑说》《乌青文献》《西吴蚕略》等。接桑，涉及种桑葚、压条、种桑秧、接桑、缚接桑、阉野桑、扎绊接科、拦桑枝、假拦桑、剪桑叶、摘桑叶、耘二叶、捋羊叶、移桑、修桑、治虫、壅桑、垦地锄草、原性治病等技术环节，每一环节的技术要求和注意事项都有详细的说明。

缫丝，是从蚕茧中抽出蚕丝的工艺，包括索绪、理绪、集绪、拈鞘、缫解、添绪和接绪、卷绕和干燥等工艺步骤。卷3"缫丝"条云：

煮茧抽丝，古谓之缫，今谓之做（《吴兴蚕书》）。先取茧曝日中三日，曰晾茧，然后入锅动丝车（《胡府志》）。阴雨则火烘之，使蛹不化，得以徐缫之。谚曰："小满动三车"，谓油车、水车、丝车也（董蠡舟《乐府小序》）。……丝欲其细而白。欲白必多换汤水，欲细不可惜功夫。丝必欲其好做，好做则蚕蛹身上无衣，丝多而功夫不费。若好做而茧选得白，是为上号，尚茧白不好做，终是次号，因茧在汤中多滚，去其颜光矣。其故由于上山时间潮湿闷热，则丝必不好做。上山之不可不讲究如此（《育蚕要旨》）。

从这段文字的描述可知，湖地的缫丝工艺是民众的智慧结晶和理论总结。

湖地的缫丝步骤有澄水、储薪、安灶、排车、打绪头、分绪上轴、匀茧窝、捞著衣、添丝接绪、辨生熟重轻、理野丝、防跳花、防走板、盖面、换汤、架火、煽车火、各茧做法、脱车、择良工等多道工序，书中对每一道工序的技术细节、要求和注意事项进行了详细说明。

三

种桑养蚕，是蚕乡蚕农重要的经济来源，特别是在"男耕女织"的小农经济结构中尤为如此。蚕桑收成的好坏直接关系到生活水平，谚语有"蚕是农家宝，一年开销靠""养得一季蚕，可抵半年粮""桑是摇钱树，蚕是银元宝"，非常形象生动地说明了蚕桑经济在家庭中的重要性。侍神礼佛、祈求蚕桑丰收是每一个蚕桑人的心愿。赛神，是神祇崇拜的一种活动方式。卷4"赛神"条云：

> 俗呼蚕神曰蚕姑。……而《吴兴掌故集》引《蜀郡图经》曰："九宫仙嫔者，盖本之《列仙通记》所称马头娘。"今佛寺中亦有塑像，妇饰而乘马，称马鸣王菩萨，乡人多祀之（《胡府志》）。下蚕后，室中即奉马头娘，遇眠，以粉茧、香花供奉，蚕毕送之，出火后始祭神，大眠、上山、回山、缫丝皆祭之，神称"蚕花五圣"（《西吴蚕略》），谓之拜蚕花利市（董蠡舟《乐府小序》）。

蚕神是民间信仰的司蚕桑之神，古代有蚕姑、蚕女、马头娘、马明王、蚕花娘娘、马鸣王菩萨等称呼。实际上，蚕农的"拜蚕花利市"是农耕经济结构中蚕神崇拜的心理基础。《吴兴蚕书》云："湖俗佞神，不指神之所属，但事祈祷；不知享祀之道，借以根本，非所以祈福免祸也。"

湖地祀神的另一个目的，是好好犒劳辛苦的养蚕人，"屡祠神以享馂余，是亦一道也"，揭示了"享祀之道"的真谛。

在养蚕季，蚕事高于一切，也形成了诸多与蚕桑有关的民间禁忌和习俗。卷2"蚕禁"条云：

> 蚕时多禁忌，虽比户，不相往来。宋范成大诗云："采桑时节暂相逢"，盖

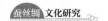

其风俗由来久矣。官府至为罢征收，禁勾摄（《胡府志》，按：学政考士、提督阅兵，并避蚕时），谓之关蚕门。收蚕之日，即以红纸书"育蚕"二字，或书"蚕月知礼"四字贴于门，猝遇客至，即惧为蚕祟，晚必以酒食祷于蚕房之内，谓之冷饭，又谓之送客人（《吴兴蚕书》）。虽属附会，然旁人知其忌蚕，必须谨避，庶不至归咎也。

从这段文字记载可知，蚕农有"蚕时多禁忌，虽比户，不相往来"的民间自觉，收蚕之日有以红纸书"育蚕""蚕月知礼"贴于门的习俗，猝遇客至有"以酒食祷于蚕房之内，谓之冷饭，又谓之送客人"的礼俗。

清代诗人袁枚《雨过湖州》有"人家门户多临水，儿女生涯总是桑"，这不仅是湖州风情、民居格局的真实写照，也是蚕乡民众"蚕桑为本"生活的概括。与蚕桑有关的习俗，渗透进蚕乡民众的日常生活之中。卷2"浴种淴种"条云：

俗于腊月十二日、二月十二日礼拜经忏，谓之蚕花忏。僧人亦以五色纸花施送，谓之送蚕花（《吴兴蚕书》）。寒食节具牲醴禳白虎以祛蚕祟，以米粉肖白虎像，祭毕弃之（《吴兴蚕略》）。设酒饵以祷栋柱，谓可祛鼠耗（《吴兴蚕书》）。是日市门神贴之，以石灰画地为弓弩形以祛祟（董蠡舟《乐府小序》）。清明食螺，谓之挑青，以壳撒屋上，谓之赶白虎（《湖录》），招村巫禳蚕室（《西吴蚕略》）。

在杭嘉湖，蚕熟上山之后或缫丝时，各家亲朋好友携带枇杷、灰鸭蛋、黄鱼、肉糕等礼品，彼此往来做客慰问，预祝蚕茧丰收。因为是探望蚕熟的"山头"，又称"望山头"，一直流传至今。卷4"望蚕信"条云：

缫丝时，戚、党咸以豚、蹄、鱼、鱐，果实、饼饵相馈遗，谓之望蚕信（董蠡舟《乐府小序》）。有不至者，以为失礼，盖无特蚕时禁忌，久绝往来，亦以蚕事为生计所关，故重之也（《遣间琐记》，按：此风东乡最重之）。

四

"贷钱"一词，语出《史记·孟尝君列传》，"岁余不入，贷钱者多不能与其息，客奉将不给"。其义是借债。湖地贫者贷钱养蚕，卖丝之后付息偿贷，在《湖蚕述》的描述和记载中，亦可管窥其大概。卷 2 "贷钱"条云：

> 蚕时，贫者贷钱于富户，至蚕毕，每千钱偿息百钱，谓之加一钱（《南浔镇志》）。富家实渔利。而农民亦赖以济蚕事，故以为便焉（董蠡舟《乐府小序》）。

"每千钱偿息百钱，谓之加一钱"的记载，反映了蚕桑地区的商品经济意识，也是富户与农民互惠互利的一种借贷与合作方式。

明清以来，湖州地区是江南丝绸的重镇，丝绸贸易特别活跃。以湖州南浔丝商为主体，在上海大都市进行商业活动的商人群体被称为"湖州商帮"，也称"浔商"。卷 4 "卖丝"条云：

> 小满之日必有新丝出市，谚云："小满见新丝"（《湖录》）。列肆购丝，谓之"丝行"，商贾骈坒，贸丝者群趋焉，谓之"新丝市"（董蠡舟《乐府小序》）。向之顿叶者，至此则转而顿丝焉（董恂《乐府小序》）。细丝亦称"经丝"，可为缎经，肥丝可织绸绫。有招接广东商人及载往上海与夷商交易者，曰"广行"，亦曰"客行"，专买乡丝者曰"乡丝行"，买经、造经者曰"经行"。别有小行，买之以饷大行，曰"划庄"。更有招乡丝代为之售，稍抽微利，曰"小领头"，俗呼曰"拉主人"。每年杭州委员，来采办北帛丝，苏杭两织造，皆至此收焉（《南浔镇志》）。

这段文字记载了湖地丝绸贸易的情况，可管窥湖地比较成熟的丝绸贸易，也是研究湖地丝绸贸易的史料。

五

　　《湖蚕述》记录和保存了大量的方言俗语，特别是蚕桑方面的专业术语。这些蚕桑方面的专业术语，不仅释义和界定清晰，也是指导蚕桑生产的技术规范，涉及面非常广泛，从某种意义上说是蚕桑百科大词典。试举数例如下，以窥其一隅：

　　俗于腊月十二日、二月十二日礼拜经忏，谓之蚕花忏。僧人亦以五色纸花施送，谓之送蚕花（《吴兴蚕书》）。（卷2《浴种瀹种》）

　　清明后，谷雨前，用旧絮包种六、七日（《育蚕要旨》），或以帕裹之，置熏笼一宿，谓之打包。（卷2《护种》）

　　叶之轻重，率以二十斤为一个（《胡府志》），南浔以东则论担（《西吴蚕略》），其有则卖，不足则买，胥谓之稍。预立约以定价，而俟蚕毕贸丝以偿者，曰赊稍。有先时予值，俟叶大而采之，或临期以有易无，胥曰现稍。其不能者，则典衣鬻钗钏以偿之，或称贷而益之（《胡府志》）。（卷2《稍叶》）

　　眠起初食曰饷（《胡府志》）。眠后看㯕上有白丝如绵，谓之杨花㯕，然后可以饷食。（卷2《饷食》）

　　小蚕用火，蚕三眠去之，故名出火（亦曰辍火）。近多不用火，而出火之名，仍相沿不改。……蚕多则论斤鬻之，少则买之，俗曰掇出火蚕（《遣闲琐记》）。（卷2《出火》）

　　凡设塾于家者，蚕至大眠，房屋皆须铺蚕，而蒙师亦家尽养蚕，须自助劳，是时村塾尽辍学，谓之假蚕馆（《西吴蚕略》）。（卷2《铺地》）

　　草帚宜预备置高燥处，庶临用不致忙迫（《吴兴蚕书》）。暇日预取稻藁，疏截整洁（《西吴蚕略》），用四齿铁耙，仰缚凳上，持草帚于耙齿上，批去其散乱者（《广蚕桑说》），俗名杀蚕茅。《务本新书》"腊月刈茅作茧蓐"，即此，古书皆言上蔟（《西吴蚕略》），亦谓之斫蚕忙柴。有懒者，至以高价购诸邻人云（董蠡舟《乐府小序》）。（卷3《架草》）

　　丝从水出，必用火炙。轴上约做丝两许，即以砂盆爇炭焙之，谓之"煽车火"，亦曰"车头火"。（卷3《缫丝》）

蚕初上山，皆聚帘面，未升于帘，骤进火即损蚕，须烧草以烟熏之，谓之打闷烟，蚕畏烟即上帘头尖（《吴兴蚕书》）。（卷3《撺火》）

蚕花忏、送蚕花、打包、稍、现稍、赊稍、饷、杨花鱼、出火、掇出火蚕、假蚕馆、杀蚕茅、斫蚕忙柴、煽车火、打闷烟等，涉及了科学技术、社会、民俗、语言、经济、文化诸方面的内容，这只是书中一部分蚕桑术语而已。

综上所述，《湖蚕述》是江南蚕桑生产技术集大成之作，不仅具有乡土文献价值，时至今日仍具有实践指导价值，在蚕桑风俗、丝绸经济和方言俗语的研究方面也是重要的史料来源。

（作者单位：湖州师范学院人文学院）

环太湖区域民间蚕桑音乐保护与传承研究

毛云岗

环太湖区域是中国蚕桑业和蚕桑丝绸文化的发祥地。在历史发展的长河中，环太湖区域民间桑蚕音乐，经历了不同历史时期的传承，绵延至今，仍有传颂。然而，随着市场经济腾飞和现代高科技的快速发展，人们思想精神视野和文化价值观的改变，使这一经典的传统民间音乐形式趋于边缘化、甚至濒临灭绝，环太湖区域民间蚕桑音乐发展与保护不容乐观。蚕桑音乐中的"扫蚕花地"于2006年8月被列入浙江省非物质文化遗产代表作名录，2007年5月又被列入国家级非物质文化遗产代表作名录；蚕桑音乐中的"桐乡蚕歌"于2009年被列入浙江省非物质文化遗产名录。我们以课题申报和论文发表的方式来进行细致有序的研究，可以填补环太湖区域蚕桑音乐传承与发展研究的空白，并进一步认识它的文化意义，推动这一音乐类非物质文化遗产项目的保护与传承工作。

一、前人关于环太湖区域民间蚕桑音乐保护与传承的研究概况

关于民间音乐的传承和保护，前人已经做了大量的研究，归纳起来主要有以下几个方面：

第一，对总体民间音乐传承与保护的研究。这一方面研究者甚多，不少学者通过各自不同观点来论述民间音乐在传承和保护方面面临的一些问题、并且也不同程度地提出了解决问题的办法。他们研究的共同之处在于：对我们国家的民间音乐现存的传承和保护现状表示出关切与忧虑，以高度的责任心和学术性来分析研究，并提出一些具体的措施和方法。例如：潘诗雨《浅谈民间音乐的

保护与传承》、岳悦《文化产业视角下非物质文化民间音乐的传承与保护分析》、韩雪冰《试论新时代背景下的民族民间音乐的保护与传承》、李佩玉《中国民间音乐的传承与保护刍议》等等。

第二，从民间音乐运用于学校音乐教育方面来研究其保护与传承。大家都认识到社会各级各类学校为民间音乐文化的传承与发展提供了重要平台，能够有效推动民间音乐文化的长远发展，提出了将民间音乐运用于高校人才培养、大中小学音乐课堂教学和艺术实践当中，并通过"教与学""学与演""演与编"等多种渠道将本地的民间音乐带到学校音乐教育中来，从而得以有效的传承与发展。例如：熊杰《地方高校在民间音乐文化的保护与传承方面的作用探讨》、韩笑《浅谈高校音乐欣赏课程对我国民族民间音乐保护与传承的促进作用》、刘威《谈民间音乐保护和传承工作的高等教育人才培养》等等。

第三，以国内某一个地方、某一个民族的民间音乐或者某一个民间音乐类型的传承与发展作为主要研究对象。中国地大物博，资源丰富，民族众多，底蕴深厚，各地均有散发出不同艺术魅力的民间音乐类型。研究者根据当地的文化特征、经济状况、地理环境、人文修养和教育资源，论述民间音乐在传承保护方面面临的问题，以此来挽救和传承民间音乐文化。例如：张丽兰《纳西族民间歌舞曲"窝热热"音乐形态及传承与保护》、杨瑞雪《湖北民间音乐文化保护和传承研究》、王建国《张掖民间音乐的传承与保护》等等。

国内外文献研究成果中对环太湖区域民间蚕桑音乐的保护与传承研究成果较少。大多是以搜集整理歌词为主的作品集，有少部分乐谱，没有音乐分析，也没有提及对传统蚕桑音乐的传承与保护之问题；有的只是对环太湖区域蚕桑音乐中的个案进行介绍，但是没有展开论证，例如徐春雷整理的书籍《桐乡蚕歌》、袁瑾的论文《蚕桑文化网络中的民间小舞"扫蚕花地"》等；有的研究已经提及"蚕歌""蚕歌舞""轧蚕花"等蚕桑音乐的形式与内容，也对蚕桑文化的发展传承有所提及，但没有对蚕桑音乐的传承与发展进行论证，例如费丽萍主编书籍《德清扫蚕花地》、刘旭青的论文《祈蚕歌与蚕桑文化——以杭嘉湖地区为例》等。综上所述，就给本文的整体性探讨和深入挖掘，提供了较大的研究空间。

二、环太湖区域民间蚕桑音乐保护与传承存在的问题

随着经济全球化趋势的加强和现代化进程的加速，环太湖区域的生产方式已发生了不小的改变，同时文化生态发生了巨大变化，像环太湖地区民间蚕桑音乐这样的非物质文化遗产受到猛烈的冲击，在城乡社会现代化发展中，环太湖区域民间蚕桑音乐面临保护和传承的困境和亟待解决的问题。

时代变迁，生产方式改变，蚕桑生产劳动和蚕桑仪式趋于萧条，致使蚕桑音乐的发展传承濒临危机。在上述大环境下，职业化民间艺人开始将注意力慢慢转向了其他行业。比如，我们调查到，在浙江德清县，一些原先可以进入蚕农家中进行"扫蚕花地"表演的艺人随着传统意义上的蚕农减少而转向职场等其他从业领域。综合上述这些因素，时代的加速发展使得蚕桑音乐渐渐边缘化。乡土风俗的改变，多元化带来的市场冲击，也致使蚕桑音乐走向败落。过去，蚕桑音乐通常在初春时节将要孵化蚕卵时或者在春节、元宵、清明等传统节日举行祭祀祈福等民俗活动时进行表演，以祈求一年的好收成，而这些需要已经随着现实生活的变迁而逐渐消失。相关的曲目、表演形式因为民俗的改变已被束之高阁。参演艺人或离世或转行，加剧了蚕桑音乐的濒危程度。

除此之外，随着经济全球化进程的推进，涤纶等诸多面料纷纷进入我国市场，传统的丝织品行业由此受到了不小的冲击，因为市场环境的变化，使得不少曾以种桑养蚕为业的农户逐渐将注意力转移，蚕桑产业的从业人员慢慢减少，这项产业也就逐渐衰退。与蚕桑产业相关的民俗活动的需求也随之降低，于是导致了民间蚕桑音乐这种艺术形式越来越冷门。例如，我们调查到，湖州市南浔区和孚镇袁家汇村，是杭嘉湖地区历史上最负盛名的蚕桑生产和加工基地，原先桑树成荫、蚕房成片，街头巷尾也时常传唱着美妙动听的蚕歌，但是，随着社会的发展、科技的进步、人民思想观念的转变，这里的蚕房大部消失、绸厂渐趋关闭，当年街头巷尾的蚕桑音乐也很难听到了。

生活节奏的加快，文化多元化的冲击，致使蚕桑音乐被冷落。民间艺人年事已高，缺乏接班人，导致蚕桑音乐濒临失传境地。音乐需要聆听者和接受者，受众群的缩小加剧了民间蚕桑音乐迅速走向衰退。随着社会的进步和文化的创新，各种文化艺术、娱乐形式不断出现，文化多元化的冲击使得现代的年轻人更多地热衷于摇滚乐、流行歌曲对我国传统的民间音乐缺乏兴趣，对民间蚕桑音乐鲜有关注，这使蚕桑音乐在传承上受到了很大影响。例如，我们调查到，在浙江湖州的菱湖、双林等地，蚕桑音乐表演艺人所剩无几。当年表演蚕桑音乐的楼金莲、刘大海、冯雪男、吴水霖、高松林、邵正欢、唐新民、唐燕秋、朱映红等民间艺人如今有的年已古稀，有的改行做生意，有的到琴行带学生，很少还活跃在民间蚕桑音乐舞台上。古老的蚕桑音乐将随着艺人逝去而慢慢被尘封进历史当中。

经费困难、人员缺失、乐谱失传，创新作品短缺，民间蚕桑音乐难于传承和发展。很多已流传数百年的民间音乐，主要靠师徒代代口传心授才能延续下去，而民间蚕桑音乐表演艺人已经年老，年轻人大多对民间蚕桑音乐不感兴趣，难以找到年轻的蚕桑音乐从业者，因此传承这项民间艺术的重任很难顺利地被年轻一代承担起来，致使它处于青黄不接、后继乏人的状态，民间蚕桑音乐的传承令人担忧。民间蚕桑音乐的乐谱由于长时间缺乏整理，导致散佚民间的乐谱未能及时搜集存档，甚至有很多的乐谱流散失传。在市场经济条件下，活动经费的筹措已成为制约民间蚕桑音乐发展的瓶颈，对民间蚕桑音乐表演活动的投资很少，演出市场缺乏，进行传统民间蚕桑音乐表演的专业社团难以为继。此外，新曲目创作较少也制约了民间蚕桑音乐的传承。

这些亟待解决的问题让民间蚕桑音乐的保护与传承面临不小的挑战，我们需要提出相应的解决方案。

三、环太湖区域民间蚕桑音乐保护与传承的对策

不少从事蚕桑音乐表演的民间艺人年事已高，有些已不在人世，蚕桑音乐这一民间音乐形式正面临着失传的危险。对于古老却濒临失传的环太湖区域民间蚕桑音乐，有以下几方面保护和传承的措施。

保护民间蚕桑音乐艺人，通过采访、录音、录像等手段获得他们的表演资料。例如，我们调查发现，"扫蚕花地"艺人有杨筱天、杨筱楼、周金囡、郁云福、张林高、邱玉堂、沈金娥、徐亚乐、娄金莲等。至2017年，仅娄金莲尚健在。其中，杨筱天知名度最高。杨筱天13岁便向民间艺人福囡学唱《扫蚕花

地》。3年后拜师学习"湖州琴书"。和杨筱楼成婚后，夫妻合唱湖州琴书，闻名艺坛。1958年根据民间歌舞《扫蚕花地》改编《蚕桑舞》，参加会演获奖，被拍成纪录片《德清蚕桑》。民间艺人是民间蚕桑音乐的见证者和传承者，从他们身上我们可以见识到原汁原味的民间蚕桑音乐，对他们的保护刻不容缓。

民间蚕桑音乐的大量乐谱散佚，亟待我们进行收集整理。可以采访通过仍健在的艺人，收集保存现成的乐谱。也可以联系当地文化部门，通过复印、扫描等手段妥善保存乐谱。另外，不少文化馆、文化站保存了民间蚕桑音乐的音像资料，可以与这些部门进行沟通，将这些材料刻录、复制，加以妥善保管。

还要搜集、保护环太湖区域民间蚕桑音乐表演的图片和道具。在实地调查、采访民间艺人的过程中，应注意对其表演道具的保存。可以是实物收藏，也可以通过音像资料、图片、文字描述等形式对这些道具进行保存。比如，我们搜集到德清蚕桑音乐"扫蚕花地"民间艺人福囡、杨筱天表演的图片资料和表演所用的道具——蚕匾、蚕剪纸、扫帚、手绢等，借此能够深入研究他们的表演艺术。

创作、改编民间蚕桑音乐作品，期参加比赛和演出。根据从民间搜集到的乐谱、音像资料，请专业的音乐工作者根据素材进行加工、改编（如器乐独奏曲、民乐合奏、艺术歌曲、合唱、重唱等形式的声乐、器乐、舞蹈作品）。作品定期参加文艺比赛和演出，经常在电视台播出。这对蚕桑音乐的推广和宣传会起到极大的推动作用。我们调查到，湖州利用其蚕桑鱼米之乡的优越性，创作了很多蚕桑音乐作品：根据传统蚕桑音乐《蚕花谣》创作了新作品《蚕娘》，根据传统蚕桑音乐《湖州蚕歌调》创作了新作品《轧蚕花》，根据传统蚕桑音乐《扫蚕花地》创作了新作品民乐合奏《扫蚕花地》。这些作品陆续参加浙江省音乐舞蹈节，均获大奖。

同时，我们要把改编的蚕桑音乐作品在舞台上进行表演，如参加浙江省中小学生文化艺术节、南太湖音乐节等等。这对蚕桑音乐也是极为有力的推广。近几年在浙江省中小学生文化艺术节上，经常可以看到传统蚕桑音乐《桐乡蚕歌》《轧蚕花》《小满戏》《中元山歌》的表演。

我们要让环太湖区域民间蚕桑音乐真正走进学校音乐课堂。搜集整理了有关蚕桑音乐的乐谱、音像资料之后，推动音乐教师学习这些民间音乐，然后将之带进中小学乃至高校的音乐课堂当中，进行普及性教育，让年轻一代也加入到学习的行列，让古老的蚕桑音乐得到有效的传承和发展。可以在学校建立蚕桑音乐保护传承基地、培养蚕桑音乐传承人、编排蚕桑音乐文艺节目、定期开展蚕桑音乐研讨会；也可以把蚕桑音乐加入音乐教材。高校音乐系师生还可以通过科研项目、论文写作、教研活动讨论、音乐会演出、大学生创新创业项目等形式来进行传承和发展。例如，湖州市爱山小学建立了蚕桑戏曲传承基地，湖州市埭溪镇上强小学建立了蚕桑戏曲基地，湖州师范学院音乐系的器乐和声乐课堂加进了蚕桑音乐表演的内容。

政府支持、文艺骨干参与，全社会总动员，共同促使环太湖区域民间蚕桑音乐的发展与壮大。政府职能部门对蚕桑音乐的支持对其保护起着特别重要的作用，这些职能部门要大力支持民间蚕桑音乐的发展，挖掘和培养文艺骨干，共同促进民间蚕桑音乐的传承发展与壮大。此外，还可以通过网络定期发布有关资料和信息、比如蚕桑音乐的演出视频、乐谱资料、民间艺人图片等，让更多的人来关注蚕桑音乐，了解蚕桑音乐，研究蚕桑音乐。

四、结论与建议

环太湖区域劳动人民的勤劳和智慧中孕育出来的民间蚕桑音乐是江南文化中一颗璀璨的明珠，对其进行保护和传承于我们这一代人而言是极为必要的。蚕桑音乐是劳动者代代相传的民间音乐文化，具有相对稳定性，但是随着社会时代的变迁，它又具有变异性。本文将其音乐形态的稳定性与变异性两个方面相结合，来把握环太湖区域民间蚕桑音乐的发展趋势。建议通过对民间蚕桑音乐艺人的发掘和保护，让蚕桑音乐元素融入音乐作品，使古老的蚕桑音乐焕发青春活力，让蚕桑音乐走进校园，让它得到更好的传承，在政府部门的支持和文艺骨干的参与中，使蚕桑音乐历久弥新。

（作者单位：湖州师范学院艺术学院音乐系）

近代以来湖丝兴衰过程与启示

刘正武

湖州是中国最著名的丝绸产地，近代以来，丝绸产业经历两次辉煌，最终都以衰落告终。这两次辉煌都因与国际贸易接轨，第一次辉煌持续 80 年，第二次辉煌仅仅只有 15 年。两次衰落的原因颇为复杂，但也有相似之处：依靠原材料充沛发展起来，在国际贸易开放的情况下兴盛，在内部外部恶性竞争中伤痕累累，在世界丝绸市场的突然转向中一落千丈。

一、晚清湖丝崛起的背景

（一）湖丝的崛起和早期贸易

在中国早期的丝绸史上，江南的地位并不显著。江南地区丝绸的勃兴，是从唐中期以后开始的。宋代以后，中国绝大部分地区以种植棉花为主，从而取代了蚕桑养殖。江南地区尤其是湖州却一如既往地坚持这一传统，是气候和自然地理的原因。湖丝成为一枝独秀，是在明代中叶。明代中期督理漕运的郭子章曾经写道："今天下蚕事疏阔矣！东南之机，三吴、闽、越最夥，取给于湖茧，西北之机，潞最工，取给于阆茧。"[1] 明末朱国祯曾经写道："地产木棉花甚少。"[2] 清初湖州学者严书开曾探究过这个问题，他写道："独惟予郡地土卑湿，不宜

---

[1] 郭子章：《本草乘雅》卷三，台湾商务印书馆《文渊阁四库全书》1986年影印本，第179册，第175页。

[2] 乾隆《浙江通志》卷一〇二，台湾商务印书馆《文渊阁四库全书》1986年影印本，第521册，第597页。

于木棉，又田瘠税重，不得不资以营生，故仍其业不变耳。"①

明代初年，杭嘉湖苏松五府设置织染局，明初岁贡几千匹，到明晚期岁贡达 5 万匹，数量惊人。清代高铨在《蚕桑辑要》自序中写："湖州为禹贡扬州之域，土性不宜于棉（棉宜卤地，湖州高土苦燥，低土苦湿，故不宜棉），民之谋生者，力田之外，惟借蚕为活计。"②说明湖州地区的自然气候条件，不适宜种棉花。而明初以来繁重的赋役又逼迫湖州人必须精耕细作，使土地收益最大化，湖州种桑养蚕技术越来越精良。到鸦片战争前夕，湖丝已经是每年必备的朝廷贡品，需求量非常大。

清初，中国长期实行禁海制度。康熙二十二年，清朝统一了台湾，才解除海禁，开启海上贸易。康熙年间，湖丝就有出口记录。康熙二十三年，地方官报告：外商将头等湖丝带至欧洲试用。这是湖丝第一次外贸出口交易的文献记录。到鸦片战争前夕，中国生丝产量约 7.9 万担，商品丝 7.1 万担，丝织品 4.9 万担，其中百分之八十出自江南地区，价值白银 2000 万两略多。当时江南地区产丝绸的地方，范围很小，"北不逾松，南不逾浙，西不逾湖，东不至海"。③包含湖州三县（乌程、归安、德清），苏州五县（吴县、长洲、元和、吴江、震泽）、嘉兴五县（桐乡、石门、嘉兴、秀水、海盐），杭州二县（钱塘、仁和），一共有十五个县，如果以平均计，湖丝外销出口不会超过一万担，产值不会超过 150 万两白银，而这还是卖到广州的价格，在本地的价格，估计要更少。此外，湖丝外销要辗转运到广州才能出口。湖州府人口。平均每个人不到 0.4 两白银。这只相当于一年口粮的三分之一（那个时候每个人需要 1.2 两白银来吃饱肚子）。结论是，在鸦片战争前夕，丝绸贸易对湖州而言是大宗地方产品，但是没有进入自由贸易时期，每年惠及地方经济数量并不多，"只能说是农村经济的一个补充而已"。④对于地方经济并没有很大的贡献。

---

① 严书开：《逸山集》卷八，《四库禁毁书丛刊》集部第90册，北京出版社1997年版，第404页。
② 高铨：《蚕桑辑要》自序，上海古籍出版社《续修四库全书》2002年影印本，第987册，第172页。
③ 唐甄：《潜书》下篇之下"教蚕"，第428页，上海古籍出版社《续修四库全书》2002年影印本，第945册。
④ 汪波：《南浔社会的近代变迁》，浙江大学博士论文，2006年。

（二）鸦片战争后湖丝外贸的激增及基本情况

1814年，大英帝国的势力延伸至非洲最南端的好望角。而北京紫禁城内，嘉庆皇帝为解决财政困难，再度开放"捐官例"。谁也没有料到，这两个事件与远在江南的湖州，后来产生了密切的联系。30年后，在丧权辱国的《南京条约》签订后不久，最吊诡的事情出现了，优质的湖州丝绸凭借上海开埠的机会成为当时中国最大宗的外贸，湖州从此一脚踏进全球贸易圈内。湖州丝绸外销数量激增。

1859—1864年湖丝输出贸易表[1]

年份	数量（斤）	折成包数
1859	5960976	74512
1860	6155257	76942
1861	5475450	68443
1862	8167938	102099
1863	2776225	34703
1864	2391880	29899

英国从中国进口生丝数量

年份	1842	1852	1853	1854	1855
数量（千英镑）	180	2148	2838	4577	4437

（三）湖丝价格暴涨的过程

随着浔沪丝路的开通，湖丝出口成本减少。湖州价格开始是下跌的。[2]

1844—1847年上海辑里丝售价

年份	1844	1845	1846	1847
价格（元/担）	390—480	330—420	280—390	210—380

十九世纪六七十年代上海白丝价格变动

年份	1862	1864	1868	1869	1870	1871	1872
价格（海关两/担）	350	499	517	465	515	503	490

---

① 这里的数据有夸大数量的嫌疑，仅作为参考。参见朱新予：《浙江丝绸史》，浙江人民出版社1985年版，第130页。

② 姚贤镐编：《中国近代对外贸易史资料》第1册，中华书局1962年版，第579页。

南浔秀才温丰描述激烈的价格战中蚕市的繁荣："共道今年丝价涨，番跌三枚丝十两。"[1] 意大利、法国发生蚕瘟之后，中国丝价倍增，极大地被刺激了湖州丝绸的产销。鸦片战争后到光绪初年，湖州城乡人民生活富裕。这个时期，湖州府下归安、乌程二县，人口不超过60万人[2]，但是每年外销丝绸获利丰厚，每年有两三千万元银元流入[3]，专门购买生丝和绸缎，人均每月可以获得大约50元银元。按照当时的物价，一个苦工每个月不过赚取2.5元银元。湖州地方的富庶程度相当高，主要依赖生丝销售。

二、极盛时期的湖丝贸易及隐忧

（一）小农式的丝绸生产

鸦片战争之后相当长的时期里，湖丝贸易的主要程序是：蚕农—土丝—丝行—丝栈—洋行—上海—海运出口。蚕户和丝户不分，养蚕者同时缫丝，以土制丝销售，分工不细，在西方国家和日本已经实施专业化机器生产的背景下，中国的生丝生产还停留在封建小农生产阶段。1860年前后，英国人曾经试图在上海设立茧行，专门到江浙地区收购茧，用机器缫丝，但是受到浙江巡抚和南洋大臣联合压制。他们为了保护丝捐（生丝流通税）利益，断绝原料供应，封闭茧行，拆除房屋，阻止了工业化对传统小农经济方式的改进。直到19世纪70年代后期，茧捐名目出台，才开始从农民那里直接收茧。分工稍微细化，但是绝大多数的蚕农，还是以土丝销售为主。

（二）缫丝工业的迟滞和"辑里丝"背后的技术危机

西方国家已经普遍实施的机器缫丝技术，迟迟不能在中国落地。19世纪60年代，英国商人试图办机器缫丝厂，却买不到蚕茧，被迫关闭。湖州商人黄佐卿成为第一个创办机器缫丝厂的中国人，地点选在上海苏州河北岸。但是缫丝

---

[1] 温丰：《南浔丝市行》，范锴、刘正武撰：《浔溪纪事诗 续浔溪纪事诗》，浙江古籍出版社2014年版，第181页。

[2] 曹树基、李玉尚：《太平天国战争对浙江人口的影响》，《复旦学报（社会科学版）》2000年第5期。

[3] 可范：《湖州钱业最近之概况》，《钱业月报》1928年第9期。

厂受到各方压力，广受攻击：一是侵夺民利，二是逃避捐税，三是紊乱风俗（工厂招收女工，男女混杂）。

1851年，湖州南浔辑里村产的生丝在英国伦敦举办的首届世博会上，一举夺得金、银大奖。辑里丝"细、圆、匀、坚、白、净、柔、韧"八大特点。但辑里丝只是土丝中的佼佼者。

1883年，国外有文章就指出："中国丝在未经适当缫制以前，似乎在英国的销路将逐年减少。……由于当地养蚕人普遍表现出对这一行业的要求漫不经心，以致造成现在被外国制造商批评为质量降低的情况。"[①] 到1890年，中国国内缫丝工业发展起来后，辑里丝已经处于严重的滑坡状态，不仅出口锐减，而且评价也不高。20世纪初，美国市场基本不再进口湖丝。湖丝不得不寻求国内市场。

"辑里丝因陋就简，进步延迟，试观各处丝厂设立矣，辑里丝如故，无锡一带因有丝厂之建设，土丝即归入丝厂缫制，现无所谓土丝也。辑里丝如故。山东灰丝亦设厂缫丝矣（闻年出灰丝三万包，最大两厂，每有工人二千名），辑里丝如故。使辑里丝质料不足以制厂丝，并山东灰丝之不若，吾无言矣！"[②] 辑里丝在大量出口的同时，工业化却非常缓慢，导致很好的原材料不能卖出好价钱。土丝到美国、英国之后，往往要在机器上再缫一次，才能使用。

（三）社会治理危机和文化落后

19世纪下半叶，湖州富庶的背后却时刻透露着隐忧：贩运生丝的欧美资本家才是湖丝贸易最大的获益者，他们借助机器生产，把丝绸成品转运回中国售卖，收益是湖商数十或数百倍。何不把机器安置在湖州生产，实现原料产地工业化？

光绪初年，菱湖商人黄佐卿在上海创办缫丝厂。但是很快工厂的原料来源就被官府用强制手段掐断，工厂被迫停产。高价购买的机器血本无归。地方官僚借垄断丝行、茧行市场，指定商人经营，大肆寻租。

畸形的官商关系，使得湖州虽然有世界上最好的丝绸原料，却未能与时俱进地发展近代工业，地方经济难以强大。像黄佐卿那样追求工业化梦想的湖商，

---

① 姚贤镐编：《中国近代对外贸易史资料》第2册，中华书局1962年版，第1222页。
② 《纽约第二次丝赛辑里丝代表致上海丝会浔震各丝号书》，《上海总商会月报》1921年第5期。

最终不得不转求他途。南浔商人陈煦元到浦东买了几十平方千米的土地试图搞蚕桑种植。在工业化汹涌大潮前，不能在技术和利润的高端投资竞争，只好继续在小农经济的圈里打转。

工业化迟迟发展不起来，造成近代湖州惟富不强，思想保守。即便有天时地利，仍然难以抵挡工业化大潮和社会巨变的冲击。

三、经济社会与政治的博弈及湖丝的衰落

（一）内部封建势力对民族工业的压迫

湖丝发达时期，湖州商人在上海、杭州创办了工厂，但是却不能在湖州办工厂。封建势力非常强大，传统的观念严重束缚地方工业发展。

丝行、茧行垄断经营。每年蚕茧上市，在短短半个月内就要销售完，但是开办丝行、茧行，却要经过地方政府特许。清代地方政府严格控制丝行、茧行的规模、数量，不允许出现自由竞争。垄断经营之下，普通丝农的收益得不到保护。地方经济也难以真正实现对外贸易的利益最大化。苛捐杂税严重。丝捐和茧捐都非常重，官府用各种名目加税。

近代湖丝发展史上，有两次重大转折，一是机器缫丝，一是机器织绸。机器缫丝在晚清最后两年终于起步，而机器织绸到1914年也终于姗姗到来。

1909年，湖州第一家缫丝厂——公益丝厂创办。此后发电厂成立。1914年，湖州第一家丝绸公司——集成公司成立。湖州的近代工业化姗姗来迟，而此时世界性经济危机已经迫在眉睫。危机爆发前并非没有预警。1921年参加美国纽约万国丝绸博览会的几位湖州人回国后，大声疾呼改良[①]，以应对国际国内贸易竞争，但收效甚微。在技术竞争中失利不是偶然的。而失利的后果更加严重。1881年开始，胡雪岩囤货跟外商竞争，外商联合起来不买他的丝，转而从日本增加进口生丝，客观上培植了日本这个竞争对手，而打击了湖丝的外贸利益。胡雪岩竞争失败，湖丝就此开始走下坡路。日本在19世纪70年代生丝出口量不足中国的七分之一，但是到19世纪90年代出口量已经超过中国，后来

---

① 《纽约第二次丝赛辑里丝代表致上海丝会浔震各丝号书》，《上海总商会月报》1921年第5期。

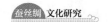

甚至数倍于中国。日本积极研究中国蚕丝业发展，针对性地对华实施贸易打击和恶性竞争。湖州南浔第一家缫丝厂直到1926年，才在湖州最大的丝商之一梅履正的努力下创办起来。

1930年，湖州丝绸产业在世界经济危机的大潮中落下了大幕，宣告全行业亏损破产。湖州94家茧行全部停止收购蚕丝和蚕茧，城内60多家钱庄、银行停止营业，上百家服务门市关门歇业，城乡到处是欠债、逃债的人和破产机构。抗战前夕，南浔号称"四象八牛"的富商有的已经沦为乞丐，沿街卖唱乞讨。湖州近世辉煌已经成为过去时。北京有报刊刊载消息称：湖丝产销日蹙，曾经畅销全球，但近年来太湖南岸蚕民几成饿殍。

湖丝的辉煌是在传统农业和手工业基础上发展起来的，在机器生产和外商恶意竞争下，失于工业化起步晚，亡于世界性经济危机。

晚清民初湖州丝绸业兴衰留给后人很多启示：国家不完成反帝反封建的任务和取得民族独立，想实现区域近代化，是根本不可能的；解放思想、更新观念是推动区域发展的首要条件；在地方经济发展中，无锡、南通靠蚕丝工业化崛起，而湖州就落后了很多，说明地区发展也有快慢。

（二）文化观念的落后

湖州人在养蚕的观念上非常落后。从1850年到1930年世界经济危机到来，传统的农家生产方式，八十年里几乎没有变化。

文化观念的落后源于封建统治集团对自身利益的维护。皇朝思想、祖宗家法、地方的封闭与重农抑商的政策，都成为近代工业化的绊脚石。商人获利再多，也似乎是低人一等的行业。于是商人暴富之后，就实施"捐纳"——买官买出身。官府对商业和商人的轻视以及政策导引，使得发迹的商人纷纷让子弟走科举道路。

造成湖州思想观念相对落后的另一个直接原因是交通不便。苏州、杭州1909年前后开通了到上海的铁路，杭沪、宁沪已经实现一日之内往返，而湖州到达上海还是靠水运，一般去上海都需要两三天。1936年终于修通了到上海的公路，开通了汽车运输，但是几个月之后日寇侵华，又使道路断绝。直到1947年才再度修通。

（三）湖丝随世界经济危机而衰落

同治年间，湖丝最抢手，价格最高，20世纪20年代则是湖州最繁盛的时期，每年有2000万银元汇入湖州各大银行、钱庄用于收买蚕茧、丝绸。尽管无锡、苏州工业化程度已经远远超越了湖州，世界的形势已经发生了严重的变化，但是湖州蚕丝业还是变化甚少。

据1922年《钱业月报》报道，这一年湖州机械绸厂数量已经达到70家，电厂有两家。湖丝产业还带动了运输业、劳务业、服务业等。当时的国内报纸每每说到湖州，就说这里是中国最富裕的地区。但是比之苏州、无锡、南通，湖州丝织业的工业化进程既晚又慢，成效低，积累少，底子薄，经不起经济危机的考验。1909年湖州工业化起步时，沪宁、杭宁铁路已经开通，苏锡杭等地到上海实现一日往返，而从湖州摇船到上海需要两三天。湖州在交通上完败于苏锡杭，闭塞落后的状态引发区域观念的整体落伍。地方官僚和封建势力唯利是图，只在捐税名目上打主意、动脑筋，一些具有先进思想的企业家被迫出走，到外地发展，如蔡声白到外地建立美亚丝绸公司。

四、1949年后湖丝的兴衰

（一）湖丝的复苏和再度辉煌

新中国成立后，湖丝获得新生。在新的历史时期，湖丝如何起死回生，是很重要的问题。过去湖州丝绸发展主要依靠的是外贸，内销的价格、质量都不会很高，而产品的更新和技术的改进也是依靠外贸的力量。新中国成立初期，湖州迅速恢复生产，丝绸业获得了长足的进步。但是直到20世纪70年代，湖丝产量才达到1929年的产量水平。

1953年开始，地方政府发动丝绸产业生产关系的历史性改造。政府实施加工订货、统购包销、拨贷款项等政策。1956年，实行公私合营，进行社会主义改造。从50年代末到70年代末，湖州丝绸产业发展很慢，五六十年代白厂丝产量维持在1000吨以下，到70年代突破1000吨，最多达到1600吨。

随着日本从国际丝绸市场退出，从1978年到1993年，是湖州丝绸产业快

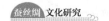

速发展的黄金时期。1978 年湖丝产量突破 2000 吨，1990 年突破 4000 吨。

1985 年，湖州有丝绸企业 448 家，其中全民所有制 8 家，其余都是乡镇企业或者村办企业。产值 40% 依靠非全民所有制企业创造。从业人员大概 7 万人。

（二）"蚕茧大战"的经过、原因和后果

自 1987 年起，一场风起云涌的"蚕茧大战"席卷江浙大地。计划经济与市场经济碰撞引发国家利益、集体利益与个人利益的矛盾冲突，从而引起了丝绸市场滑坡、行情下跌、宏观失控，整个茧丝绸行业陷入前所未有的困境。

当时的白厂丝国家定价为每吨 4.8 万元，但是市场价却高达每吨 8 万元，白厂丝的巨额利润让缫丝厂不惜一切成本高价抢购原材料。1987 年，湖州市 30 家丝厂就需要 100 万担原材料，而当时湖州市最高的收购量为每年 47 万担。全国各地都差不多，四川缺 40%，苏州缺 80%，上海缺 100%，原材料需求不断加大，加工能力不断提高，导致蚕茧供不应求，大部分缫丝厂处于半温饱状态。

蚕茧是国家统一收购，价格也是统一的。国有企业的白厂丝长期执行出厂统一价格，到 1985 年还是执行的 1966 年制定的价格。而蓬勃发展起来的乡镇企业、个私企业没有原材料保障，纷纷在其间大显身手。1984 年莫干山会议决策价格双轨制度确定后，"蚕茧大战"随之爆发。

国家的蚕茧收购价和市场价之间每担相差 300 元左右。除了价格因素外，农民更愿意把蚕茧卖给乡镇企业，还因为能享受到"上帝般的服务"。各级政府着手对农民的经营活动进行强制性行政干预。但是收效甚微。

1987 年至 1988 年，湖州丝厂的国家计划收购用茧量 450 万公斤，但因为"蚕茧大战"，实际进仓的鲜茧只有 45 万公斤。因为区域政策的不同，出口留汇比例的不统一，出现了高价收茧收丝。由于换汇成本、外汇留成江苏比浙江高、深圳比内地高，因而这些地区就有实力高价收购。深圳作为特区，国家给予了很大的优惠，外汇留成高达 98%，而浙江只有 12.5%。外汇留成额的增加，意味着经济效益的增加。有的地方便把外汇留成额兑换成人民币，加到茧丝绸的收购价中，这些地区便吸引了丝厂、绸厂前来推销产品。湖州丝绸工业的原料——茧子也往高价地区流。

1988 年白厂丝的价格出现明显差异，浙江省丝绸联合公司的计划内吨丝收购价为 1 至 4 月每吨 7.4 万元，5 至 6 月每吨 8 万元，下半年为每吨 12.5 万元；而市场上的自由销售价为 1 至 4 月每吨 11 万元，5 至 6 月为每吨 14 万元，下半年平均每吨 19 万元。当时的织造厂家用高价购入白厂丝，织成绸缎，通过特区出口销售，既消化了高价成本，又获得可观的盈利。

"蚕茧大战"的深刻原因，在于价格管制和地区分割，是计划经济向市场经济转轨过程中的阵痛。长期以来茧丝绸的产供销是分割管理，管蚕茧生产的是农业部门，管蚕茧收烘的是供销部门，管丝绸生产的是丝绸公司，管出口的是外贸部门，这种分割管理的体制，互相脱节，缺乏明确的经济责任，往往使部门之间为了自身的利益难以协调，相互扯皮，不利于蚕桑、丝绸的协调发展。为了全力制止农民自烘晒，严厉打击蚕茧走私贩卖，坚决堵住丝厂源头，工商、财税、公安等有关部门密切配合，协同作战。民间对此有一句戏言，"三顶大盖帽，追着一顶破草帽"。当时严厉打击贩卖蚕茧牟取暴利的茧贩，"查个人，打团伙，捣黑窝，严打击"。工商部门把重点茧贩召集起来办学习班，政策教育，重申蚕茧管理规定，没收全部非法收购的蚕茧并加倍处以惩罚。但是还是没有达到预期效果。

1989 年湖州市出台"茧丝绸产供销一条龙，贸工农一体化"的经营管理体制改革措施，政府不仅是指挥员、战斗员还是利益分配者、利益获得者。

20 世纪 90 年代初，小丝厂盲目兴建。刚平稳的丝价突然猛涨，1994 年丝价从年初的每吨 18 万元涨到了每吨 23.6 万元，一批新建的小丝厂在原料供配上处于饥饿状态，为了维持生计只能竞相抢购蚕茧，这便是第二轮"蚕茧大战"。

并非没有人认识到这个问题。《上海丝绸志》曾描述：近一年多来，围绕蚕茧大战，茧丝价格放开，导致原料短缺，质量下降。丝厂、绸厂停机待料，出口货源不足。另一面是，水货出口泛滥，蚕茧大战硝烟难灭。如无有效对策，蚕丝生产必将面临更大灾难。

20 世纪 80 年代中后期，湖州 90% 以上国营和城镇集体企业实行了承包责任制。虽然起到了调动企业经营积极性的作用，但承包制的致命弱点是包盈不包亏，企业资产缺乏监管，短期行为愈演愈烈。1990 年，湖州国营、乡镇集体

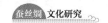

企业二轮承包相继启动；1991年6月，湖州毛纺集团挂牌；10月，湖州机床厂等12家单位实行劳动用工和工资分配制度改革。但这些均未触及国有企业产权制度改革的"硬壳"，"穿新鞋、走老路"，茧丝绸行业前景扑朔迷离。

1994年，湖州丝绸产业全行业亏损，总计达到1042万元。到1995年第一季度，又增加亏损700多万元。在总结原因的时候，第一条是国际市场不稳定，外商不肯下单。第二条是丝绸业发展宏观失控，造成丝绸原料短缺，劳动力过剩。出台的针对性对策，第一是实行全行业归口管理，实行茧丝绸一体化，贸工农一条龙。第二是建立原料基地。第三是加强管理宏观调控，适度发展化纤产业。

当时国务院发展总干事到江南调查，得出结论：国际市场每年需求基本稳定，9000吨生丝，绸缎1.5亿米，但是国内盲目竞争，宏观失控，恶性竞争，外贸混乱，造成出口1.3万吨生丝还不如出口9000吨得到的外汇多，成品衬衣在美国销售价格从原来的10美元降到5.5美元，而生产成本就要5美元。

1996年，湖州丝绸行业亏损1.1亿元；1997年，永昌、湖丰破产拍卖，天昌、达昌、湖州丝厂减员增效。1999年10月，湖州丝绸行业最好的两家企业天昌集团、达昌绸厂被央企收购，部分企业转制发展，开启新轨运行。湖丝的第二次辉煌落下帷幕。

（三）湖丝的未来及湖州经济发展前景

进入21世纪，国际丝绸市场变幻莫测，巴西出产的高品质丝绸、印度的个性化丝绸、越南的廉价生丝都对中国构成挑战。国际丝绸市场价格波动非常大，难以预测。传统丝绸发达国家已经放弃这个产业（比如日本从20世纪80年代逐步退出丝绸市场，到90年代已经从丝绸出口国变身为进口国）。在技术进步创新和引导整合市场的功能方面，中国尚有较大差距，目前，绝对多数的丝绸产业核心技术，中国仍依靠引进日本技术。国内丝绸产地也已经从江浙转移到广西、四川等地区。丝绸行业伴随中国经济的腾飞，必须走创新发展的路。

20世纪八九十年代，是湖州丝绸产业兴盛的时期，湖州对其他产业重视不足，地方经济缺乏新兴产业支撑，要素驱动型经济增长乏力，自主创新能力弱，到20世纪末，湖州城市综合实力在全省排名从第四位退到了第八位。"九五"

期末，湖州被列入浙江欠发达地区，城市综合实力滑入长三角"经济凹地"已成不争的事实。

从嘉庆年间算起，至今200年，湖州与丝绸关系太密切了。这200年，湖丝是湖州的名片，而湖州的历史，也与湖丝剪不断。

晚清民国湖丝兴衰史与1978年以来的湖丝兴衰比较，有很多相似的地方，如都是依靠原材料的兴盛发达起来，都在国际贸易开放的情况下发达，都在恶性竞争中伤痕累累，都在世界丝绸市场的突然转向中一落千丈。但是也有很多不同点：前者受到封建势力和帝国主义的盘剥和压迫，而后者受到体制机制的严重制约；前者衰落一蹶不振，直到1949年之后，而后者凤凰涅槃，在浴火中新生，至今发展出大量新型产业。

沉舟侧畔千帆过，从湖丝产业的兴衰中可以得到很多启示，比如：观念更新和学习的重要性，技术革新和发展的必要性，体制机制变革需要适应市场经济规律等等，有很多值得我们总结的东西，而且随着时间拉得越长，看这些问题看得越清晰。

如何重振湖丝产业？应当对丝绸产业进行技术革新，加快新产品开发。湖州丝绸产业在经济社会发展中所占的比重会越来越小，但是湖丝的历史和文化跟湖州的发展密切相关，我们需要很好地总结湖丝历史，提炼湖丝精神，传承湖丝文化。

（作者单位：湖州学院人文学院）

海上丝绸之路物种交流研究三题

李昕升

在《近 40 年以来外来作物来华海路传播研究的回顾与前瞻》[①]一文中，我们发现海上丝绸之路物种交流研究除了新世纪研究更盛、偏重美洲作物之外，还呈现出几个特点：

第一，研究数量上，相关成果虽然不能说少，但是也绝对谈不上多。这与历史时期物种交流在海上丝绸之路的地位是不相符的。物种交流是物质文化交流的最重要环节之一，譬如迄今水下考古最重要的成果"南海一号"上发现了 3105 粒植物种子和果实。第二，研究路径上，固然中国通过海上丝绸之路输出的以瓷器、金属器等为主，但海外输入中国的却是以物种为主。目前还是以中国单向输出线性研究为主，如对明代最大宗进口物品——胡椒研究不多。第三，研究内容上，海上丝绸之路研究还是偏重政治史、军事史、非物种贸易史、对外关系史等，物种交流仅仅是不起眼的一部分，还有相当大的研究空白。第四，研究人员上，即使是已有的不多研究，也并非由长期致力于海交史、海洋史研究的同仁主导，而是农业史学者涉猎。而农业史学者的问题意识集中在阐释物种交流。

以上在海交史研究的阵地《海交史研究》《海洋史研究》历年刊载文章即可窥见一斑，通过龚缨晏《中国"海上丝绸之路"研究百年回顾》、《中国海上丝绸之路研究年鉴》（2013 年至今）亦清晰可见，海上丝绸之路物种交流研究可以

---

① 李昕升：《近40年以来外来作物来华海路传播研究的回顾与前瞻》，《海交史研究》2019年第4期。

说是任重道远，然而随着研究的日渐成熟，有必要评论一些共性和规律性的东西，使得未来研究更加规范。

海上丝绸之路物种交流可以是动物、植物、微生物等，但是以植物／作物为大宗，特别是中国动物资源主要通过陆路交流，因此本文强调的是植物／作物；此外，虽然物种交流是双向的，但是海上丝绸之路主要还是以物种传入为主。

一、海上丝绸之路物种的起源与交流

《历史研究》2019年刊出了龚缨晏的《〈坤舆万国全图〉与"郑和发现美洲"——驳李兆良的相关观点兼论历史研究的科学性》①，完美反击了李兆良之流的错误言论。笔者在叫好的同时，不禁反思此类讨论何时可以休矣。

中国人发现美洲，是一个老生常谈的话题，始于1761年法国汉学家约瑟夫·德吉涅。僧人云游、殷人东渡、郑和船队，主角换了一波又一波，郑和名气最大，影响也最大。英国人加文·孟席斯《1421：中国人发现世界》出版之后，影响很大，许多学者如郑培凯、宋正海、范金民、龚缨晏、廖大珂等有力地反驳了孟席斯的谬论，此说暂时偃旗息鼓。

近年，李兆良粉墨登场，重新包装"郑和发现美洲"说。相对于孟席斯，李兆良显得更加"专业"，相继出版《坤舆万国全图解密——明代测绘世界》《宣德金牌启示录——明代开拓美洲》等论著，并积极宣传。龚缨晏不是第一个也不是最后一个批驳李氏的学者②。

笔者前文简要梳理中国人发现美洲说，是因为李兆良信誓旦旦摆出的证据之一就是美洲独有的农作物玉米、番薯、花生、南瓜、辣椒、菠萝等早在1492年之前就传入中国，李氏及其追随者知悉笔者在该领域用力较多，曾经专门联络申说。

一般而言，先验主义与后见之明，是历史研究特别需要摈弃的理路，因为

① 龚缨晏：《〈坤舆万国全图〉与"郑和发现美洲"——驳李兆良的相关观点兼论历史研究的科学性》，《历史研究》2019年第5期。

② 林晓雁：《欧洲人是从中国学的经度知识吗？——评李兆良〈坤舆万国全图解密：明代中国与世界〉》，《中华读书报》2019年4月17日。

这是一种先入为主的方法论，以此导引研究，容易出现低级错误，什么西方中心、以今推古也就不奇怪了。但是就海上丝绸之路物种交流研究而言，我们以为先验主义与后见之明是不可或缺的，如此才可处于"不败之地"。有人会问，如此研究不是求真，而是在既有的框架下陈陈相因别人的结论，这是亦步亦趋。其实不然，并不是我们妄下臧否，这是在全球史视野下、充分融合多学科学识的事半功倍。

其实关于作物起源与传播的话题，这是一个世界性、多学科的话题，但是目前仅多见于国人和历史文化圈子讨论，不能不说明一些问题。在植物学、考古学、遗传学界的作物起源研究已经非常透彻。我们要判断某一植物起源于某处，应当具备三个条件：第一，有确凿的古文献记载；第二，有该栽培植物的野生种被发现；第三，有考古发掘证明。史学工作者多从文献角度出发，是很片面的，不说文献本身需要加强辨析，很多是同名异物与同物异名的情况，很多文本在流传的过程中都存在后人串入的现象，所以需要审慎地对待史料为先。更为可靠的是考古学家们的工作，以玉米为例，洛根·基斯特勒等人发表在 *Science* 的研究表明：大约从 9000 年前开始，人类开始驯化墨西哥类蜀黍。[1] 中国的情况是，20 世纪多人持有玉米起源中国说观点，同一作物起源于多个中心的可能性微乎其微，20 世纪以来该观点不攻自破，但是仍有人唱反调，如刘超建[2] 等，这种死灰复燃学术研究根本不是在前进，而是在倒退。其实仔细推敲便可发现，这些谬论存在的原因很大一部分是研究者没有做充分的学术回顾，并不了解当前学界研究最新、权威论述，还是把一些早已过时的文章作为自我立论的凭依。

李兆良等人的郑和发现美洲说，亦是如此，国外科学研究从未揭橥早在哥伦布之前美洲作物就传入中国。由于国外文献记载的缺失，看似的确不能反映美洲作物是由葡萄牙、西班牙人带入亚洲，但并无其他合理路径。最为关键的是在新航路开辟后，美洲作物在中国的记载飙升，欧洲人将美洲作物转运至亚洲的说法也就更加可信了。李兆良等人认为 1492 年之前文献可反映美洲作物已

[1] Logan Kistler, ed. Multiproxy evidence highlights a complex evolutionary legacy of maize in South America, *Science,* Vol 362（2018）, Issue 64209.
[2] 刘超建，王恩春：《由外而内：回疆玉米种植问题的再探讨》，《农业考古》2017年第1期。

入中国，他们最常用的例子就是《滇南本草》。无独有偶，李浩认为《滇南本草》之外，《饮食须知》也记载了大量美洲作物，[①] 其实《饮食须知》是一部清人托名贾铭的伪书，李兆良之所以弃《饮食须知》而不用，是因与之"郑和发现美洲"说相冲突，可见其专门拣选自己有利之证据，否则《饮食须知》《滇南本草》并没有本质差异。《滇南本草》一直以传抄的形式流行，流传到后来已经面目全非了，李氏虽然否定了这个观点，但是又并没有提出更加可信的观点。我们讲孤证不立，退一步即使《滇南本草》待定，也不能说明什么，毕竟从明初到16世纪，仅有这一部文献记载，可见根本不成立，李氏又举出了《本草纲目》的例子，要知道《本草纲目》成书于1578年，美洲作物已经大举入华，更加不能说明什么了。

总之，经过达尔文、德康多尔、劳费尔、瓦维洛夫、哈兰等众多自然、人文学科领域学者的前赴后继，作物起源与进化问题研究已经非常成熟，建议在此基础上，去谈海上丝绸之路物种交流问题，取得的进一步认识也更加符合逻辑。

此外，由于考学研究侧重上古，时序渐进的传统社会缺乏这样的确凿资料，所以不得不更多运用历史学、语言学证据，人文方面的依据很多是以讹传讹，充其量只能作为辅助性工作，因此类似李兆良的研究就特别容易出问题。

二、海上丝绸之路物种交流的动因

劳费尔在《中国伊朗编》中曾高度称赞中国人向来乐于接受外人所能提供的好事物，"采纳许多有用的外国植物以为己用，并把它们并入自己完整的农业系统中去"[②]。其实无论是中国人还是外国人，进行物种交流的目的必然不是为了所谓的文明共进、互助发展，海外列国冲破海上险阻跨越大洋来到中国的最大最根本目的自然是获利。海上丝绸之路别名甚多，如"瓷器之路""香料之路""茶叶之路""稻米之路"等，这些均是海上丝绸之路的一个面向，不管

---

① 　李浩：《新大陆发现之前中国与美洲交流的可行性分析》，《中国海洋大学学报（社会科学版）》2018年第3期。

② 　劳费尔：《中国伊朗编》，商务印书馆2015年版，第6页。

称谓为何，这都是一条贸易之路。可以断言，常态化的物种交流的动因是经济目的。

虽然海上丝绸之路至迟到公元前 200 年左右方才开通，但其开通之初的重大目的就在于肩负中外海上贸易交流的重任。如果没有足够的利润，海上丝绸之路断不能持续时间如此之久直到近代远洋航线开通。随着时间的推移，海上丝绸之路扮演的角色越来越重要，逐渐取代陆上丝绸之路。

早在海上丝绸之路开通之前，陆上丝绸之路交流已有十余个世纪，唐代以后海上丝绸之路地位更加重要，中西物产双方已经了然于心，此时的物种交流就更加功利，香料、稻米就是农产品中的获利大宗。那么我们回到这里讨论的问题核心，既然商品性物种是海上丝绸之路的交流大宗，非商品性的物种是如何引种中国？或者一些物种如烟草以今天的视角观之虽然是经济作物，但是在传入之初并未作为经济作物衡量，又是缘何入华？

程杰以南瓜为例，进行了相关的阐释："南瓜更有可能是明正德十五、十六年（1520—1521）由葡萄牙使者分别带到南、北两京。"带入南、北两京的目的是什么？程杰接着指出"葡萄牙使者特意从葡国携带这种虽不属贵重却十分新奇堪玩之物或种子作为觐见之礼"[1]。既然南瓜可以，那其他物种特别是美洲作物，自然也有可能通过这样的渠道进入中国。换言之，政治目的是海上丝绸之路物种交流，特别是在物种传入之初的又一动因。笔者以为这是一种典型错误言论。

首先从哥伦布发现西印度群岛说起。1492 年 10 月哥伦布第一次踏上圣萨尔瓦多，认为船队到达了印度最东端的岛屿。这是一种有意义的误会。在达·伽马 1498 年到达印度后，哥伦布的谬误已经不攻自破了。至少可以说明美洲真的是一个全新的前所未知的新大陆，至于新大陆的新作物这当然也是欧洲人前所未知的。伴随着欧洲人向美洲殖民、探险的高潮，各种美洲作物纷纷被引入欧洲，即"哥伦布大交换"。一个有趣的现象是，这些作物甫一传入欧洲，就又迅速地沿着新航路进入印度、东南亚、中国了。

这并不能说明这些作物当时就拿来作为商品交换了。欧洲很长时间以来对

---

① 程杰：《我国南瓜传入与早期分布考》，《阅江学刊》2018年第2期。

这些美洲作物都缺乏记载和说明，遑论关于传入亚洲的记载，直到1542年德国人莱昂哈特·福克斯出版的《植物志》才出现关于第一批美洲作物的文字记载。

笔者以为，美洲作物能够如此迅速地经转欧洲人之手到达亚洲，一方面是欧洲的自然地理环境并不适合多数美洲作物的生长，易言之，原初热带美洲作物到达欧洲后很可能会"水土不服"，今天我们看到的美洲作物在欧洲的开花结果其实这也是一种漫长的自然选择与人工选择的适应性调试，所以既然在欧洲没有显著成效，欧洲人把拿美洲作物去亚洲"碰碰运气"。一方面是美洲作物初显优势，不少美洲作物相比传统作物都独具个性，如味道奇特、产量丰硕等，至少是欧洲人以往从未见过的，所以携带一二作为点缀或无不可；另一方面更重要的是，一些美洲作物特别适合远洋航行，如南瓜耐贮、可作为储备食粮，辣椒刺激、可充当"海药"等，这些优势应该在它们早期从美洲抵达欧洲便已展现，所以有了携带的价值，才较早抵达亚洲。要之，外来作物初次漂洋过海是一种下意识的行为，伴有微弱的经济目的。

既然这些美洲作物具有一定的价值，为什么不能作为朝贡礼物，或成为贸易交换的大宗呢？前面笔者特别指出"碰碰运气"，就是强调美洲作物的传入是一种偶然的行为。首先，中西交流已经不是一天两天，虽然在新航路开辟前总体还比较闭塞，但西方人并非对东方一无所知。尤其是《马可·波罗行纪》，强化了欧洲人对无尽的香料和财富的渴望，这是欧洲皇室梦寐以求的宝物。他们开辟新航路的目的非常明确，他们也明白中国需要白银、胡椒、火炮、仪器、玻璃、毛纺织物等，所以葡萄牙人1513年访华"满载着苏门答腊香料抵达珠江口外南头附近的屯门"[1]，1517年"船上满载胡椒……抵广东后，国使皮莱资与随员登陆……葡人所载货物，皆转运上陆，妥为贮藏"[2]，均是做过充分的功课。其次，西方人并不知晓这些新作物乃美洲独有。茄子、蕹菜历来被认为是起源于南亚、东南亚，如古人指出"自暹罗贡入中国，隋炀帝称为昆仑紫瓜"[3]，"蕹菜本东夷古伦国，番舶以瓮盛之，又名瓮菜"[4]，其实二者皆是中国独立驯化，

---

① 黄庆华：《中葡关系史》上册，黄山书社2006年版，第83页。
② 张星烺：《中西交通史料汇编》第一册，中华书局1977年版，第354—355页。
③ 天启《封川县志》卷二《物产》。
④ 《金薯传习录》卷上，农业出版社1982年影印版，第58页。

连我们都搞不清自己国家的作物，西方就更不知道了。所以西方人不大可能以新作物作为进贡与贸易的突破口。

一个典型案例。番薯是美洲作物中较早抵达东南亚的，陈经纶记载了其父陈振龙获取番薯的经过："纶父振龙，历年贸易吕宋，久驻东夷，目睹彼地土产朱薯被野，生熟可茹，询之夷人，咸称薯有六益八利，功同五谷，乃伊国之宝，民生所赖，但此种禁入中国，未得栽培。纶父时思闽省隘山厄海，土瘠民贫，旸雨少愆，饥馑洊至，偶遭歉岁，待食嗷嗷。致厪宪辕，急切民瘼，多方设法，救济情殷。纶父目击朱薯可济民食，捐资阴买，并得岛夷传种法则带归闽地。"[1] 笔者对（西班牙当局）"此种禁入中国"持有疑问，未见其他佐证材料，且美洲作物多矣，未闻其他有此情形，不排除陈家刻意为之的可能性。番薯传入中国的另外几条路线，如广东东莞陈益引自越南、广东电白林怀兰引自越南、台湾无名氏引自文莱等。即使番薯传入中国之后，西方人发现其经济价值再以东南亚作为据点也是不晚的，番薯喜暖湿，在中国很多地区不适合栽培，从未见番薯的跨国栽培（国内省级运输也是没有的），可见其贩运之经济价值基本为零。

概言之，海上丝绸之路物种交流发展到常态化，根本动因在于利益；新物种踏上新的土地，更多是一种偶然的行为，伴有微弱的经济目的，也具有一定的盲目性。

三、海上丝绸之路物种交流的影响

毋庸赘言，海上丝绸之路物种交流对中国的影响是巨大的，中华农耕文明能够长盛不衰，法宝之一便是多元交汇，不断吸收外来物种纳为己用，这也是劳费尔交口称赞的。可以说，这些物种的引进奠定了今天的农业地理格局，实现了中国从大河文明向大海文明的跨越发展，今天没有外来物种参与的日常生活是不可想象的。

当然，上述论述是建立在今天的视角，属于布罗代尔历史时间的"中时段"，即使是传入中国较晚的重要作物如西芹、西蓝花、西洋苹果、草莓、咖

---

[1] 《金薯传习录》卷上，农业出版社1982年影印版，第17页。

啡、花椰菜、苦苣等，距离今天也有百年的历史，可以预见，未来外来作物的重要性还将不断凸显。

然而现在有一个常见的误区，认为这些外来物种通过海上丝绸之路甫一传入或在很短的时间内就拥有的重要的地位。与今天不同，当时新事物的普及要经过相当漫长的时间。如梁其姿的最新研究认为酱油的出现不晚于宋代，但要到清中期才成为中国人的日常食料，这与生产方式的变革和都市生活的结构性转变息息相关。

基于此，我提出了"中国超稳定饮食结构"的观点，简言之，由于口味、技术、文化等因素，国人对于新作物的适应，是一个相当缓慢的过程。① 这种过程还要慢于西方，正是由于这种稳定的饮食结构，新作物的优势最初都被忽视了，海上丝绸之路物种交流的影响短期来看，其影响并没有想象中那么大。

"中国超稳定饮食结构"是基于中国文化的特质提出的，中国传统农业高度发达，传统作物更有助于农业生产（高产、稳产），更加契合农业体制，更容易被做成菜肴和被饮食体系接纳，更能引起文化上的共鸣。其中的因素，最为重要的就是种植制度与饮食文化问题。

首先是种植制度，即比较稳定的作物种植安排。至迟在魏晋时期的北方、南宋时期的南方，已经形成了一整套的、成熟的旱地、水田耕作体系，技术形态基本定型，精耕细作水平已经达到了很高的程度，优势作物地位基本确立。精耕细作的种植制度过于成熟，可以理解为这是一种"高水平均衡陷阱"，但是这并不是单纯的"技术闭锁"，"技术闭锁"模式往往指出已有的次好技术先入为主而带来的"技术惯习"持续居于支配地位，但是本土作物形成的作物组合并不是次好技术而是优势技术。在近代以前，即使是海上丝绸之路物种大量传入，就粮食作物种植制度来说，北方农区多为麦豆秋杂两年三熟、南方则多是水旱轮作，也就形成了南稻北麦的格局；油料作物是南油（油菜）北麻（芝麻）；衣料作物是丝、棉（亚洲棉）、麻、葛，外来作物很难融入进来，特别是融入大田种植制度。

其次是饮食文化，尤其是人们对新作物口味的适应问题，就像今天依然很

---

① 李昕升：《美洲作物的中国故事》，《读书》2020年第1期。

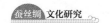

多南方人吃面、北方人吃米觉得吃不饱、吃不惯，我们看到西亚传来的小麦在中国的本土化经历了两千年前的漫长历程才在唐代中期的北方确立其主粮地位，虽然说汉代由于人口增长小麦得到了一定的推广，但是如果没有东汉后期以后的面粉加工技术和面粉发酵技术的发展，很难想象小麦能逐渐取代粟的地位；小麦之所以能够在江南得到规模推广，重要原因之一也是永嘉南迁北人有吃麦的需求，在南方水稻大区率先形成了"麦岛"。

今天我们把海上丝绸之路传入的影响最大的物种——玉米、番薯、马铃薯均定义为粮食作物，在论述的时候大谈明代以前外来作物传入以蔬菜作物为主，直到明代以降方传入美洲粮食作物。其实这个论述本身有些问题，玉米、番薯、马铃薯的确具有粮食作物的特质，但其在中国的民食比例与栽培面积并没有达到粮食作物应有的地位。实际上美洲作物价值凸显的时间在 19 世纪中期之后，且主要在山区缓解人口压力，美洲作物不是刺激人口增长的主要因素。[1]

美洲作物作为海上丝绸之路物种交流中最重要的群体，基本上还是底层人民的糊口作物，传入之初，有文献记载为"奇物"，当这种"奇物"见怪不怪，其影响也不过是"偶种一二，以娱孩稚"。

质言之，海上丝绸之路物种交流的影响要客观对待，有的外来作物仅仅是昙花一现的匆匆过客，有的外来作物后来大放异彩，却并非在传入之初便拥有强大的生命力，外来作物扎根落脚，也往往要经过多次引种，期间由于多种原因会造成栽培中断。新中国成立之后，外来作物取得的显著成就，与食品消费升级、种植结构的转变、现代农业与全球贸易下的食物供给息息相关。

（作者单位：南京农业大学《中国农史》编辑部）

---

[1] 李昕升：《美洲作物与人口增长——兼论"美洲作物决定论"的来龙去脉》，《中国经济史研究》2020年第3期。

日本丝绵文化述略

曹建南

日语把丝绵叫作"真绵",作为天然纤维,曾经是日本人生活中的重要物资。现在,日本的养蚕业几近消亡,化学纤维占据了绝对的市场份额,但丝绵至今仍绵延着日本蚕桑文化的历史。本文拟探讨丝绵在日本祭祀活动、民间信仰中的表现及其象征意义,为认识蚕桑丝绸文化的多样性提供参考。

一、日本蚕丝生产和丝绵

丝绵是蚕丝业的副产品,日本古代的蚕丝技术的发展受到中国的影响。东渡的汉人曾经给日本带去中国先进的蚕桑、缫丝和机织技术。编年体史书《日本三代实录》记载:"仲哀天皇四年,秦之功满王归化入朝,奉献珍宝、蚕种等。"现在京都太秦地区的大酒神社就是纪念此事的历史遗迹,神社内供奉着秦始皇和兄媛、弟媛等神位,以纪念秦汉移民对日本蚕织技术发展的贡献。

兄媛、弟媛,据说是从中国聘请到日本的蚕织技师,亦称"吴服女""汉织女"。据《日本书纪》记载,应神天皇三十七年,派遣阿知使主赴吴国招聘蚕织技师,吴王让吴服女、汉织女随之来日,传授蚕织技艺。现在大阪池田市的吴服神社是祭拜吴服女的道场,境内的"姬室",相传是吴服女的坟墓。现在日本人把做和服的绸缎称为"吴服",据说就源于吴国技师赴日传播机织技艺的典故。

图1 池田市吴服神社的"姬室"

养蚕、缫丝和机织技艺的提高和社会经济的发展，促进了日本蚕桑业的发展，尤其是进入江户时代以后，社会稳定，百业待兴，幕府积极鼓励蚕织业的发展，"吴服"成为商业的重要行业。明治维新以后，明治政府为了增加出口，获取外汇，继续大力发展蚕桑、丝绸业。随着现代工业的发展，日本的缫丝和机织逐渐步入工业化阶段，只有养蚕长期处于传统的农户作业的状态。

众所周知，农户的养蚕历来讲究利益最大化，正如《屑茧利用器械制丝法独习秘书·绪言》所指出的那样，"应该尽量削减人工和费用，哪怕是一根桑枝也不能浪费，即使是一颗屑茧也必须珍惜，否则，养蚕、缫丝之业不能获得较多利益。"所谓的"屑茧"，指的是不能缫丝的次茧，包括双宫茧、出壳茧和虫吃鼠咬的破茧等，有效利用这些"屑茧"是蚕农追求养蚕利益最大化的重要途径。因此，丝绵的制作受到业界的关注，江户和明治时代的农书或蚕书大都记载丝绵制作的方法。如江户时代的上垣守国的《养蚕秘录》不仅阐述了丝绵制作技术，还记载了与丝绵有关的历史和掌故。明治时代，还出版了一些丝绵制作的小册子，旨在指导蚕农的丝绵制作技术，提高丝绵质量，减少损耗。从这些书籍的记载可以知道，日本的丝绵制作的传统技术和我国杭嘉湖地区并无大的区别，只不过日本蚕农把丝绵制成四方形的较多，杭嘉湖则喜欢制成绵兜。日本人把四方形的丝绵称为"角真绵"，把绵兜称为"袋真绵"。图2所示浮世绘画师北尾重政的《造真绵图》和《养蚕秘录》插图都描绘了"角丝绵"的制作法，可见四方形的"角丝绵"在日本比较普遍。

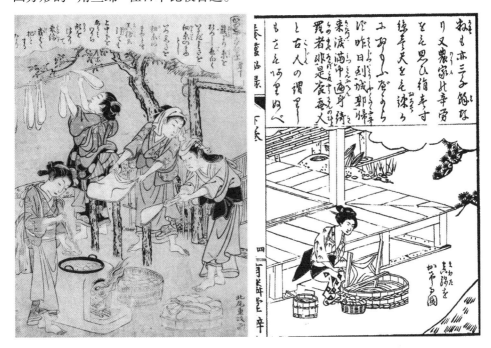

图2　浮世绘和蚕书中描绘的丝绵制作

　　丝绵除了做绵被绵衣的填充物以外，还可以用来纺纱纺线，用丝绵纱织成的织物，日本人称之为"䌷"，现在仍受到一些消费者的喜爱。

二、丝绵和祭祀

　　丝绵除了作为棉衣、棉被等生活物资的材料被使用以外，还用于祭祀、婚丧等仪礼活动，也就是说，丝绵不仅有生活的实用性，还具有宗教的象征性。先说丝绵和祭祀的关系。

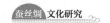

据报道，在三星堆 4 号坑灰烬中发现了纺织品痕迹，中国丝绸博物馆团队采用酶联免疫技术检测到 4 号坑灰烬中有蚕丝蛋白，说明 4 号坑曾存在过丝绸。三星堆出土的蚕丝制品，反映了远古时代蚕丝和祭祀的密切关系。这样的关系在日本的神社、佛寺的祭祀活动中至今仍在演绎。

日本的许多神社有给神像更衣的习俗，日语称"御衣替"，是极其神秘而庄重的仪式。有些地方的"御衣替"的"御衣"，用的就是丝绵。例如，宫崎县东臼杵郡的雪矢神社每年 12 月上旬举行祭祀，在给神灵奉献歌舞等一系列仪式之后，负责"御衣替"的神职人员虔诚地从神龛中取出神像，除去包裹在神像身上的旧丝绵，裹上新丝绵后重新安置于神龛之中。

熊本县阿苏市的阿苏神社的"田作祭"过程中有给神娶"新娘"的神婚仪式。每年 3 月第一个卯日至第二个卯日，阿苏神社举行"卯之祭"，其间的巳日至亥日的 7 天是举行"田作祭"的期间。原本是祭祀祖先的仪礼，现在成为祈求五谷丰登、家宅平安的民俗活动，在当地颇有受众。

"田作祭"的第 4 日，也就是申日，是阿苏神社的本尊年祢神"娶亲"的日子。所谓的"新娘"，其实是一段用丝绵和宣纸包裹的槲树枝，丝绵和宣纸代表了"新娘"的服装。"新娘"过门前的沐浴、更衣、化妆以及成婚仪式都是不许外人观看的，由神职人员秘密完成。迎亲的队伍去 10 公里以外的地方斫取合适的槲树枝，徒步护送回来，途中完成沐浴、更衣的仪式。天色昏暗时分，"新娘"到达阿苏神社，民众在神社前跳火把舞，表示迎接。就在人们沉浸于火把龙飞凤舞的律动之中的时候，神职人员在神殿内给年祢神举行了成婚仪式。第 7 日是功德圆满之日，神社举行模拟农耕的"田作神事"，在完成"新婚"的年祢神前祈求风调雨顺、五谷丰登。

一年一度的"御衣替"和一年一度的"娶亲"象征着新生的开始，通过"御衣替"给神穿上新衣，通过模拟的"娶亲"让神迎娶新欢，目的是象征性地给神注入新的能量，以保证神足够的护佑苍生的能力；人们亦从中获得新的力量，树立以新的姿态投入新的生产和生活的信心。丝绵在上述祭祀活动中是新生力量的象征。

除了新生的象征意义以外，丝绵在祭祀活动中还象征着圣洁、廉洁。从前日本天皇派遣敕使，往往赐予成捆的丝绵，不仅是物质的奖励，还包含对使者保持廉洁、不辱使命的期许。奈良的春日大社每年 3 月 13 日举行的"春日祭"，就是表现丝绵的这种象征意义的祭祀活动。

奈良春日大社的"春日祭"，和京都上贺茂神社·下鸭神社的"葵祭"以及石清水八幡宫的"石清水祭"并称"三大敕祭"，都是非常隆重的祭祀活动。奈良的"春日祭"是模拟古代敕使接受使命、受赐"御禄"过程的祭礼，其中象征"御禄"的就是洁白丝绵。接受了装入精美藤匣中的丝绵之后，敕使必须从匣中取出几枚丝绵，搭在左肩，行"拜舞之礼"，以示感谢。

图 3   以左肩接受了丝绵赏赐的乐师

类似的仪式亦见于根据圣武天皇的"敕愿"创建的奈良东大寺。该寺的重大法会，例如 2000 年的"圣武天皇 1250 年御远忌法要"、2002 年的"东大寺大佛开光 1250 年庆赞大法要"都有古典雅乐的演奏，称为"舞乐法要"。演奏结束后，把丝绵作为"御禄"授予参与演奏的乐师，乐师团队的两位代表以左肩接受丝绵，然后率众阔步退场。丝绵曾经作为天皇赐予敕使的"御禄"，象征着名誉和荣耀，乐师们左肩搭着丝绵阔步退场，正是这种荣耀的夸示。

除了神社、寺院的祭奠仪式，日本人的婚丧嫁娶等人生仪礼一些环节，也需要使用丝绵。日本新娘头上戴的丝绵帽，象征着纯洁。日本有在神社给 3 岁

的男孩或女孩、5 岁的男孩、7 岁的儿童祝岁的习俗，称为"七五三祝"，仪式上给孩子戴的丝绵帽是长寿的象征，有祝愿孩子像丝绵的坚韧绵长那样健康成长的寓意。古代医疗条件有限，出生的儿童未必都能长大成人，"七五三祝"是古人向神灵祈愿的人生仪礼，一直传承至今，反映了丝绵在人生仪礼中的象征性。

三、丝绵的民间信仰

丝绵被赋予各种宗教的寓意之后，人们对丝绵的认知也发生了变化。丝绵不仅被当作保温御寒的物资，还被视作具有超自然性质的圣物，受到民俗社会的信仰。

日本民间信仰认为，人死了以后要经过一条"三途川"去见阎王。有个老太婆守在三途川渡口，见没有携带过河费"六文钱"的亡人就会把他衣服剥下来，名曰"夺衣婆"。剥下的衣服由名为"悬衣翁"的老头挂在"衣领树"上，根据树枝下垂的程度判断此人罪孽的轻重。和中国民间信仰的孟婆一样，夺衣婆是阴间的"执法者"，把守着进入阴间的第一道关。也有把夺衣婆说成是阎王老婆的传说，是传说中的凶神恶煞。因此，庙里供奉的夺衣婆都是龇牙咧嘴、面目狰狞的恐怖形象。后来，夺衣婆和日本的"姥神信仰"结合，成了能满足人们愿望的神婆而受到民众的信仰，日本许多地方有供奉夺衣婆的寺庙。

据民间传说，夺衣婆曾经用自己的法力灭了一场丝绵的火灾，这是夺衣婆和丝绵相关的起源。从前，祭拜夺衣婆的信奉者，愿望实现后必须给夺衣婆供奉丝绵作为还愿，江户时代浮世绘中的夺衣婆就是头顶丝绵，或面前放有许多丝绵的形象，说明最晚在江户时代中期，夺衣婆和丝绵的关系就已成为日本民俗社会共同的认知。夺衣婆中文不妨译作"丝绵婆婆"。

东京新宿区正受院的夺衣婆坐像高约 70 厘米，雪白的丝绵成人字形覆盖在坐像上方，蓬蓬松松，过肩垂地，特别显眼。据说正受院的夺衣婆对治咳嗽，尤其是小儿百日咳特别有灵验，故丝绵婆婆也被视作儿童守护神。二战后，在正受院成立了由当地妇女组成的"子育讲"，以祈求儿童健康成长。"讲"是日本民间信仰的基层组织，不同的信仰有不同的"讲"。通常的"子育讲"都信仰"子育地藏"，但正受院的"子育讲"却把夺衣婆作为信仰对象。丝绵的亲和、温暖和面容的狰狞、恐怖构成了夺衣婆神像的双重性质——和蔼与威严，这是培育儿童，促进其身心健康、健全成长的重要因素，也是可怕的夺衣婆成为呵护儿童的保护神的重要原因。

图4　东京正受院供奉的夺衣婆

与此相似的还有三重县菅岛町菅岛神社的鬼子母神神体上的丝绵。鬼子母神源于梵文，汉译为"河梨帝母"，是护法二十诸天之一，又称为"欢喜母"或"爱子母"。日本民间信仰将她作为受孕、安胎、顺产、育儿的守护神供奉，相当于中国的送子娘娘。

鬼子母神的造像通常可分为体现美貌与和蔼的天女形象和体现恐怖与威严的魔鬼形象两类，但菅岛神社的鬼子母神的神体是一块像大冬瓜似的石头，没有表情，既不能体现和蔼，也不能体现威严。于是，人们给这块石头盖上了丝绵，因此，菅岛神社的鬼子母神也被当地民众称为"丝绵菩萨"。生了孩子的人家，要给丝绵菩萨捐一块薄薄的丝绵，盖在上面，以表示对鬼子母神的感谢，祈愿母子平安。孩子百日或端午节也是祭拜丝绵菩萨的日子，人们会去捐丝绵以祈求孩子健康成长。端午节在日本是男孩节，挂鲤鱼旗是遍布全国的习俗，参拜鬼子母神捐丝绵的风俗，大概是菅岛的特色。菅岛是一个离岛，岛上自古没有养蚕，从前的丝绵都是摇着船去鸟羽或伊势采购的。现在神社备有丝绵，参拜者可以根据需要请购，类似于我国寺院的"请香"。

山梨县南都留郡圆通寺戴着丝绵帽的延命地藏也是妇女儿童的守护神。头戴白色丝绵帽，穿着红色肚兜石雕地藏，据说是保佑孕妇顺产和儿童成长的菩萨，白色的丝绵帽寓意出生的孩子能活到头发变白的年龄。大概是受延命地藏的影响，圆通寺内其他的地藏也都穿着红肚兜，戴着丝绵帽，据说是附近居民捐赠的，陈旧褪色后就有人来更换新的，认为这也是一种功德。

图 5　圆通寺戴白色丝绵帽的地藏菩萨

除了上述神像上覆盖丝绵以外，沾上重阳露水的丝绵也被认为有非凡的功效。重阳节在日本是五大传统节日，即所谓"五节句"之一。日本民间认为，阴历九月初八晚上，把丝绵盖在菊花上，放在露天过夜，第二天清早用吸收了露水和花香的丝绵擦脸擦身，有美容美肤的效果。东京的大宫八幡宫是位于杉并区的神社，每年重阳节举办"菊被绵饰"活动，用丝绵做成红白黄三种颜色的小圆帽，戴在 150 株菊花的花朵上，在神殿中展示，以吸引参拜的女众。丝绵的物理特性被赋予各种吉祥的寓意而在人们的生活中发挥着这样那样的作用。

四、丝绵起源的传说

丝绵是蚕桑业的副产品，因此，民间流传的丝绵起源传说和蚕桑起源传说有很大关联。日本的蚕桑起源传说有几种不同的来源，但流传最广的是中国的蚕马故事。江户初期，儒学家林罗山《怪谈全书》卷一根据《蜀图经》译写了《马头娘》传说，之后这个人马悲恋的故事便在日本广为流传。但是，江户后期的农学家上垣守国在《养蚕秘录》中则明确把这个故事作为丝绵的起源传说来叙述的。文字不长，试译如下：

> 又一说，中华舜之世，有官人牵马出，置于庭上。恰皇女挑玉帘见马。彼马深视皇女不已。或夜告之于梦曰："吾虽畜类，恋于君之艳色，思念甚切。然既非人类，力不可及。死而生一万之蚕，可扯真绵以副皇女之身。"梦醒，翌日彼马果死，故埋于野外。其地多生虫，食桑作茧。以是令人作真绵云。见于古书。

这个传说和晋代干宝《搜神记》的蚕马故事如出一辙。在日本东北地区，蚕马故事被作为"御白样"信仰的起源传说，至今令人感动。"御白样"是蚕神、农神，其神体，是用桑树枝雕刻的人头和马头，在头部以下缠上丝绵和宣纸，再套上花布，构成"御白样"的衣裙。通常是每年加套一层花布，满10年从里到外全部更新。更换下来的丝绵和布片，作为吉祥之物分送给亲友，或者用来缝制小布包，装入豆粒或米粒等作为女孩游戏的一种玩具。丝绵则被填入护身护小袋，以作辟邪。

图6　日本东北地区的蚕神"御白样"

　　"御白样"在日本东北地区不仅是蚕神和农神，还是妇女儿童的守护神。宫崎骏《千与千寻》中的"大根神"，据说就是以民间信仰的"御白样"为原型的。虽然头上扣着红碗，穿着红色的兜裆布的"大根神"和现实生活中的"御白样"形象大不相同，但胖乎乎通体雪白的身躯，隐约地向人们透露着和丝绵的关联性，而"大根神"在电梯口帮助小姑娘千寻的一幕，应该也是"御白样"保护妇女儿童的民间信仰的艺术表达。

　　综上可知，丝绵作为生活中的重要物资不仅给人们带来温暖，还被赋予各种超自然的寓意而成为人们树立生活信心、寄托美好愿望的重要载体。丝绵文化作为蚕桑丝绸文化的一环，表现了人类追求美好生活的智慧。

（作者单位：上海师范大学）

蚕乡传统节气时序的重构与公共文化建设

袁 瑾

二十四节气是中国人的发明，传承至今。在传统农业社会中，它与中国人的日常生活水乳交融，是一套行之有效的社会时间系统。事实上，以黄河中游为基点形成的二十四节气，在全国各地所呈现的文化形态并不是均质统一的，在地方实践中多进行在地性调整，转化成为生动的"地方时间"，并在回应各种生活需求与人们的实践行为中统合为一体。江南蚕乡的二十四节气就是其中显著例证。蚕乡地处江南核心区域，历史上以蚕桑丝织、水稻耕作而闻名。时至今日，这里是中国经济最发达的地区之一。江南节令物候等自然风土依旧，但生产基础、社会构成与生活方式已经发生了重大变化。传统节气的农事指南与地方蚕桑贸易活动的经济时间提示意义显著减弱，依托传统节气时序的集体节会、习俗活动都面临着创新与转化。

2016年，二十四节气被列入"人类非物质文化遗产代表作名录"，对它的保护传承、价值阐释、当代转化等问题的研究旋即成为热点。作为中国人在特定风土条件下、谋生过程中，与天地自然协调的时间意识结晶与知识系统，传统节气的当代价值首先在于"调整我们人类群体同自然的关系"，提醒着人们"回归自然"，"与自然和谐相处"。[1] 它是"中国人自然哲学观念的生动体现"，同时也"凝聚大家的认同感"，是民族优秀传统文化的代表。[2] 节气对于民族群体内部生活的协调"尤其突出地表现在不同地方对这一庞大知识系统的理解与实践

---

① 刘魁立：《中国人的时间制度——值得骄傲的二十四节气》，《人民政协报》2016年12月12日。
② 萧放：《传承二十四节气的价值与意义》，《民间文化论坛》2017年第1期。

的多样性上"，因此"每个人都是二十四节气的传承人"。① 然而随着农耕文明逐渐消退，当代二十四节气所面临的传承危机也日益显现，成为不容回避的事实，比如时间标记意义降低，仪式文化内涵失落，习俗活动减少，对农业生产、日常生活的指导意义淡化等。② 那么"在现代社会条件下赋予它新的意义和新的生命"，对这一农耕文明遗产进行"提炼、升华、传播、弘扬"的"再创造"，"借以寻回日益远离自然的现代人失落的'精神家园'，安顿现代人的'文化乡愁'"③。节气不仅是一套时间制度，亦是整合了丰富生活习俗的民俗系统，"要想更好地保护与传承二十四节气，就要充分发挥其作为民俗系统的特性，并使其'无孔不入'地介入现代民众的社会生活"④，这一从生活场域拓展节气传承路径的思路值得我们进一步深思。另一方面，传统节气的当代保护与创新发展的实践，在经历了节气知识、文化内涵与价值意义等方面的引介后，也应更着力于从节气的社会功能角度出发，对其与当代社会生活的整体性接续与具体生活层面的贴合问题进行思考、研究与具体实践。

节气的社会功能，表现在它对社会生产、生活实践的控制力上。在传统农耕社会中，二十四个节气前后相继、循环更迭，人们据此安排农事、处理日常生活、协调社会互动。社会实践与节气之间形成紧密的联结，由此节气时间框架也获得了对区域生活整体的控制力与统合能力，成为一套时间标准。这在日常生活中则生动地表现为民众的节气时序感，即人们在日常生活中对依节气而展开的诸般行事内在时间秩序的感知，包括观念上的认同与行动上的能动性。由此也进一步提示我们，在从文化意义、价值观念的角度为节气全面融入当代生活搭建沟通渠道的同时，修补其在当代社会文化生活中所具有的时间指示功能——重塑"节气时序"的观念与实践体系，亦是十分必要而紧迫的任务。

本文将围绕"节气时序"这一概念展开，并将之置于江南蚕乡具体的社会传统与当代发展的语境下，梳理历史形态，分析当代现状，以此讨论将"节气时序"引入社会公共文化建设的重要意义与现实基础，并就重构其实践体系以发

① 安德明：《每个人都是二十四节气的传承人》，《北京日报》2018年10月16日。
② 张勃：《危机·转机·生机：二十四节气保护及其需要解决的两个重要问题》，《文化遗产》2017年第2期。
③ 刘宗迪：《二十四节气制度的历史及其现代传承》，《文化遗产》2017年第2期。
④ 王加华：《节点性与生活化：作为民俗系统的二十四节气》，《文化遗产》2017年第2期。

挥传统节气社会功能的路径提出设想。由此，本文希望能够为传统节气文化的当代传承探索一条更具操作性的实践路径。

一、传统蚕乡生计与节气时序统合功能的三种形态

江南素有"鱼米之乡""丝绸之府"的美誉，由于内部自然地理环境的差别，自明清以来在平原地带形成了三个相对集中的作物分布区，即"沿海沿江以棉为主或棉稻并重的棉－稻产区，太湖南部以桑为主或桑稻并重的桑稻产区和太湖北部以稻为主的水稻产区"[1]。据李伯重整理，明清时桑稻产区主要包括吴县、长洲、元和、吴江、震泽、乌程、归安、德清、钱塘、桐乡、石门、嘉兴、秀水、海盐等县。[2] 以此为基本划分依据，本文所指蚕乡涉及南太湖流域江苏、浙江的部分市、县、乡镇，以苏州、湖州、嘉兴、杭州种桑养蚕地区为中心。

节气时序，落实到在传统蚕乡社会生活层面，表现为区域内个人与集体在蚕桑生产、社会交往、娱乐休闲、商贸交易、祭祀仪式等诸多方面行为实践上的同步性，从而在地方上形成一种时间上的稳定次序。行为之间或许存在因果关系链的联结，或许只是为了强化美好愿景的并置关系，但无论如何，节气对行为发生的时间具有指示性的意味，一般情况下时间的秩序不容打破。具体来讲传统社会上，它对社会生活的统合作用主要体现在以下三个方面。

（一）农事时间：蚕稻两作有条不紊

江南蚕乡及至近代，有饲养头蚕、二蚕的习俗，即春蚕与夏蚕，其中尤以春蚕为重，俗谚有"春茧半年粮"，"蚕箔落地，有钱栽秧"之说。农历三四月为蚕月，饲春蚕，称为"上忙"，而之后的集中性水稻生产被称为"下忙"，分量不相上下。表现在节气上，就有蚕稻两作，农时相谐，有条不紊。

立春，开启一年的劳作，但真正的农事大忙要待到清明时节。"'清明'后

---

① 李伯重：《明清江南农业资源的合理利用——明清江南农业经济发展特点探讨之三》，《农业考古》1985年第2期。

② 李伯重：《明清江南农业资源的合理利用——明清江南农业经济发展特点探讨之三》，《农业考古》1985年第2期。

数日蚕始生"①，蚕乡进入"蚕月"。众所周知，蚕的一生经过四次休眠，头眠多在谷雨前后，俗谚有"谷雨三朝蚕白头"之说，头眠起身，蚕身见白。此后经过二眠、三眠、大眠，至小满前"上山"结茧，共40余天。春蚕饲养主要环节与节气大致对应如下：

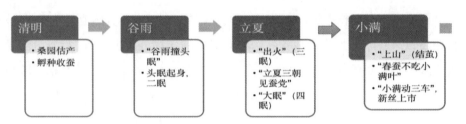

也有蚕户"畏护种出火辛苦，往往于立夏后，买现成三眠蚕于湖以南之诸乡村"②，俗称"立夏三朝见开蚕党"。及至小满，新丝上市，又是一轮热闹繁华。

忙完了蚕事，农户转入单季水稻的播种插秧工作中。较之江南其他地区"清明浸种，谷雨落秧"的俗制，蚕乡的播种育秧要晚一些，一般在立夏前③，正是"收好春蚕上秧水，才了蚕桑又插田"。待到插秧已是芒种夏至了。到了霜降，所有稻谷均已成熟，收割进入高潮。立冬时，割稻工作接近尾声。接着便是加工贮藏等一系列工作。单季晚稻种植的时令脉络大致如下④：

当然具体到某个地区，"时宜"前后挪动也是自然的，毕竟"节气是死的，

---

① 《安吉县志》（清同治十三年刻本），丁世良、赵放《中国地方志民俗资料汇编》华东卷中，国家图书馆出版社1995年版，第195页。
② 顾禄：《清嘉录》卷四"立夏三朝开蚕党"，中华书局2008年版，第101页
③ 较为普遍的是"夏前秧"，即立夏前完成播种，做好秧田。"'立夏'前五六日，农夫播种，三四日即发芽。夏前播之，谓之'夏前秧'，夏后便减收矣。"见《湖州府志》（清乾隆四年刻本），丁世良、赵放《中国地方志民俗资料汇编》华东卷中，国家图书馆出版社1995年版，第195页。
④ 有歌谣唱："立夏做秧板，小满满田青；芒种秧成苗，夏至二边田；小暑旺发棵，大暑长棵脚；立秋长茎节，处暑根头谷；白露白迷迷，秋分初头齐；寒露含浆稻，霜降割晚稻。"见姜彬主编：《稻作文化与江南民俗》，上海文艺出版社1996年版，第285页。

办法是活的"，农户大多遵循把握节气，适当提前的原则，以掌握生产的主动权。

（二）经济时间：蚕桑市场应时而起

明清以来，江南蚕乡"农家经济已体现出浓厚的商品经济色彩，农户与市场发生着日益紧密的关系"[1]，进而出现了随节气而起落的叶市、丝市等专业性市场，以及依附于庙会集市的特色产业。

南宋时，桑叶便已经作为独立的交易商品进入流通领域。明清以后及至近代，湖州、嘉兴等市镇叶市发展更加完善。叶市开市时间不长，一般在立夏后三天开市。此时蚕将入大眠，桑叶需求量猛增，如濮院、双林等市镇大多设有桑叶行，交易十分活跃。叶市开市后，"有头市、中市、末市，每一市凡三日。每日市价凡三变，早市、午市、晚市"[2]。待到末市完结，蚕宝宝"上山"作茧，便不成市了。蚕丝市场则自小满始开，称为"卖新丝"[3]。湖州双林、南浔、菱湖等市镇均有大商贾设丝行收购。丝市起于小满，止于中秋，开市大约四个半月，"头蚕丝市、二蚕丝市谓之大市，日出万金"。"中秋节后，客商少而伙友亦散，谓之冷丝市"，市场上仍有零星买卖，与来年的新市相接续，"故曰买不尽湖丝也"。[4]

清明前后，农事未兴，蚕乡各地庙会甚多，庙市兴盛。应着人们吉庆祈福的心理，集市上多有辟邪求吉的手工艺品出售，形成时令性特色产业。比如湖州善链、石淙、新市、含山等地清明蚕花庙会上多有农户家中蚕娘所制的蚕花出售，赶庙会的农户必购得几朵，祈佑"蚕花廿四分"，这当中石淙蚕花名噪一时。此外杭州半山、嘉兴新余等地则以逼鼠蚕猫闻名。蚕猫为手工捏制的泥猫，俗信以为置于蚕室内可以驱赶老鼠。这类产品时令性很强，一般清明之后蚕事繁忙便逐渐消失，待到第二年按时起市。

① 范金民：《明清时期江南商业的发展》，南京大学出版社1998年版，第3页。
② 蒋猷龙主编：《浙江省蚕桑志》，浙江大学出版社2004年版，第171页。
③ 《清嘉录》载苏州蚕户"茧丝既出，各负至城，卖于郡城城隍庙前之收丝会。每岁四月始聚市，至晚蚕成而散，谓之'卖新丝'。"见顾禄《清嘉录》卷四"卖新丝"，中华书局2008年版，第103页。
④ 蔡蓉升纂修、蔡蒙续纂修：民国《双林镇志》卷一六"物产·布帛类·丝"，商务印书馆1917年铅印本。

（三）社会时间：节会娱乐与时相谐

乡间，饲蚕人家的交往受到蚕事生产时令的限制。谷雨收蚕后，亲友之间不相往来，称为"关蚕门"。同治《湖州府志》云："蚕时多禁忌，虽比户不相往来"。"官府至为罢征收，禁勾摄。"①可见此俗不仅关乎平常百姓，就连官府的考试、阅兵、办案、征税、捉捕犯人等一类公事也不得不为之让路。待到立夏之后蚕结茧，邻里复又串门，称为"望蚕讯"。望蚕讯时要携带许多礼品，有慰问辛劳之意。

相较于乡村，城镇中的娱乐生活更加丰富，市民依着节序，各种赏花游冶、乐事不断，有雨水深巷卖杏花、谷雨三朝看牡丹、小暑满街"夏三白"②，大暑入湖赏荷花、白露收清露、秋分观大潮、寒露"菊有黄华"、冬至祈梦消寒等等。这既有市民阶层的生活情趣、文人雅士的闲情逸致，亦反映明清以来江南花卉种植业的繁荣。

一些群体性的节会仪式多以祈福、祝祷生产顺利为中心，城乡俱同。如旧时立春日蚕乡各地有府县官府主持的大型仪礼活动，称为"迎春"。绵延至近代，内容包括祭祀芒神、鞭春牛、看春、探春、咬春、送春牛图、做春福等等。亲朋宴客则多用春饼。③

桑稻生产、市场交易以及人际交往、节会仪式、娱乐社交构成了传统蚕乡社会生活的基本内容，二十四节气通过对这些领域实践行为的时间框架，形成社会生活整体运行的稳定秩序。节气时序建立在自然时序规律的基础上，并逐渐被当作可参照的既存时间框架，生产生活中的某个环节、特色花卉、特定事件则被视为相对应具体时间点上"理所当然"出现的事实。节气不仅是自然时间节点，"更明显的意义是它的文化意义与社会意义"④，通过一系列象征性文化符号的生产与联结，"形成了一种安排日常行动与协调社会互动的观念与实践方式，并进而形成整体社会运作的韵律样态"⑤。在民众生活中，它们"已不再单纯

---

① 宗源瀚等修：同治《湖州府志》卷三十"舆地略蚕桑上"，清同治十三年爱山书院刻本。
② 所谓"夏三白"即栀子花、茉莉花和玉兰花，因花色俱是白色，小暑前后花期最盛而得名。
③ 顾希佳等：《浙江民俗大典》，浙江大学出版社2018年版，第40页。
④ 萧放：《岁时——传统中国民众的时间生活》，中华书局2002年版，第21页。
⑤ 郑作彧：《时间形式的时候化：社会时间形式的改变及其当代现状》，《学习与探索》2018年第1期。

为时间关口"，同时"也是人们休息娱乐的时间驿站"①，一些比较重要的节气逐渐转化为充满生活欢愉与社会人伦的节日。

二、"非遗"语境下节气文本的修复类型与时序感疏离的现实

二十四节气进入"人类非物质文化遗产代表作名录"后，全国各地对其的关注度、宣传保护力度明显加大，经济发达、历史传统悠久的江南蚕乡亦不例外。这一时期的工作在运行机制上主要采用由上而下、由外而内有意识导入的模式，社会公众多尚处于接受、认知、理解的阶段；内容上，以修复节气文本、唤起文化记忆为重点。

（一）节气文本修复的三种类型

文本是一个宽泛的概念，就节气而言，其文本是镶嵌于传统历史文化语境中的一系列实践行为共同构成的社会事实，包括节期、节物、节俗、节会等文化要素，同时与人的认知、情感、生活意义发生联系。文本修复具体指对这些文化要素历史形态、文化内涵、当代价值的重新阐释与结构。

现代性的巨轮推动历史不断加速，我们站在与过去同一片苍穹之下，却经历着一种断裂与间隔，伴随着文化要素的散失、精神内涵的淡化，根植于传统的节气文化整体框架已被撕裂。重新修补这变形的画面，重塑节气文化文本的形态，就成为当代蚕乡的传承实践的首要命题。目前有意识的文本修复大体上可分为知识型、活动型和消费型三大类。

第一，知识型传播。以节气文化内涵、文化符号的普及与再认知为基本出发点，通过文字、图像、影像等为媒介方式呈现，由此重建集体的文化记忆。知识型普及在内容上往往具有"档案性""条目化"和"知识性"的特征。比如每当一个节气来到，网络、移动媒体、报纸、电视中就会铺天盖地地出现各种知识帖，内容包括过节指南、旅游线路介绍、习俗罗列、文化内涵宣传。书店里相关出版物，从幼儿绘本到成人文化读物再到文化理论研究，琳琅满目、应有尽有。编纂者从历史典籍、地方文献、口述采访、网络空间、作家文集中寻找

---

① 萧放：《岁时——传统中国民众的时间生活》，中华书局2002年版，第96页。

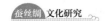

到关于节气生活各种记载的蛛丝马迹，加以自己的理解，在一个给定的意义框架下，将它们拼合起来，建立"清晰"的记忆图景。同时博物馆、非遗展示馆等通过提供更加鲜活的体验式、互动式展览方式，使传统节气文化更加易于参观者接近与理解，同时也以更加权威的姿态，向他们输送相关知识。

第二，活动型体验。主要由各级文化部门、协会组织或支持的公共文化活动，在特定的节气日，开展主题型的文化艺术展演、体验活动，并将之作为实现非遗"活态"传承的代表。比如丝织重镇——盛泽旧时有于小满节气唱"小满戏"的习俗，以酬谢蚕神。此俗在停演近半个世纪后，于2000年恢复表演，在盛泽戏剧家协会的组织下，演出至今，并深入到周边乡村，成为当地重要的社会公共文化活动之一。社区、学校也会在一些重要节气到来时举行公共活动，以丰富学生、居民文化生活，比如苏州沧浪亭社区组织居民立夏喝"七家茶"，邻里共叙真情，小学生们喜爱的立夏斗蛋比赛等等活动。此外，包括图书馆、书店、画廊、旅游景区等文化实体也会不定期举办节气展览、邀请市民参与体验相关活动，共同营造节气文化保护的社会氛围，并进一步将相关文化符号嵌入当代公共文化场域中。

第三，消费型转化。采取与市场接轨的方式，引入资本，促进节气相关旅游、非遗商品及衍生品的消费。比如节气活动组织者与旅行社共同设计、推出的节气亲子游、特色游等旅游线路；又如讲究食材跟随春夏秋冬四季更替的"二十四节气主题文化餐厅"，近年来颇受中青年消费者追捧；再如饰有节气的物候、风物等纹样的文具、服饰、包装、手工艺品等文创产品，业绩不俗，逐渐吸引了一批以80后、90后女性为主的消费群体。在销售方式上，商家着力于打造互动参与的体验式消费场景，同时通过线上平台、自媒体等新媒介手段增加与消费者的接触点，并通"平台分享"延伸服务产业链。

这三种模式相互联系，体现了"知识－活动－消费"的渐进思路，即在固定的、条目化的"知识"梳理基础上，复制活态的实践活动，并期待通过市场为节气文化赋能，从经济消费领域寻求传统与当代生活对话的路径。由此节气的"非遗项目"身份，在社会语境中不断被强化，对其文化意义的强调则在"断裂"的语境中展开。这里不仅有传统与当代的断裂，还有二十四个节气内在连续性的断裂以及与日常生活的剥离感，传统的节气时序感几近不存。节气时序感，是公众对于节气有序运行的感知，也正是传统节气文化自我生产能力的源泉。

（二）日常生活中时序感的疏离

重构节气时序强调的是恢复往复更迭的节气点在生活中的整体运行机制，凸显节气作为时间制度的社会功能。尽管文本的修复有利于弥合公众文化记忆的断裂，但同时也会使公众陷入"静态"的文化审美中，而忽视更具根源性的"动态"统合功能，对时序节奏的疏离感也将加深。关于这一点，我们可以从对上述三种模式的利弊分析中窥知一二。

首先，对于大量缺乏相关传统生活经历的人群而言，文化记忆的重构需要更多充满细节的外部材料来支撑，于是节气知识的普及便为他们追寻传统提供了诸多线索，也帮助他们去理解。然而文字、影像、图像的媒介手段深刻地改变了节气文化传承的方式与集体记忆的结构。媒介唤醒了公众对节气的记忆，但随之而来的问题则是海量的、重复性的信息堆积，并陷入琐碎之中，这是因为人们"对极速并必然消失的感觉同对当前的焦虑以及未来带来的不确定性联合在一起——这让最微小的残余和见证有了值得回忆的尊严"[1]。于是人们对信息的阅读甚至超越了鲜活的实践。而由于缺乏地域性的文化标识与细腻的时令感知，公共媒介中关于节气的知识日渐标准化、抽象化，人们从而失去独具特色的地方时间感觉。

其次，重要节气点的庆祝、娱乐活动与文艺会演不仅回应了非遗"活态传承"的需求，也被赋予了再造群体认同的使命。新闻媒体的报道、各级政府部门的支持则进一步强化了活动本身对节气传承所具有的公共文化意义，并肯定了它对于当代社会公共文化活动建设的导向作用。然而有意识地利用节气文化资源开展文化活动，并不意味着节气文化社会内生性的重塑成功，事实上如果没有强有力的组织者或者组织团体，活动并不能持续太长时间，是否能够形成周期性延续尚待观察。可见文化符号的聚集并不能掩盖其赖以生存的与自然密合的社会时间框架的消解。

第三，文旅开发、文创产业化，则将节气的传承实践导向资源利用的轨道。

---

[1]　阿斯特莉特·埃尔：《历史与记忆之间：记忆场》，《文化记忆理论读本》，北京大学出版社2012年版，第101页。

在一个摆脱了以世袭职业、稳定家族角色定义身份的时代，人们转向文化遗产消费中寻求自我身份的归属与认同；开发者、设计者在主题化、可参与性、创新转化的语境中，建构了普通人生命历程和生活方式的历史展现，以回应这一需求。于是，包括节气在内的遗产开发便带有了挽救传统，并赋予其造血功能的意味。然而，这一经济层面的造血功能是以节气时令文化要素进一步从日常生活世界析出为代价的。一方面是以游客为导向的市场追求，另一方面是文化性上的"真实"以及社区民众自身文化所有权的配置，至今这些关系依旧纠葛在一起。

二十四节气作为时间标度，在传统社会中，通过将时令、气候、劳作、人事等统统纳入到相互衔接的序列中，赋予它们稳定的运行秩序，从而实现时间制度对社会生产生活的统合控制力。唯其如此，它在传统社会中才获得了广泛的应用与生命力。文化文本的重构固然是传统节气当下得以实现历时传承的基础，但传统节气的当代传承与转化不是文本的复制，也并非单一的经济赋能，而是释放出文化自身内生性动力，将节气文本转化为具体的现实生活内容，重塑民众的节气时序感。只有人才是文化的主体，"来自文化承载者自身的主体性和能动性，是确保该文化事象存续力的基础，也是导致文化发生可能变化的主要力量"[1]。

三、节气时序重构的当代意义与现实路径

人类作为物种的个体或者关联的群体，始终生活在自然与宇宙的节奏中，即便在喧嚣的今天，四季轮替、花开花落依然与我们的生活时时相关，那么通过另一种符号意义上的社会文化时间体系作为补充，在公共文化生活领域中，重建适应于自然－社会周期性更替的节气时序感，便是十分有必要的。这恰恰是弥合与回应当代社会生活中人们越来越普遍的行动不连续性与整体性社会生活韵律不协调的需要。对于生活着的个体而言，他将在与自然的密切联系，与集体的融合中重获统一而持久的文化归属感。

---

[1] 安德明：《非物质文化遗产社区的能动性与非均质性——以街亭村民间信仰重建过程中村民互动为例》，《云南师范大学学报（哲学社会科学版）》2017年第6期。

（一）在时序更替中重塑人与自然的亲密关系

近代以来，随着时间测量技术与工具的发展和进步，人们发展出一套用数字准确计算，区分单位的标准化时间结构。在此时间框架之下，个体的行为与互动的社会事件被以数字的方式加以单位，置于前后相继的线性时间序列中。[1] 如此社会实践便不再依附于自然物的指涉，而被抽象为数字时间点与行为活动相对应的模式，人与自然则更加隔膜。

"要了解自然，二十四节气作为一个时间尺度是必不可少的"[2]。比如古人以阴阳二气的运动理解自然季节变化，认为冬至是阴阳二气流转变化的关键期，所谓"夏尽秋分日，春生冬至时"，阴气最盛之际也是阳气开始萌发上升之时，大自然的生命趋于活跃。此日，蚕乡民众素有进食膏方滋补身体的习俗。膏方费用不低，历史上多为达官贵人所服食。如今一方面健康的观念尤为人们所倡导，另一方面经济水平普遍提升，膏方越来越受到人们的重视，其中亦不乏年轻消费者。除此之外，"时鲜"亦是蚕乡人饮食的一贯标准，尤其讲究节气与饮食的对应，如立春咬春、立夏尝新，夏至食面、立秋吃瓜、小雪腌菜、大雪腌肉、冬至以后品尝各色糕点等等。

人生活于自然之中，无论何时都需要得到自然馈赠基本的生存资料，四季轮替也会引起身体感受的变化，顺应时令、调整自身是人类不变的生存需求。"中国人习惯在流转中理解世界，理解时间。"[3] 通过节气时序的重构，将个体生命周期、社会生活与自然律动联结起来，重塑人与自然的亲密关系，则是对这一生命永恒关注的回应。

（二）以共享的文化时间框架，回应当代文化认同的焦虑

网络时代，随着新技术的发展，数字经济、文化产业等的兴起，个体的工作方式与生存模式也在发生变革。就整体而言，"以全职工作、清楚的职务分派，以及涵盖整个生命周期的生涯模式为基础的传统工作形式，已经缓慢但却

---

① 郑作彧：《时间形式的时候化：社会时间形式的改变及其当代现状》，《学习与探索》2018年第1期。

② 刘魁立：《中国人的时间制度——值得骄傲的二十四节气》，《人民政协报》2016年12月12日。

③ 萧放：《传承二十四节气的价值与意义》，《民间文化论坛》2017年第1期。

是没落了"①。多任务、多重身份的工作模式之下，个体通常需要自己安排时间，建立行为与时间的对应关系，而这一协调过程通常又会因为某些情境因素的改变而发生各种变动，时间对社会实践的支配能力逐渐丧失，而成为卡斯特所谓的"无时间之时间"②。加之对效率的要求，每一个时间单位都被最大限度地压缩、填充，时间体验的碎片化遍地皆是，个体之间的社会同步关系消解。

对集体而言，随着时间支配性的削弱，大范围内同时的互动活动变得更加困难。以村落节庆活动为例，产业的变化、人群的流动、外来文化的冲击等，打破村落人群结构的同质性，不同职业者对于时间安排的冲突迫使组织者必须事先计划、联系，按照约定的时间来组织人群，或者邀请雇佣专业化的演出团队，昔日时序框架中"自然而然"的场景不复再现。

这样的后果是个体无法在共同的集体实践中获得对自身主体统一性的认知。同时，虚拟的时间文化、被增速压缩的事物、随机出现的变化等等，都在打破社会生活整体时间的序列，并加速人们彼此之间的去同步化、脱离的节奏。尽管每个人的经历不同，但人总是需要体验到归属感与持久的身份感。二十四节气的时间框架，以及凝聚在节气时间点上的仪式、习俗活动等文化符号系统的"嵌入"，则为当下的社会生活提供了一套周期性复现的稳定模式，其中的生活韵律给繁复多样的现代生活提供了可以预见时间秩序，为生命个体之间的互动与共享营造了社会语境，为增进当代社会认同提供了重要契机。

（三）蚕乡节会的恢复与公共生活平台的回归

从实践层面来看，蚕乡各地依循节气时间而展开的群体性节会活动对当下节气时序体系的重构尤为重要，原因有三：第一，就时间感知而言，当作为当地重大社会事件的节会以一种重复性的、稳定的秩序周期性出现时，就会在人们的生活中出现由"整块整块的时间所构成的一种次序"，从而形成一种"包含着部分可预见的"，平和而标准的时间次序感③。第二，从文化空间来看，其中

---

① 曼纽尔·卡斯特：《网络社会的崛起》，夏铸九、王志弘译，社会科学文献出版社2001年版，第330页。
② 曼纽尔·卡斯特：《网络社会的崛起》，夏铸九、王志弘译，社会科学文献出版社2001年版，第564页。
③ 约翰·哈萨德编：《时间社会学》，朱红文、李捷译，北京师范大学出版社2009年版，第72页。

包蕴着信仰、仪式、艺术、饮食、口头传统与各种象征物，"在每个节气点上，通过共同的仪式活动以及共享食物"，获得"一种共同的感受"，凝聚"一种大家的文化认同感"①，由此个体的文化生命也同地方文化传统乃至民族共同体的命运联系起来。第三，就现实性而言，近年来蚕乡各地相关节会的恢复，则为我们讨论以之为基础的节气时序感重构提供了生动的分析案例与现实基础。本文以下的讨论将以之为对象展开。

历史上，依照"春祈秋报"的传统，蚕乡民众在立春、春分、清明、立夏、夏至、立秋、立冬、冬至等较为重要的时节转换点上，都要举行仪式庆典活动。人们将普遍关注的生产、生存问题作为仪式的主题，通过将社群附丽于共同的象征符号之中，完成了对时令转换中集体共同叙事方式与情感表达正当性的确认。20世纪90年代以来，蚕乡各地陆续恢复了一批在历史上影响较大的节气活动，如嘉兴莲泗荡清明网船会、乌镇香市、嘉兴桐乡双庙渚蚕花水会、湖州南浔区含山轧蚕花、湖州新市蚕花庙会、苏州盛泽先蚕祠小满戏、苏州震泽蚕花节等等，近年来又有嘉兴海盐沈荡立冬冬酿节、杭州立夏节等。时至今日，这些活动大多进入了各级非物质文化遗产名录中，并被纳入到地方文旅发展的大语境中，吸纳了来自政府、社会等各方面力量的加入，进而成为蚕乡社会公共文化建设的重要方面。

重构节气时序就是要将这一套"自然—社会"周期性次序嵌入当代社会公共文化场域中，使之成为在个体自我时间与组织制度时间规则之外的另一种具有社会共享性的文化时间结构。从文化公共性的角度来看，传统节会为蚕乡民众所共享，是人们生活世界的一部分。传统节会建立在蚕乡共同劳作与观念认同的基础上，在"狂欢式"的非日常表达中将人们对于时间的感知嵌入集体节气生活所包含的各种事件与活动中，不断强化着人们对于节序更迭的印象。由于受到社会诸多条件的限制，节会传统的公共性通常表现出具有边界感的地域性、受众的均质性和文化再生产的自足性等特征。当下，节会在"公共性"方面表现得更加开放、多元而灵活，主要有以下特点。

首先，在呈现方式上，这一类节会正在成为周边地区相关文化符号聚集的

---

① 萧放：《二十四节气——中国人的自然时间观》，湖南教育出版社2017年版，第4页。

平台。其中所涉传统文化符号散布的地域范围一般以该地所属行政区级别为缩放标准，较多的是在县、区以及镇一级。比如南浔区清明含山轧蚕花庙会期间，除了拜蚕娘、撒蚕花等传统项目外，近年来增加了手工缫丝、敲绵兜、拉丝绵、扎蚕花、打蚕龙等活动，以及县内各镇、街道的民间艺术表演，名优特产售卖等。另一处双庙渚蚕花水会则集结了传统较为常见的水上表演项目，如打船拳、高杆船表演、踏白船竞赛、摇快船等。将在文化主题具有关联度的文化符号组合起来，延长相关叙事链，这一做法对于公共参与者的认知和理解也有一定的帮助。其次，在组织形态上，虽然在具体活动落实上，传承社区依然是主导力量，但其内部成员的结构日渐复杂，单纯以血缘、业缘、地缘联系的均质群体已然被打破。比如杭州半山立夏传承主体为皋亭文化研究会，2003年成立之初会员来自世居半山的倪姓家族，大约40余人。发展至今，正式会员有53人，每年加入立夏活动的文化志愿者可达千余人次。[1]"倪氏"家族的概念也从"血缘同宗"扩展到"同姓同宗"，成为逐渐失掉血缘关系的同姓宗亲组织，甚至只要在姓源上追踪到出自一个姓或者一个祖宗，便认定是"同宗"。[2]这也意味着，节会将通过更为丰富的社会性纽带嵌入公共文化场域中。第三，在信息传播上，对新媒体的广泛利用，大大提高了节会的知名度，更便于公众获取信息、自主选择参与。节气到来前，相关报道已见诸各地地方主流媒体；图文、视频直播通过各个主要自媒体平台或者微信公众号吸引公众注意力。此外，节会的组织者更加注重参与体验感，以增加操作性、娱乐性强的文化项目来提升后者的满意度。比如在嘉兴沈荡的立冬冬酿节，增设了酒瓶涂色、酒瓶套圈、喝黄酒、吃羊肉等休闲活动。新市蚕花节则设计了甄选蚕花姑娘的才艺大比拼。节会的观赏性、娱乐性倾向进一步得到强化，与此同时，信仰成分则倾向于文化性的阐释与美德的弘扬。

总的来说，面对更加复杂的受众群体，当代蚕乡节会无论在组织传播，还是内涵调适各方面都表现出极大的灵活性与很强的适应性，从而将自身置于更开阔的公共文化语境中，以求"与时俱进"的"更新"发展。

---

[1] 皋亭文化研究会编：《皋亭文化研究会基本概况》，内部资料。

[2] 陈华文、余玮：《文化再生产与民俗传承动力分析——以杭州拱墅"半山立夏节"为例》，《广西民族大学学报（哲学社会科学版）》2019年第4期。

（四）以社区传承为主体的未来发展路径

当代蚕乡节会的"公共化"，既有地方文化主体自发调整以期持续发挥节会为社会生活服务的因素，同时也不能摆脱来自外部各种社会力量的介入。这些因素在实践中被紧密地糅合起来，共同完成了对当代节会形态的塑形。这也提示我们，在以节会时空为重要支点重新勾连节气时序体系的过程中，必须始终强调以传承社区民众为主体力量，尊重他们的意愿。

事实上，上述节会复兴的案例，无一不依赖于地方文化精英及其组织力，借助传统社会组织结构，植入地方知识而获得文化再生产的动力。比如嘉兴双庙渚蚕花水会的复兴便是从1997年5位当地村民的提议开始的。他们陆续聚拢周边4个村落的18位热心地方文化人士，向28个自然村的400多户蚕农筹款8万余元，复建旧庙，并在1998年恢复了停办50年的蚕花水会。[1]20世纪以来，蚕乡各地这一类文化协会、研究会纷纷成立，村落联盟再次形成，他们承担着具体而细微的组织工作，包括历史文献的梳理、口述资料的搜集、仪式的重构、活动内容的落实以及对外联系、与政府媒体的接洽等等。尊重传承社区民众对遗产的表达形式，依赖、发挥、保障他们的文化权力，提升遗产的公众认知度，促进发展的良性循环，应当成为政策制定者、执行者以及整个社会的共识。

当代社会的复杂性决定了节气时序是渗透于社会结构不同层面发挥作用的社会时间类型之一。它要发挥对以传统节气习俗为资源的公共文化生活的统合作用，就需要"在观念上被大众公认，并且得到公众的自愿参与"[2]。"公认"与"自愿参与"的基础在于节会习俗活动所传递的"真实感"，从而唤起个体文化身份上持续的归属意识。传承社区的参与则是"真实感"的有力保障。科恩对非物质文化遗产的研究显示，这种"真实感"并不是一个形而上的先验性的概念，而是可以协商的，随着时间的推移，文化的新发展也可能赋予其真实感。[3]依赖当地组织力量，重新植入地方知识，对"真实感"的传递尤为重要。可以举一个

---

[1] 徐春雷：《桐乡市双庙渚蚕花水会调查报告》，未刊稿。

[2] 高丙中：《作为公共文化的非物质文化遗产》，《文艺研究》2008年第2期。

[3] Erik Cohen，Authenticity and Commoditization in Tourism, Annals of Tourism Research, 1988, Vol.15, pp. 371—386.

简单的例子。在杭州半山立夏活动中，不论文艺展演、仪式项目如何变化，派发乌米饭 17 年来始终不变。烧制乌米饭所用的糯米从 2003 年的 150 斤增加至 2019 年的 3500 斤，2019 年共烧制万余份乌米饭免费馈赠附近居民与游客[1]。可见当地社区对核心习俗的保持正是文化持有者对他们所希望的保护与再现方式的表达，在实践中亦得到了公众的认可。再比如蚕花水会上的清明竞渡以及拉丝绵、敲绵兜等场景的再现，都使参与者看到了"自己"以往生活得到展示。人们穿行在构成自己生活故事的种种象征性符号中，此时公共展示空间与他们认知上的"私人"生活世界交织在一起[2]，从而引发个人的共鸣，促使他们主动寻求与当地社区的联系。这是自我意识向集体叙事寻求"肯定"的情感体验，同样当个人的"故事"在公开的、被政策所肯定的集体叙事中占有一席之地时，他们就会以更大的热情参与其中。只有建立于每个文化参与者主动性之上的节气时序体系，才能获得运行的动力，并在解决当代个体认同焦虑的同时，为二十四节气遗产全面渗入生活寻找到具体路径。

四、结语

诚如历史上，传统桑稻农业社会孕育了蚕乡二十四节气的地方文化形态，并在共同生产的基础上赋予其对日常生活的统摄力，当代节气时序框架的重构则是在回应自我文化归属感、认同感的现代话题的同时，通过重新唤起节气的社会功能，发挥其服务于当代社会公共文化的作用。其间起根本性作用的，是节气时空中众多文化符号在历史积淀中形成的象征性价值与结构性意义。它的形成与应用过程留存着先祖认识自然、利用自然的生存努力与智慧；它的时序观念触发了人们对生命－自然关系的感悟，推进各种习俗活动，并将其作为个体与社会链接的持续认同感建构的重要时间基础。个体的文化自觉与此时间框架下公共文化生活整体性节律的营造，则是实践层面首先要思考的问题。

机械时钟、数字化的计时，让我们感受到恒定的、无穷的、单线性的时间

---

① 皋亭文化研究会编：《皋亭文化研究会基本概况》，内部资料。
② 贝拉·迪克斯：《被展示的文化：当代"可参观性"的生产》，冯悦译，北京大学出版社2012年版，第132—133页。

流逝感，也在时刻提醒着人类的渺小。然而在现实的生活中，我们要处理的并不是这亘古久远与转瞬而逝的关系，而是"在遭遇开放的、横行全球的世界时间的同时，保持个人的、主观的地方时间"[1]。重新赋予个体地方性"时间权力"，并使之在与集体的链接中获得自我的文化归属，这正是当代二十四节气传承的重要价值与意义所在。

（作者单位：杭州师范大学文化创意与传媒学院）

---

[1] 郝尔嘉·诺沃特尼：《时间：现代与后现代经验》，金梦兰、张网成译，北京师范大学出版社2011年版，第11页。

绫绢织造技艺的生产性保护与活态传承

—— 以国家级传承人周康明的生产实践为例

沈月华

　　绫绢是真丝织物的两个品种，是绫与绢的合称，"花者为绫，素者为绢"。据湖州钱山漾遗址考古发掘，在距今 4200 多年前的新石器晚期，湖州就有了世界上最早、最精美的丝织绢片。而双林是湖州所产丝绸中的绫绢及其丝织品的重要产区。绫绢的织造伴随发展也逐渐融入当地人们的日常生活，甚至在很长一段时间内占据主导地位。早在元代，普光、响铃二桥前后均都设有绢市，"每晨入市，肩相摩也"。包头绫、帽顶绫、乌绫、包头绢、杜生绢、冬生绢、夏生绢等各种绫绢产品满足了人们日常生活的各种需要。1919 年至 1921 年间，双林镇上绫绢专业户和半耕半织者达 1000 多户，从业者有五六千人。几乎家家养蚕缫丝，户户织绫绢。绫绢织造技艺在人们的生产、生活中得以传承。

　　随着历史发展，双林绫绢的生产几经兴衰，从家庭作坊式到生产合作社，到双林绫绢厂成立，再到绫绢厂破产，重新以个体经营的方式延续。尽管经历了不同经营方式，时至今日我们始终保留着浸泡、翻丝、整经、络丝、并丝、放纤、织造、练染、批床、矸光、检验、整理等一整套传统核心工艺。但目前绫绢的发展面临瓶颈，整个行业尚具规模化生产的企业不足 20 家，且相对比较分散。绫绢市场狭窄，除传统装裱类外很少涉及。

　　绫绢的织造是人类伟大的发明创造，蕴含着丰富的文化内涵与艺术价值，具有鲜明的民族与地域特色，对文明的传承与传播起了极大的作用。保护与传承这一独特织造技艺则是时代赋予我们的重任。分析绫绢自身的兴衰及借鉴其他以传统技艺为核心的非物质文化遗产项目的传承，对于绫绢织造技艺的保护与发展，笔者认为当下我们必须从生产性保护与活态传承出发，在传统技艺基础上不断创新，把技艺作为一种文化和习惯渗透到人们的日常生活中。从某种程度上来说，只有与生产生活相结合，才能使该项技艺在日常生活中得以健康有序地传承发展。

虽然"生产性保护"是一个新兴词，2006年由王文章首次在《非物质文化遗产概论》一书中提出。其实质是立足于非遗"活态流变性"，为实现非遗的活态传承而开展的一种有益探索，最终目的是通过生产实践，实现非遗的传承与振新。[①] 但非物质文化遗产本身不是一个新生事物，它一直伴随着世世代代的人们，作为一种活态的传承，一代一代绫绢人在很早前便尝试着开展各种有益探索，也形成了绫绢在历史发展上的几度辉煌。我们以双林绫绢国家级传承人周康明的探索实践为例，分析其如何在坚守绫绢织造这一技艺的同时开展各项生产性保护实践，为绫绢的发展注入新的活力。

一、在生产与实践创新中传承传统技艺

（一）锦绫的开发

传统技艺不是一项脱离民众的艺术，需要走进社会生活。"如果将传统技艺仅仅放在表演台上进行比画，不去面对社会生活的实际目标进行生产，这种技艺是保存不了的。手工技艺这样一种以人为中心的非物质文化遗产，必须在生产实践中进行保护。"[②] 改革开放之后，绫绢产业也伴随经济的发展逐渐新旺起来。但产品的品种、花色等已经明显跟不上市场的需求，绫绢的发展也面临着巨大的挑战。

周康明花了大量时间与精力，翻阅书籍、查找资料，尝试以新产品的生产

---

① 张志勇：《众多专家学者呼吁——非物质文化遗产应注重生产性方式保护》，《中国艺术报》2009年2月3日。

② 徐涟、吕品田：《非物质文化遗产"生产性方式保护"的意义与前景》，《中国文化报》2009年4月13日。

带动市场，传承绫绢的织造技艺。直至 1980 年，锦绫问世。以桑蚕丝作经线、丝光棉纱作纬线，凸出色泽与立体感。组织与花绫相同，亦是花地组织互为正反四枚斜纹（三分之一斜纹与三分之一斜纹）或花地组织互为正反五枚缎纹（五枚经面缎纹与五枚纬面缎纹）。锦绫的研发，开拓了绫绢的装裱工艺，取代了原来的绫绢。

（二）仿古绢的研制

仿古绢是现今古旧书画修复的重要材料之一。面对不断减少的古绢，1978年，故宫博物院、上海博物馆拿来了几片修复古画用的绫绢，找到周康明要求仿制。

周康明突破重重困难，联合几家绫绢厂，开始了仿古绢的研制。生产过程中，不管大大小小的步骤，从手工缫丝还是到丝规格的选择等，全部由周康明亲自负责。两年后，十几个品种全部完成。之后，全国五大博物馆也纷纷发来订单，总共制作了 3 万米。绫绢的织造在传统技艺基础上又迈进了一大步。

（三）矾绢连续上浆工艺的研发

众所周知，用于书画的绫绢主要是矾绢。矾绢类似于熟宣，吸水能力弱，使用时墨和色不会洇散。原先矾绢的上浆属纯手工操作，即采用绷架矾绢，用排笔蘸上胶矾液，均匀有序地往绢上刷。而胶矾的配置非常讲究，任何一步都不得含糊。由于手工矾绢劳动强度大，而且存在很多不确定因素，包括天气、空气干湿度等。这样特殊的制作条件，一度使矾绢的产量供不应求。1985 年，周康明在实践基础上研制出矾绢连续上浆新工艺，自己设计组装了矾绢上浆专用机。机械化的生产大大提高了绫绢的产量。

双林绫绢织造技艺属实用性的生产技术，在保护核心技艺与核心价值前提下，只有在生产中不断创新与发展，才能使之具有持久的生命力，才能有效地传承。不管是锦绫的开发、仿古绢的研制、还是矾绢连续上浆工艺的研制，周康明通过生产实践努力诠释着，也使双林绫绢织造这一古老技艺取得了新的活力。

二、在生产与生活互动中延续传统技艺

在人们的生产、生活中，有些技艺因时代的变迁而失去了生存的土壤，有些却能适应社会变迁而发展。两者最大的区别是该技艺是否与民众日常生活结合，是否在生产实践中创新与发展。周康明在实践中将绫绢与生产、生活结合，在生产与生活的互动中传承着绫绢织造技艺，使得绫绢产业的发展呈现良好的态势，绫绢织造技艺依在传统基础上稳步发展。

首先，周康明作为手工矾绢的生产者、机械上浆的开创者、业余书法爱好者，三重身份使他对绫绢工艺最后一道上矾工序情有独钟。2000年，周康明专攻矾绢加工，在实践中不断改进与提升。

其次，传统绫绢尽管从花色、品种上来说，比较丰富。仅品种就有轻花绫、重花绫、阔花绫等10多种，而花形、色泽达70多个，但绝大部分绫绢不是终端产品，只是依附在其他产品上的半成品。这一局限也极大地限制了绫绢本身的发展。"源于生活，满足人们不断变化的物质和精神生活追求是传统技艺不竭的动力。"[①] 在调研中，周康明饶有兴致地向笔者介绍下一步将推出绫绢各类终端产品，包括绫绢明信片、绫绢报纸、绫绢请帖、绫绢邮票等。他还考虑如何让绫绢广泛性地进入人们生产生活中，将绫用于服饰，在染料上采用纯植物染料，做成婴幼儿服饰面料。而绢则突破传统装裱工艺，做成简单装裱成品，书法家只要根据作品大小简单裁剪即可。诸如此类，也正是紧密围绕生产与生活，在两者的互动中传承着绫绢的织造技艺。

三、基于目前传承现状的几点思考

（一）完善传承谱系

作为人类文化重要组成部分的非物质文化遗产，其创造与传承必然依赖人的实践活动与思维运作。它的存在从某种程度上来说，实质上是其传承主体——"人"的存在。传承人对于项目的传承至关重要。

---

① 朱以青：《传统技艺的生产保护与活态传承》，《民俗研究》2015年第1期。

周康明——双林绫绢织造技艺唯一的国家级传承人，目前有徒弟周树盛（儿子）和谢许强（侄子）。20世纪80年代，周康明在绫绢厂上班时，作为厂里机械带头人，曾带徒弟范丽丽、赵建山，但这两人主要从事机器维修与织机安装等纯机械化技术，目前已不再从事与绫绢相关工作。

就绫绢织造技艺的各项工艺来说，传承谱系呈现的是单线状传承。周树盛传承的是绫绢上矾工艺，谢许强则是绫绢织造的前半部分工艺。他们作为家族传承，充当年轻一辈继承者。但一旦这一古老技艺落在一个人肩上，那么对于这一技艺来说，则相当危险。双林绫绢织造技艺迫在眉睫的是必须要完善传承谱系，吸引接收更多的人来学习，使大家在互相学习与切磋中提升自己，掌握技艺的精髓。

（二）正确处理手工与机械的关系

绫绢最后一道上矾工艺原先全是纯手工操作。1985年，周康明研制出矾绢连续上浆机后，目前几乎全部矾绢都是使用机器生产。诚然，机器可以提高生产效率，创造更多的财富。虽然周康明还能纯手工上矾，但是这一技艺逐步被机械化取代后，年轻一代在纯手工上矾方面只能望而却步，手工技艺凭借的更多的是经验。其实，手工与机器生产是相辅相成的，可以共存、互补，两者相结合是非物质文化遗产生产性保护比较可行的方式。更何况，实践证明，手工上矾的矾绢更受书画家青睐。

四、结语

双林绫绢织造技艺，经过一代代人的不懈努力，传承至今。周康明作为国家级传承人，在传承保护实践中取得了一定的成绩，也让绫绢织造在与百姓生产、生活的不断交融中重新焕发出新的活力。我们也期待在周康明的带领下，有更多的人传承与保护这一技艺，使这一"东方丝织工艺之花"更加绚烂地绽放。

（作者单位：湖州市非物质文化遗产保护中心）

德清蚕桑业的产业历史和发展对策

金杏丽

一、产业历史

德清的蚕桑业历史悠久，在梅林遗址中发现，早在上周时代就有桑园分布。三国东吴时，武康生产的蚕丝被称为"御丝"。明朝养蚕业已成为主要产业之一，有"德清桑叶宜蚕，县民以此为恒产，傍水之地，无一旷土，一望郁然"的记载。历史上养蚕以土种自繁自育为主，1917年武康试办盐卤蚕种场，1932年试办清溪蚕种场，1936年合股创办大有第十蚕种场，生产老虎牌杂交种。抗日战争后相继建立白虎圩蚕种场和莫干蚕种场，生产狮球牌、天竺牌蚕种，加快了农村改良蚕种的推广步伐。1914年德清建立缫丝厂，改变了蚕农自缫土丝的生产方式。

二、产业发展历程

1992年，德清县桑园面积达5100公顷，全年饲养蚕种31.5万张。德清中东部水乡的农民家家户户种桑养蚕，蚕桑收入成为家庭主要经济来源。1992年全县有缫丝厂38家，丝绸印染厂7家，丝绸服装企业8家，建立了茧丝绸印染和深加工生产体系，白厂丝被评为省级优质产品，绸缎在省、市名优产品评比中获"金鹰"奖和"金牛"奖。2000年有丝绸企业94家，职工2万余人，产值18.8亿元，占工业总值的20%。德清县蚕桑生产进入稳定发展阶段。全县桑

园面积稳定在 7 万亩，全县 12 个乡镇中 10 个乡镇的 100 多个行政村涉及蚕桑生产，蚕农 4.5 万户。茧款收入稳定在 1 亿—1.4 亿元。德清的蚕桑产业是一个包括种桑养蚕、缫丝织绸、印染加工、外贸出口在内的完整的产业链，涉及农、工、商、贸各环节，覆盖第一、二、三产业。

（一）高标准生产基地建设

在各级部门的重视下，2001 年起实施桑园优化改造工程，全县建成蚕桑规模园区 144 个，园区桑园面积达到 24800 亩，分布在德清县的新市、新安、禹越、乾元、雷甸、洛舍、钟管等 7 个乡镇。通过省级标准桑园的改造和省级蚕桑项目等，建成一批高标准的生产基地。其中省级良种繁育基地 2 个，小蚕规模共育基地 4 个，新桑品种引进示范基地 3 个，蚕桑生态循环示范基地 1 个，千亩蚕桑精品园 1 个。

（二）标准化蚕种生产区建设

根据蚕种生产对环境的要求以及现有的基础条件，在武康镇五四村和洛舍镇东衡村、新市镇水北村、乾元镇幸福村一带，建成浙江省标准化蚕种繁育基地。核心区可饲养原蚕 20000 多克，生产优质蚕种 40 多万张，除供应德清本地、提供省级储备蚕种外，外销四川、云南、安徽和临近市县，出口乌兹别克斯坦等国家。

（三）优质茧生产基地建设

建成德清县平原水网地区 9 个相关乡镇的蚕桑产业带。通过蚕桑生产规划和基地建设，集中发展平原水网区域一批优势突出的基地乡镇和重点村，做强蚕桑特色产业基地。建立集蚕种经营、蚕种质量监管、蚕桑技术指导、桑树病虫害防治、蚕桑技术培训等于一体的蚕桑生产和技术服务体系，稳定优质茧生产基地。

（四）产、供、销一体化经营

德清的蚕桑是农工贸、产供销一体化的产业。农业部门推广蚕桑生产适用技术和新桑蚕品种，加强蚕桑优质原料茧生产。德清县佳绫蚕茧经营有限公司根据农业部门提供的蚕茧估产量和上簇时间筹集资金，安排茧站人员及时收茧。在全县设立 21 个茧站方便蚕农售茧，并及时装簇提高茧质；配套收烘房屋设施 9 万平方米，按标准工艺流程烘干蚕茧，提高蚕茧解舒率。推广"企业＋基地＋农户""企业＋合作社＋农户"等产业化经营组织 11 个，确保蚕茧生产、收购、经营秩序的稳定，延伸蚕桑产业链。

2000 年以后，相比第二、三产业的发展，蚕桑比较效益较低。工业经济和高效种养业发展迅速，大量农村年轻劳动力转移，种桑养蚕占农民家庭经济收入的比重逐年下降。2020 年全县饲养蚕种仅 1.9 万张，占蚕桑顶峰时期饲养量的 6%，全县蚕茧产量大幅减少。

三、产业逐年萎缩原因分析

蚕桑生产是劳动密集型产业，能快速脱贫，但不能致富。经济社会发展到一定阶段，产业效益和动力的问题凹显，德清县蚕桑业快速萎缩的主要原因有：

（一）蚕桑比较效益低下

农村家庭承包责任制的推行，使农民有了生产经营的主动权，激发了广大农民的积极性，农民以市场为导向，调整生产思路和产业格局。在德清的平原水乡，特种水产养殖因效益高受农民青睐。全县 13 个镇（街道）有 8 个平原水乡与杭州接壤，是杭州都市区的重要组成部分，水产品销路有得天独厚的区位优势。蚕桑在农村产业结构调整中因比较效益低而被弱化。

（二）蚕茧市场不稳定

丝绸是中国的名片，丝绸之路是中国与世界发生贸易和文化交往的通道。蚕丝具有舒适透气的特性，有"纤维皇后"的美誉。但 20 世纪 90 年代后，纺织技术突飞猛进，人造纤维的发展日新月异，仿真丝产品结实耐用，价廉物美，真丝产品面临激烈的市场竞争。德清县 1994 年蚕茧收购价达到 1311 元／担，2020 年平均收购价 1623 元／担，30 多年来物价增长 20 多倍，蚕茧价格提高不

多，离蚕农的期望值差距较大，蚕农种桑养蚕积极性不高。

（三）蚕桑科技创新不足

农业中的水产业和畜牧业，在人工饲料技术成熟后能够大规模、工厂化地发展，而蚕桑科技创新不足，人工饲料育蚕目前成本高且技术不成熟，蚕用人工饲料仅停留在试验阶段，与现行的茧价相比没有推广效益。蚕桑生产既要种桑又要养蚕，生产期间用工量大而集中，传统的生产模式不适合规模经营，蚕桑的机械化设施难以推广。我国目前的蚕丝纺织技术和机械化设备水平，与日本 20 世纪 50 年代相差无几，真丝产品易褪色起皱，在丝绸印染、工艺设计等方面与发达国家有较大差距。

四、创新蚕桑发展的对策

德清蚕桑的发展和衰退，是浙江省经济发达地区蚕桑业历程的缩影。2015年省政府办公厅《关于推进丝绸产业传承发展的指导意见》中，指出了丝绸产业作为历史经典传承产业的发展方向。针对德清实际，只有转变传统观念，才能创新蚕桑发展。

（一）培育蚕桑主体，推进产业规模化发展

2017 年德清建成省级蚕桑示范性全产业链。德清县 3 家蚕种企业年繁育蚕种 15 万余张，占全省蚕种生产量的三分之一，是浙江省蚕种主要繁育基地。德清东庆和莫干天竺蚕种有限公司分别在 2017、2018 年被评为湖州市种业"育繁推"星级企业。2018、2019 年德清东庆蚕种有限公司、德清莫干天竺蚕种公司被评为省级出口农产品生产示范基地。前几年德清县的蚕桑专业合作社的发展，为蚕农产前、产中和产后提供服务，一定程度上稳定了蚕桑的发展。传统的一家一户的饲养模式，蚕农户均桑地面积 2.6 亩，只有部分 60 岁以上的老年人坚守着承包的桑地，把种桑养蚕当成收入来源之一。随着农村社保的推进，老年人老有所养，势必放弃种桑养蚕，为土地流转提供条件，为培养蚕桑家庭农场提供条件。家庭农场的建立，有助于推广蚕桑适用新技术新模式，提高产业的

组织化、专业化和规模化程度。

（二）增强产业多元化，区域化稳定蚕桑生产

德清依托区位优势和经济发展，已进入中国全面小康示范县行列。随着城镇化程度和工业、服务业的发展，蚕桑资源逐步被分割势不可挡，特别在交通发达的工业区，整村改造后桑园荡然无存，农民不可能再从事蚕桑生产。现在零星分散的 1.1 万户蚕农，通过市场经济的选择和乡村改造的平台，逐步缩小养蚕户数量，户均桑园面积适度增加，区域化稳定蚕桑生产。通过推广蚕桑省力化饲养技术，减少人工投入成本，提高蚕桑效益。以蚕丝生产为核心，发展桑园养鸡、套种蔬菜和桑枝食用菌栽培等综合利用。引导资本投资桑果饮料和桑果酵素等多元化产品，提升产业附加值，增加亩桑产值。

（三）提升蚕桑生态效益，注重可持续发展

桑树既是经济林，又是生态林，是平原绿化的重要组成部分，"桑基鱼塘"模式是农业生态循环的典型。几年前，浙江大学新农村发展研究院的有关专家在德清下渚湖旁边发现了"桑基鱼塘"的样板，建议德清进行"桑基鱼塘"模式保护。后在湖州市政府的协助和有关人员的努力下，辗转在南浔荻港渔庄建立了"桑基鱼塘"生态模式，并申请全球重要农业文化遗产保护。德清的洛舍、钟管一带也在荻港"桑基鱼塘"范围之内，为蚕桑生态养殖模式示范提供有利条件。近年来国际蚕丝行情疲软，但内销态势较好，丝绵价格持续走高，德清的禹越镇形成了丝绵加工集聚带。丝绵加工质量标准若掌握不到位，在丝绵漂白和杀菌过程中药剂用量过度，对产品质量有影响，对人体有危害。因此对丝绵加工中产生的废物排放要严格管理，保护农村自然生态环境；要按丝绵加工工艺和质量标准严格执行，促进丝绵被加工和蚕桑资源利用持续健康发展。

（四）加强蚕桑文化保护，打造蚕乡古镇经济带

德清蚕桑发展的历史底蕴深厚，是农耕文化不可或缺的宝贵资源。为祈求蚕茧丰收，德清的蚕农有在养蚕时祭拜"蚕神"和"蚕花娘娘"的习俗。久而之，每年的清明节前后形成了一年一度的新市蚕花庙会，是政府组织经贸洽谈

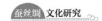

会、开展招商引资的平台。保护蚕桑文化对经济社会发展将起到很好的推动作用。出于对农耕文化的传承与保护，莫干天竺蚕种公司开发"蚕乐谷"及时抢救、收集、展览蚕桑文化，向青少年开放，让他们在看、听及实践体验中了解蚕桑文化，加深对传统文化的了解和对家乡故土的热爱。德清蚕乐谷被省蚕桑学会推荐为"浙江省蚕桑科普教育实践基地"，被评为省级休闲农业示范基地，年接待游客 12 万人次，为蚕桑企业转型升级开创了新路子。近年来，在美丽乡村建设中，德清县打造古镇蚕乡，保护村落的历史遗迹。通过体验家蚕饲养、蚕桑民俗宣传、果桑旅游采摘及丝织工艺展示等内容丰富、形式多样的蚕桑文化活动，挖掘传统产业的文化价值，形成产业经济的新亮点。

（作者单位：德清县农业技术推广中心）

含山轧蚕花及传承开发刍议

张　剑

　　湖州文脉悠远，黄歇铸就菰城之名，蒙恬开启"湖笔"传奇，陆羽著《茶经》茶韵悠然，胡瑗传"湖州教法"名满天下；状元楼魁星高照恢宏大气，晼宋楼收藏精良富书香弥漫；沈家本治法严谨，俞樾文思畅然，陈英士英姿飒爽……由古而今，湖州如同优雅的君子，带着中华五千年的丰赡与硕果行至近代，泠然四顾，四象八牛联袂而行的丝绸商业帝国让世界看到湖州的神韵与风采，缕缕绢片、条条丝线与湖州结缘深厚，钱山漾文明的发现再次将湖州推向世界的视野。

　　1958 年，浙江省文管会和浙江省博物馆在进行吴兴县钱山漾新石器时代遗址发掘工作时，一批被放置在竹篮中的纺织制品得以重见天日，其中有绢片、丝带、丝线等丝织物[1]。绢帛呈现灰褐色，经纬密度分别为 78 根和 50 根[2]。专业的纺织研究工作者对这些出土的文物进行了多次的化学鉴定，最终确定这些文物确实是蚕桑丝，而且是经过缫丝加工后的长丝织成的，"这是我国最早、最完整的丝织品"[3]。中国科学院考古研究所对它们进行碳 14 测定，测定出来这些丝织品距今约有 4200—4400 年的历史[4]。

　　在钱山漾遗址中，还出土了两把小帚[5]，用草茎制成，柄部用麻绳捆扎，很像后来的丝帚，有可能就是缫丝的一种工具——索绪帚。由于草茎分散，增加

---

① 浙江省文物管理委员会：《吴兴钱山漾遗址第一、二次发掘报告》，《考古学报》1960年第2期。
② 浙江省文物管理委员会：《吴兴钱山漾遗址第一、二次发掘报告》，《考古学报》1960年第2期。
③ 刘柏林、罗瑞林：《中国丝绸史话》，纺织出版社1986年版，第7页。
④ 丁品：《浙江湖州钱山漾遗址第三次发掘简报》，《文物》2010年第7期。
⑤ 此两把小帚，现珍藏于湖州市博物馆。

173

了与漂浮水中的丝绪接触的机会，可以一索即得。丝织品和索绪帚的出土证明，湖州地区在新石器时代丝织技术就已经形成，并且已经达到了相当的水平。

丝织技术的形成除了先贤的勤劳智慧之外，必然是有其物质基础的。丝由蚕吐纳而成，蚕依桑叶而活，由此推之，钱山漾地区乃至太湖地区必定是种桑养蚕之所。由于钱山漾遗址绢片距今有 4000 多年的历史，这说明远在新石器时代晚期，湖地先民就已开始利用茧丝资源并把野蚕驯化为家蚕。有专家推测"太湖地区是我国最早养蚕织丝的地区"①。千百年来，栽桑养蚕已成为湖地百姓生活的一部分，"人家门户多临水，儿女生涯总是桑"，桑蚕如同湖地百姓身体中的血液，深深根植在湖地人民的心中，湖州许多独具蚕桑文化特色的民俗便应运而生。

传统的民俗节日是民族社会习惯、文化信仰、道德伦理的深刻反映，是历史的抽象表达，是文化的生存载体，是情感的真实寄托。湖州的民俗也是如此，由祭祀蚕神、蚕花生日、烧田蚕、焐蚕花、望蚕信、点蚕花灯等蚕桑生产风俗组成的蚕花节民俗更是如此。

蚕花节是吴越地区蚕桑文化最重要的外化表现形式，它作为一种地区文化，是对"祈蚕嬉春"的心理最好的传承和发扬。蚕农们一方面在参加蚕花节的过程中自然而然地进行祈求蚕神保佑蚕花大熟的合理诉求，另一方面借助蚕神嬉春，进行社会区域内的民间狂欢活动。历时千余年的轧蚕花庙会到了明清时期发展到了顶峰，虽然蚕花节在杭嘉湖地区都有举办，而尤以含山蚕花节内容最为丰富，其他庙会难以望其项背，堪称是蚕花庙会的代表。

一、含山蚕花节形成的原因

文化融合实质是人的融合，在湖州的历史上多次出现人口迁移的现象，在人口的不断流动中，南北东西的文化意象和文化内涵进行不断的融合和摩擦，其中有些文化内容被解构消失，有些文化内容被创新融合，含山蚕花节就是时代的幸运儿，在不断的北方人口进入湖州时，湖州地方民俗文化虽受到中原地区上层文化的影响，但因其区域特点，因为蚕桑较为圆润地融入了湖地和湖人

---

① 董楚平：《吴越文化新探》，浙江人民出版社1988年版，第25页。

的生产、生活及文化传统之中，加之地理环境等因素的作用，使含山蚕花节在渐进式的文化融合中得以保存。因此含山蚕花节是因"天时""地利"与"人和"三方面共同作用互相融合而形成的。

（一）"天时"为含山蚕花节的形成提供了时间保证

湖州位于长江下游、太湖南侧，属温带季风型的气候。河流纵横，水网密布。气候温和，雨量充沛，具有栽稻养鱼、育蚕缫丝得天独厚的自然地理条件。含山蚕花庙会从每年清明节（俗称"头清明"）开始，至清明第三天（俗称"三清明"）结束。此节与我国传统的清明节时间相一致，正是春光乍现、万物吐新的时节。每年清明时分作为蚕花节主要的活动时间，既可以让蚕民们在农忙之前游乐一番，在某种程度上也是一种必要的休整。含山蚕花节与传统的清明节相结合，将蚕神的信仰与传统节日相结合，为民众在参与蚕神民间信仰活动提供了时间的保证。

（二）"地利"为含山蚕花节的形成提供了空间的保障

据《嘉泰吴兴志》记载："含山在县东南一百八里，张元之山墟名云震泽，东望苍然，荬苇烟蔚之中，高丘卓绝，因以名焉，山有净慈庵，其巅有浮屠。"[1]含山作为方圆几十里广袤的水乡平原中心，地处湖州与嘉兴的接壤之处，平地独耸，森然独秀，村舍茅屋隐约其中，稻田与桑地相映成画，不免生出几番尘外之意。如此令人陶醉的环境，自然吸引民众来参加含山蚕花节。美景是形成蚕花节的基础条件之一，优越便利的交通区位优势更是蚕花节得以形成和发展的重要外部条件，而含山恰好具备如此得天独厚的优势。

含山地处湖州、嘉兴两市以及南浔、德清、桐乡三县的交界处，除了当地及附近的乡民，更有大批游人，纷纷从水路、陆路涌向含山。含山蚕花节的地理优势显而易见，为其发展提供了空间场所和市场前景。

（三）"人和"为含山蚕花节的形成提供了社会基础

含山蚕花节是因湖州深厚的丝绸文化底蕴而发展起来的民间蚕神祭祀活动，

---

[1] 谈钥：《嘉泰吴兴志》卷四，嘉业堂本。

它寄托的是蚕农们对于当年蚕养丰收的美好愿望。在参加蚕花节的过程中，蚕农们一起参拜蚕神，祈求好收成，也在活动中相互交流养蚕的经验心得，从而团结了当地的蚕农，加深了地区民众的联系，满足了蚕农们的精神文化追求。

含山蚕花节得以形成乃至于发展至今，最为重要的"人和"条件便是，在含山地区，不仅农人、织工、丝绸商人从事蚕桑事业，而且含山人民的日常生活也与蚕桑紧密相连。当生存与文化相关联时，民俗活动不管是出于经济的需要，还是文化的需求，自然而然就会形成。

蚕花节历史悠久，在明清时期达到鼎盛。而这一民间习俗盛况则沿袭到抗战前夕，在20世纪30年代至80年代，含山的蚕花节两度遭到停办。一是在抗日战争时期。1937年年底，浙北地区沦陷为日寇的统治区，日本侵略者以含山为军事据点，在含山上修筑碉堡等军事设施，因此含山蚕花节因为战争的因素而濒临绝迹。即使是在抗战胜利之后的相当长一段时间里还是没有恢复以往的生机。二是在新中国成立以后，全国各地都大办人民公社，而随着生产队集体共育养蚕，提倡科学养蚕，蚕神崇拜的意识在这一阶段逐渐地淡化，祭祀求神仪式也不复往日的盛况。"文化大革命"期间，蚕花节被禁止。

含山轧蚕花这一民俗节日保留了杭嘉湖蚕乡的地方人文风情，对于区域性文化的研究尤其是社会学、民俗学方面极具价值，因此得到了湖州市、南浔区、含山镇以及附近各乡镇政府的大力支持。1993年正式定名为"含山蚕花节"，1996年成功举办了湖州含山蚕花节国际旅游活动，1998年被国家旅游局定为国家级重点节庆活动之一。不仅修复了含山塔，重建蚕花殿等传统设施，而且还新添了抬蚕花轿子、评蚕花姑娘、背蚕娘比赛、划菱桶比赛、摇蚕龙比赛等娱乐类、竞技类活动。近几年的含山蚕花节，规模空前，每年从含山附近各乡镇自发赶来参与的人数均在十万以上。上海、杭州等游客也慕名前来参加盛会，甚至还有日本专家来考察。含山蚕花节不仅已成为当地一个盛大的民俗旅游节日，更是江南最盛大的蚕神祭祀节日，也堪称中国最盛大的蚕神祭祀节日，是引人注目的颇具文化价值的民间庆典。

二、蚕花节的主要活动内容

传统的含山"轧蚕花"活动，主要以背蚕种包、上山踏青、买卖蚕花、戴蚕花、祭祀蚕神、水上竞技类表演等为主要内容。

传说蚕花娘娘在清明节化作村姑踏遍含山每寸土地，留下了蚕花喜气，此后谁来脚踏含山地，谁就会把蚕花喜气带回去，得个蚕花廿四分。因此人们称含山为"蚕花地"，含山已成为人们心目中的蚕神圣地，有蚕桑"正宗"发祥地的意味。所以蚕农们每年清明都要来游含山、轧蚕花、踏踏含山地。蚕姑在踏蚕花地之前都要先到山顶宋塔旁的蚕神庙里进香。年长的人身背红布"蚕种包"，将自家今年头蚕蚕种纸置于包幞之中。上山绕行一周，让蚕种染上含山的蚕神喜气，以祈求今年蚕茧丰收。蚕妇们则争购石涳人出售的精美的彩纸或纸绢蚕花，簪戴头上，有的在甘蔗上插上五六枝蚕花，意为"甘蔗节节高，蚕花插在上面蚕养得好"。相传，西施去越适吴时，途经杭嘉湖蚕乡，把一种蚕花分送给蚕妇，预祝蚕花丰收。那一年，果然是家家蚕花廿四分。相沿成习，杭嘉湖蚕乡的广大蚕妇就有了簪戴蚕花的习俗。所谓蚕花，是一种用纸或绢剪扎而成的彩花。蚕花形如月季或玉兰，插在竹制的花箪上出售。簪戴蚕花成了一种蚕妇的特殊服饰习俗。朱恒《武原竹枝词》写道："小年朝过便焚香，礼拜观音渡海航。剪得纸花双鬓插，满头春色压蚕娘。"

清明节一大早，含山上红男绿女已是人山人海。在向含山进发的途中，类似庙会出会的祀神仪典就已开始了。主要有两种形式，一是以"庙界"（即一庙所辖之地域、村坊）为单位的拜香会（水路来的叫拜香船），在山下汇合后，依次上山朝拜蚕花娘娘。包括"吊臂香""扎肉蜻蜓""拜香童子""吹打乐人"等。二是抬菩萨出游。以"庙界"为单位抬着当地地方神祇的行身如"总管菩萨""土主菩萨""宋将军"等，华盖垂垂，旌旗飘飘，上含山，绕宝塔一周驻跸片刻后，仍前呼后拥下山。

含山西侧宽阔的含山塘里大船小船摩舷撞艄，船上有民间武术表演、竞技活动等。最引人瞩目的有"打拳船"（也称"擂台船""哨船"，在船上表演拳术、舞狮等节目）、"踏拔船"（也叫"桨船"或"快船"，比赛速度）、"标杆船"（近似杂技，在船上竖起的竹竿上表演）等。

三、蚕花节在发展过程中遇到的问题

（一）从事蚕桑养殖工作的群体日益萎缩

随着九年制义务教育的普及，中国的受教育程度日渐提高，而越来越多的工作岗位对于受教育程度要求的提高，刺激广大的受教育者向更高水平的知识层面迈进。而在接受了较高水平的教育之后，人们往往强烈要求自我实现得到满足，"开荒南野际，守拙归田园"的农作生活很明显已经不适应年轻群体的心理诉求。人们往往选择留在城市中打拼，这使得从事蚕桑养殖工作的人数越来越少，一是对于蚕桑养殖工作的认同低；二是大工业化时代，从事蚕桑生产并不能获得巨大的经济效益。同时，参与蚕花节的文化主体日渐减少，对蚕花节中所蕴含的深刻文化内涵的认同感也逐渐降低。

（二）外来文化使得蚕桑文化遭到冷遇

随着中西方文化不断交流碰撞，中国本土的民俗节日受到了外来文化的强烈冲击。在中西方文化交流的过程中，，人们不断地追捧西方的节日，而忽视自己民族的瑰宝。在西方节日炒得热火朝天的时候，民俗节日正因为"不新鲜"而失去受众，蚕花节亦然，人们正因为对蚕花节熟知，而逐渐对其失去兴趣。

（三）蚕花节商业化程度日渐加剧，失去本真性

在大力发展市场经济的时代背景下，市场的逐利性日渐显露。蚕花节这一民俗节日的开发，不以深入挖掘人文底蕴为目标，而以从节日中获利为目的。指向性的错误使得蚕花节成为企业敛财的手段，如何吸引更多的游客在蚕花节上进行消费成为其思考的唯一问题，各种商业性的开发使得蚕花节的节目内容失去本真性，对蚕桑文化的继承和发扬也失去整体性。

四、对蚕花节的保护措施

（一）要坚持民间办节为主，政府倡导为辅，激发蚕花节的内在动力

传统的民俗节日蚕花节深刻反映了湖州地区蚕桑文化，也是千百年来湖州地区人民生活习惯、道德风尚、精神信仰的重要社会寄托。它有着深厚的文化积淀，至今仍有很强的生命力。着眼于近年来含山蚕花节的发展，组织较为松散、计划不周详、参与主体日渐减少、经费不足等各种矛盾凸显，从而逐渐影响并制约着含山蚕花节的长足发展，致使蚕花节的发展逐渐走向衰败。基于此现象，我们在进一步加大对含山蚕花节的挖掘保护以及深入研究的基础上，还应该认识到民间组织在其中所发挥的重要作用。坚持民事民办的原则，减少政府对蚕花节举办过程的过分干预，而是要做好鼓励、支持、引导的工作，不必直接参与到传承工作中去，这样就可以避免"政府上心就关注，政府忽视就冷场"的局面出现。要充分调动民间组织在举办含山蚕花节中的积极性，通过组织建立民间民俗文化保护与发展组织，加强对保护和开发含山蚕花节各项政策的推动和实施。

在完善好民间民俗文化组织建设工作的同时，要发挥好含山地区的区域特色。打造含山蚕花节品牌特色，开展蚕花节文化研究基地，保护好蚕花节的传统活动项目，逐步形成一支大力支持和保护含山蚕花节活动的民间组织者队伍。同时将含山蚕花节的精华内容与现代文明紧密结合，紧跟时代的步伐，为民间组织者积极搭好展示宣传的平台，这样含山蚕花节才能在合适的土壤中茁壮成长，优秀的非物质文化遗产才能得到更好的继承和发展。

（二）坚持对含山蚕花节活动内容的原生态保护

含山蚕花节作为一项未经后期改造的、具有原生特点的原生态节日，在当今外来文化不断冲击的浪潮之下，在经历时间和文化深厚积淀的之后，与那些次生态节日相比较则更加具有保护和传承的价值。含山蚕花节作为非物质文化遗产的一项，就是要将其中原汁原味的节日内容保护和继承下来，这样才能为将来文化的创新保留更多的"火种"。因此，我们要对含山蚕花节的传统活动内容、活动形式、意义内涵等方面进行全面而系统地梳理，让含山蚕花节活动本身的内容进行全方位整体性的保护。不能因为小众群体的好恶而将蚕花节本身

的内容进行修改，这样一来含山蚕花节就会变得四分五裂、支离破碎，而节日本身所蕴含的深厚的文化价值、社会观念也会因为我们对文化的盲目而绝迹。

（三）坚持继承与创新并举，为含山蚕花节注入时代新活力

要更好地保护和传承含山蚕花节这一非物质文化遗产，除了保留其传统的节日内容和别致的地方特色之外，更应该紧跟时代的步伐，抓住当今网络技术发达、信息传递快等特点，充分利用好网络这一宣传平台，要积极地为活动组织者搭建好宣传展示平台，同时做好含山蚕花节的宣传工作，扩大认知群体的范围，提高节日的知名度。同时要对节日的内容进行创新，结合时代的特点赋予新的文化内涵。只有这样做，我们的含山蚕花节才能更加准确地把握时代的脉搏，为更多的人所喜闻乐见，才能有更加广阔的发展前景。

（四）将含山蚕花节的文化资源与生态旅游资源进行整合优化

含山蚕花节的保护和发展必须寻求自主发展这一实现途径，尤其是在当下积极推进生态旅游和乡村振兴的大背景下，积极推动含山蚕花节中所蕴含的文化内涵与生态旅游、乡村振兴有效的整合起来从而相互促进、相互发展，形成良好的文化生态循环，从而实现双赢。在此过程中，要防止政府、企业等片面地追求利益，一定要关注居民、学者等相关利益群体，力求平衡各方利益关系。

（五）加强含山地区的区域特色建设，形成具有鲜明特色的地方性文化节日

含山蚕花节作为地方性传统文化节日进行保护和发展，是一项长期性的系统，它的内容涉及很多方面，需要有长期的规划和努力。在项目进行的过程中，要充分考虑到含山地区的地方特色，要根据地方发展的规律因地制宜地进行规划和开发，把蚕花节的保护和传承纳入到新农村的建设体系中去，比如在开发中小学地方性课程的过程中，将含山蚕花节的历史溯源、文化内涵、活动内容等方面纳入教学体系，鼓励学生实地进行体验和学习，帮助学生体悟其中蕴含的社会精神和人文价值。

（作者单位：安徽师范大学历史系）

武康蚕桑业的发展演变

朱　炜

湖州向来以蚕桑丝绸著称，"湖俗之桑利重于农"，取得比其他农事更为重要的地位。武康与德清，历史上是两个县，隶湖州。武康蚕桑业虽不太发达，但也有一定程度的生产规模。有几个标志性事件，明嘉靖武康知县王懋中书立桑果园碑，清嘉庆武康知县龚浚创建武康县先蚕祠，1946年沈亦云开办莫干蚕种场。从明清到民国，蚕桑业在武康渐由主要产业退为一般产业，其间也曾获得很大的发展，但总体趋势在走向衰落。究其因，是历史背景的变迁，决定了蚕桑业的兴衰。

一、明清武康诗文中如是咏蚕桑业

清道光《武康县志》"物产"载，"邑西南饶竹木，东北富蚕桑"。蚕桑业在江南经济中的作用无须赘言。武康多山区，并不是养蚕的理想地，却能因地制宜，广植桑树，养山蚕。

（一）知县劝课农桑

宋嘉泰《吴兴志》："本郡山乡以蚕桑为岁计，富室育蚕有至数百箔，兼工机织。"宋元武康蚕事，因久远而不录，重点梳理明清武康诗文中咏蚕事。

明初重臣夏原吉《过武康》诗云，"湖州武康县，僻在群山中……蚕时户户箔"，箔是养蚕的器具，盖实录也。自明洪武至嘉靖时期，武康县的种桑面积呈现不断增加态势。明嘉靖《武康县志》序作者陈琳认为武康是"浙西巨邑，丝纩

之属，衣被海内"。较之当时的邻县德清，武康并不属于蚕桑业发达地区，明万历间武康知县王懋中就指出"武康介山中，蚕桑之利不当（德）清之一"。这位知县很重视蚕桑，身体力行倡导栽桑，"临河桑树皆其手植"，为地方祈蚕祝岁之费，且书立桑果园碑，"以示散给，且倡导于民"。邑民建有王公祠祀之。

清嘉庆初武康知县龚浚创建了武康县先蚕祠，在城隍庙西片桑果园旧址，祀古西陵氏之神。古西陵氏之神，即黄帝元妃嫘祖。而蚕妇多祀马头娘，如清钱澄之《武康道中即事》，"村流遥抱郭，一雨涧声新……蚕娘祀马神"。马神，俗称马头娘，或称马鸣王菩萨，塑像为妇饰乘马，手执茧，侍者捧丝。

清初诗人吴伟业《简武康姜明府》云："溪喧因纸贵，邑静为蚕忙。"姜明府即姜会昌，清顺治二年至顺治五年任武康知县，有德政，邑民建有姜公祠。

（二）蚕桑大利所归

清初著名剧作家洪昇《小桃源》诗："桑野朝如市，蚕家昼不喧。"清邑人蔡思铨《东沈村即事》诗："鸭绿浮新涨，鹅黄苗女桑。"小桃源，又名东沈村，即今德清县莫干山镇东沈村，原属武康县，村中栽的是女桑，桑树小而条长者。

石颐寺村，今德清县莫干山镇劳岭村，原亦属武康县。村境有石颐山，"山腹两崖大石错互，函若唇齿，其中廓然，以容黄土山桑，烟火数家"，犹有人家栽桑。

下渚湖一带各村栽桑养蚕人家亦多。如清唐靖《前溪风土词》："溪塘春水绿如油，芦箔垂门不上钩。满架桃枝分曲植，一绚丝网饷眠头。"并注："蚕箔多插桃枝，遇眠时必以粗网去其沙。"描述了养蚕的细节。又如清邑人章天辅《自下渚湖至河口村》诗，"桑阴雨绿育蚕天"，清汪廷桂《过下渚湖》诗，"村落蚕忙昼永时"，"桑陌枝扬新妇摘"，令人联想村落蚕忙之景。

烟坞村，即今德清县阜溪街道郭肇村，原属武康县。清邑人芮永龄《烟坞村》诗："水云尽处见桑麻，滴滴青山四面遮。"

太平天国时期武康蚕桑业遭受了重创。吴昌硕《辛巳纪事》诗，"萧条三月罢蚕桑"，"不独惊烽见武康"。但在清末，就武康全域而言，"蚕桑尤大利所归"，从业者众。太平天国后，张庭学从三桥埠至武康县城，有《游三桥埠即之武康》诗，沿途所见仍是"桑麻绿映门"。

然而，自清前期始，作为武康西南乡特种产品的竹子，与当地人的生计更为密切相关，利益超过了杭嘉湖地区重要经济作物的蚕桑。以故清康熙间邑人唐靖纂《前溪逸志》云："山乡鲜蚕麦之利，茶虽工繁利薄，然业此者每借为恒产云。"到了清乾隆十五年《安吉州志》"风土志"里，出现了"武康之竹，西南所盛产，利过蚕桑"的表述。此时，蚕桑是一个可选项，而非必选项。

及至清末民初，当地经济命脉攸关的特种产品以其特有的生命力重新组合了传统经济结构，蚕桑业排在了竹业之后。

（三）蚕桑业商品化和专业化

作为一项产业，蚕桑业较早地已分化出不同的专业，蚕种、蚕茧、蚕丝以及桑叶、蚕炭都有不同程度的商品化。

随着蚕桑业的发展与专业化，产生了蚕桑专业户，桑叶时或供不应求，桑叶买卖便应运而生，叶市一度兴旺。《吴兴旧闻》载，明万历年间，武康有个徐姓大族，因叶价昂贵，弃蚕于水，而"鬻桑操其奇赢，明年桑贱，益多育蚕"。清道光《武康县志》"地域志·风俗"："清明后数日，通邑以育蚕为务"。但有种桑专业户，"立夏后三日开叶市，无少长皆上地采桑买卖，谓之发梢叶"。所谓"梢叶"，是指清明时节预买好的桑叶。

炭是养蚕地区的必备生产资料，因为"炭为火不甚烈，宜于蚕事，三四月盛行"。在武康县，"山人茹其利，相率入山垒石为窑，断薪而烧之，虽虎狼之窟无所畏惧焉"。蚕籽孵化到小蚕时，才用炭加温。

不过，像桑叶、蚕炭这样的商品只能在养蚕地区百里以内或百里左右较近距离运销，流通的范围远不能与蚕茧、蚕丝相比。

二、近代武康文献中如是述蚕桑业

《湖属土产调查》之《武康县的物产状况》记载，"主要物产为竹、笋、丝、砖瓦、扫帚、木材、茶、黄沙缸……"[①]近代武康县的物产中，以茧、丝为代表的蚕桑，已由第一位降至第二三位，但仍是拳头产品。1915年浙江展览会二等

---

① 《湖属土产调查》，《湖社社员大会特刊》1934年十周纪念特刊。

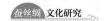
奖中就有武康康祥元丝①。1946年《东南日报》报道"武康土产以竹为大宗，丝茧亦有可观的数量"②。

（一）出现卖桑契约

《湖属现势一瞥》举武康年产茧4000担，荟萃地点在第一区二都乡③（今德清县下渚湖街道二都村一带）等。而二都里久成茧行④是当时湖州各夏茧行中之翘楚，曾上过《申报》新闻。二都里缸窑村（即二都村）的卖桑，立契用抵借名义，契上载明定期回赎，为浙西农村借贷制度贡献了一个词，"卖白头桑"。缸窑村的卖桑契约格式如下：

立青叶票者某某某，今因急需，情愿央中说合，将自己地上桑叶若干斤，出卖与某某处。计洋若干元正，其洋当日收讫。三面言定明年清明回赎，谷雨为断。倘逾期不还，任凭上地采桑，绝无反悔。恐后无凭，立此卖桑票为照。

年　月　日　　立卖桑票人某某某押

中人某某某押⑤

（二）设立蚕桑改良区

武康地区养蚕，向以土种自繁自育为主。1917年，武康试办私立盐卤蚕种场，春季制种27张，因不符合标准而销毁⑥。"武康县素为育蚕之区，东北乡产桑甚富，比户皆蚕，徒以种子不良，墨守旧法，未能进展，遂自民国十九年（1930）起，于春秋两期向省立蚕场定购改良种，发给农民试养，并派员指导，以示提倡。"⑦

1933年春，浙江省在武康等地设立蚕桑改良区，实施统配蚕种，指导养蚕、管理茧行、改良烘茧和制丝⑧。黄膺白、沈亦云倡立的莫干农村改进会就请

① 见《浙江公报》1915年8月18日。

② 苏凤竹：《武康鸟瞰》，《东南日报》1946年11月14日。

③ 《湖属现势一瞥》，《湖社社员大会特刊》1934年十周纪念特刊。

④ 《夏茧收数之统计》，《申报》1922年7月20日。

⑤ 韩德章：《浙西农村之借贷制度》，《社会科学杂志》1932年第3期。

⑥ 张一鸣：《良种繁育的进步》，德清县政协文史资料委员会《德清蚕文化》，2004年版，第48页。

⑦ 《湖属六县自治状况》，《湖社社员大会特刊》1934年十周纪念特刊。

⑧ 韩玉芬，高万湖：《湖州科技史》，浙江古籍出版社2011年版，第174页。

浙江蚕种改良场派员到庾村指导饲育改良蚕种，并组织蚕桑合作社。"今（1934年）秋特将蚕桑最盛之二都、杨家山等 13 个乡镇划为改良区，区内复设 8 个蚕业合作社，每社各设指导员 1 人，并设指导主任专司其事，发种 6500 张，虽因天时关系，未能十分美满，尚称中稔。"何况"年来丝茧市价一落千丈"。[①]

每年蚕茧上市时，茧行向蚕民收买鲜茧后，以自设之茧灶烘干，再运销外埠。据不完全统计，1947 年，武康有茧行 2 家，其中以大成协记茧行有土灶 10 副、机灶 6 副规模最大[②]。

三、莫干蚕种场如是改良蚕桑业

1947 年，黄膺白遗孀沈亦云在《莫干小学十五周校庆述怀》中阐述莫干蚕种场的意义以及远景："垦地植桑，直以为日本在世界蚕丝市场，战后宜为吾有。""更十五年者，当见莫干农村中，牛羊成群，桑麻遍地，家丰户足。"[③]

（一）寻求最优选址

抗战胜利后，沈亦云在上海主持召集莫干小学校董会，成立莫干农村公益事业复兴委员会，葛湛侯提出"养蚕较有把握"[④]，葛运成认为"以育种的方式养牛，则牛亦可养"，最终委员会决定新营之生产事业以育蚕制种为先，养牛及其他畜牧为次。1946 年夏，莫干蚕种场在庾村成立，以文治藏书楼和莫干小学一部分校舍为制种场，且在大洋里、游公坞、大湾兜等地开荒种桑 120 亩，种桑 2 万多株，后建蚕室 6 间蚕室，作为蚕种场大本营。曾有调查者记录下了 2013 年的庾村蚕种场遗存，地板下隐藏着烟道的轨迹，从室外加热口开始，穿过整个室内地坪后分成两股折返，再通过一个台阶形的砌筑体让气流得以爬升并流通至外立面上的垂直烟道，最终从屋顶上的烟囱排出。此外，在蚕室的南北两侧都有着巨大的凉棚，由于有凉棚的遮蔽，场外墙上的洞口无须考虑遮阳、排水等因素。为什么要选址在庾村建蚕种场？

---

① 《湖属六县自治状况》，《湖社社员大会特刊》，湖社1934年印。

② 来光和：《德清县志》，浙江人民出版社1992年版，第313页。

③ 莫干小学：《莫干小学十五年》，莫干小学1947年印。

④ 沈亦云：《亦云回忆（下）》，岳麓书社2017年版，第550页。

1.自然环境得天独厚。庾村位于莫干山麓，属于山区，空气清新，气候凉爽，环境清静，且可垦地植桑，进行自然隔离，蚕的病害极少。抗战前，沈亦云曾请教葛运成庾村土质宜否种桑，葛运成、胡絮咏夫妇致力于改良蚕种有年，推荐向中国蚕丝公司订购日本密集种桑秧，这种桑树干少而叶多，需耕地较少，一年后即可采叶①。《莫干小学十五年》："桑园。三十五年（1936）春，辟地百亩，栽桑五万余株，至今一年，高可盈丈，已用饲蚕制种。本年（1937）春，复添辟百余亩，秋间亦可产业矣。"

夏季蚕种对温度的要求极高。兹举一证。1956年，《人民日报》刊登《蚕种运莫干山避暑》："入夏以来，杭州地区炎热，杭州市各公私合营蚕种场准备把春季生产的六万多张蚕种全部送往莫干山去，使它安全度过炎夏。夏季蚕种所需温度，最高不能超出（华氏）90度，莫干山夏季最高温度只在（华氏）85度左右。这对提高蚕种品质、保障蚕茧高额产量很有好处。"②

2.信用基础深厚。抗战前，莫干农村改进会曾劝告蚕农，弃"旧种"而用"改良种"，第一年先试用而后付价，若成绩不如旧种，则补价其所损失。这一办法激励下，"改良种"由原来的40余张推广到260余张。蚕农用"改良种"后，结果产量大增。第二年，邻近乡村闻风而动，纷纷前来订种，也有来自50里外的乡村订种者，这样总数激增至1000余张。除春蚕以外，秋蚕也推广到300余张。这不仅恢复了原有蚕茧产量，而且有了较大的发展。③蚕民从此每年到学校定"改良种"，称之为"学堂里蚕种"。

根据蚕业日增之需要，莫干农村改进会已初定设场自制蚕种。只因不久抗战爆发而停歇。正因为有此信用做基础，所以抗战胜利后首先打动沈亦云的是设场制蚕种之念。这也是黄膺白乡村改良事业的延续。

（二）创新运营方式

蚕种场的运营方式，改变蚕农订种，先付一成定洋，余款待领种时再付清的方式，以及当时各蚕种场采取的"隔期收账"方式（即先让蚕农到蚕种场领得

---

① 沈亦云：《亦云回忆（下）》，岳麓书社2017年版，第540页。
② 陈大良：《蚕种运莫干山避暑》，《人民日报》1956年7月22日。
③ 罗永昌：《黄郛与莫干山》，中国文史出版社2013年版，第125页。

蚕种，待蚕农售茧后再到场付款），请专做蚕种买卖的老板参与合作，由蚕种场提供场屋、用具、桑园，合作者出资共同制种。

1947年，莫干蚕种场的"天竺牌"蚕种上市，被列为上好级，深受蚕农欢迎。1948年，莫干蚕种场制种8802张。至1950年沈亦云离开时，"天竺牌"已成为浙江省第二号牌子，仅次于江浙两省有数十年历史的"老虎牌"。

（三）推广蚕桑教育

采桑养蚕是莫干小学学生的必修课之一。据原莫干小学学生宋才兴回忆："莫干蚕种场十分重视蚕的饲养工作，遇到雨天桑叶潮湿，我们小学生用白布小心翼翼地将桑叶正反面一片一片揩过，放在竹帘上晾干，然后再喂蚕，严格防止蚕儿吃湿叶，以免致病。大蚕期还教我们分辨雌蚕雄蚕，让我们学生分拣，为蚕儿上蔟做好准备，到现在我还能分出雌蚕、雄蚕。"[1] 原莫干小学学生王震寰回忆，每当蛹期，要把蚕种雌雄分开，以便交叉交配，达到杂交优势。对每个蛹的尾巴进行雌雄鉴别，工作很细致，又要在一个星期内完成，由高年级同学来做。他做过两年，很高兴去做。

可见，莫干小学的蚕桑教育留给学生的印象多么深刻。

（四）留下珍贵遗产

1950年，沈亦云将莫干蚕种场交浙江省政府接收办理。2002年，莫干蚕种场变更为德清县莫干天竺蚕种有限责任公司，之后申请注册了"莫干天竺"商标，商标图案仍沿用原"天竺牌"的图案，并在产品包装盒上的商标下方还印着这样两行字"清凉莫干吴越风 泽被百姓天竺情"[2]。难能可贵的是，吴炳坤带领老员工充分利用老场资源，积极发挥主业优势，在激烈的市场竞争中，打造了较为固定的蚕种销售和代繁的市场能力，在浙江省蚕种业占据了重要位置，排名前三。近年，公司更将市场往乌兹别克斯坦、巴基斯坦、土库曼斯坦、越南、伊朗、希腊等"一带一路"沿线国家和地区转移，增进交流合作，实现共赢。而莫干天竺蚕种公司精心打造的"蚕乐谷"被浙江省蚕桑学会推荐为"浙江省蚕桑

---

[1] 罗永昌：《黄郛与莫干山》，中国文史出版社2013年版，第206页。
[2] 陈德明：《"莫干天竺"蚕种畅销大江南北》，《今日德清》2008年1月2日。

科普教育实践基地"，2019年接待青少年和游客8万人次，取得了良好的经济效益。

蚕桑业与文创产业结合，发展乡村休闲旅游，开辟了蚕桑业增值的可能性。

以史鉴今，探讨近400年武康桑蚕业的兴衰史，特别是梳理蚕桑业发展中值得关注和重视的问题，有助于挖掘武康悠久的蚕桑文化，凸显区域文化特征，提升优秀传统文化的传承发展能力，对于当地蚕桑丝织文化生态保护区建设具有一定的意义。

（作者单位：浙江省德清县图书馆）

浅谈新市古镇在杭嘉湖蚕乡中的重要角色

沈华生

明代海路贸易开通以后，陆上丝绸之路逐渐让位。近代以后，湖州丝绸在海上丝绸之路贸易中一直居于主要地位，《中国近代对外贸易史料·上海生丝贸易报告》指出，中国出口生丝，几乎全部产于杭州府、湖州府、嘉兴府。上述三府中，湖州府的产量最多。湖州新市这个千年古镇，在杭嘉湖蚕乡中扮演着一个重要角色。这块土地上扎实的考古依据和传统文化的遗存，有力地证明了这一点。

一、植桑养蚕历史悠久

据 20 世纪 50 年代新市西郊梅林遗址考古发现，商周时期已有人工移栽的桑地，说明先民们已懂得栽桑饲蚕，这可以称得上是江南最古老的蚕桑产地之一；20 世纪 80 年代，这里还出土了一具原始红陶纺轮。1973 年，新市东郊蔡界村的皇坟头，发现一座西周早期土墩墓，出土了大批青瓷瓷瓶，瓶身上有卷丝纹饰。上述事例足以说明，新市地区不仅栽桑饲蚕历史源远流长，而且还用纺轮生产丝织品，连日常生活用品的青瓷瓶身上也烧制了蚕丝纹饰，融入了蚕桑丝绸文化的内涵。

新市蚕业兴旺之势，前后延续数千年，与其所处的地理环境和优越的自然条件是密不可分的：它地处长江下游的杭嘉湖平原，地势平坦、土壤肥沃。这里四季分明，气候湿润，雨量充沛，溪、漾、河、港交错如织，水源极为丰富，具有得天独厚的栽桑养蚕的适宜条件。

二、蚕丝和丝织品质量上乘

早在大禹时代，新市就生产丝织品。自秦汉至唐宋，这里所产蚕丝被作为皇家的贡品。

在新市西栅蔡家漾附近，有多家缫丝作坊，其生产之丝称德清丝，输往湖州织染局，上贡朝廷。隆庆、万历年间，新市丝绵行销各省，而且通过海上丝绸之路直达日本和南洋。中国印浇花绸始于明代，以新市产品最好。2003年新市士林东村出土的潘君墓中的一件丝织暗花缎右衽交领长袍，双面织有四合如意连云纹，工艺高超，极为精致，为明代丝织物中所罕见。

新市蚕丝与丝织品因其高品质，一直受到海内外的青睐，成了世界蚕丝和丝织品的重要供给地之一。

三、蚕丝贸易的重要商埠

蚕丝要进贡、要出口，必须要有蚕丝商贸集散地。新市紧傍京杭大运河，水路交通十分方便。这就为蚕丝商贸集散创造了有利条件。每当新丝上市，商贾云集，争相收购。新市周边地区的蚕农，把自家所缫的土丝运来新市出售给丝庄。丝庄收购的土丝主要去向：一是外销，卖给上海、广州的代理洋行，由他们出口；二是内销杭州、湖州、盛泽、绍兴等地，为当地的绸厂、机坊提供原料；三是销往震泽，在那里加工后出口；四是为官办织造局提供上乘丝源。清康熙年间，江宁、苏州、杭州三大官办织造局，每年派胥吏来新市各丝庄采办湖丝。

清乾隆十年，绍兴府总巡盐务督粮水利分府特授湖州府在德邑新市镇等四邑五镇勒石立碑，旨在用立法手段，规范蚕丝流通领域中丝行与蚕农之间存在的种种混乱无序现象。这也从一个侧面反映出当时蚕丝交易市场之繁荣和丝行之间竞争激烈。清代道光二十九年，为维护蚕丝贸易市场的稳定，制止行业间不正当的竞争，德清县成立了浙江省第一家丝业公所（即行业协会），设在新市镇碧玉桥西（今淘沙弄一带），民国时改丝业公会。

清同治三年，鉴于当时新市丝业市场相当繁荣，交易十分旺盛，清廷为充实国库，就在新市设立厘金局（即税务部门），以征捐生丝为主，当时每包土丝（80斤）要收捐银20两。民国初年改名统捐征收局，全年收丝捐49986元（银元）。不难看出，当时土丝交易数量之多。

四、蚕俗文化底蕴厚重

新市的蚕花庙会，起源于春秋战国时期，历唐宋而盛于明清，并一直沿袭至今。祭蚕神是蚕花庙会的重要组成部分之一。新市地区的蚕农，几乎全部信奉蚕神，在科学不发达的年代，他们认为要养好蚕，就得虔诚地供奉蚕神。始建于唐朝的觉海寺，就立有蚕神娘娘的塑像。清代新市诗人徐以泰在《绿杉野屋集》中有纪事诗云："小市寒泉九井深，踏青人礼木观音。状元桥外飞花急，一片斜阳在竹阴。舞龙扮煞古风淳，素袖青衣紫幞巾。节到清明齐作社，夕阳箫鼓祭蚕神。"描述了清明节蚕农们祭蚕神的空前盛况。

蚕花庙会期间，新市镇周边几十里的蚕农都会买上几朵用彩纸或绢制作的小花（俗称"蚕花"），女的插在鬓边，男的插在帽檐上，蜂拥至寺前弄、胭脂弄，挤来挤去，热闹非凡，此俗称为"轧蚕花"。这种习俗在杭嘉湖一带的蚕乡颇负盛名，当时流传着这样一种说法："脚踏新市地，蚕花宝气带回家。"《轧蚕花》有云："清明红雨暖平沙，陌上晴桑欲吐芽。作社祭神同结伴，胭脂弄里轧蚕花。"轧蚕花是欢乐喜庆的节目，对男女青年来说，更是一年一度的古老狂欢节。

伴随着蚕花庙会的形成和发展，在栽桑饲蚕的过程中，一系列的民间蚕俗也应运而生，例如"请蚕花""剪蚕花""焐蚕花""关蚕花""斋蚕花""谢蚕花"等等。新中国成立后，延续千年的蚕俗文化得到了继承和发展，剔除了陈规陋习，弘扬了蚕俗文化的精华，与时俱进，有所创新。

五、持续发展创造奇迹

正是前述四方面因素，为近代蚕桑生产的持续发展和蚕俗文化的传承打下了坚实的基础。具体可从以下五方面看出：

其一，清末民初新市的土丝行数量居全国第一。在 4 平方千米的弹丸之地，晚清至民国初，先后出现土丝行 47 家，可见丝业之兴旺、市场之繁荣。

其二，新中国成立后，蚕桑单位面积产量居全国第一。当时桑地面积有 14850 亩，年蚕茧总产量达 34400 多担，单产 204 斤，在全国遥遥领先。

其三，全国第一个原蚕饲育区在新市创建。凭借养蚕业的悠久历史、优越的生态环境和蚕农出色的培桑饲蚕的技术，1953 年，新市水北村被浙江省政府确立为全国首个原蚕饲育区。1956 年更名为德清蚕种场，每年生产蚕种 20 多万张，不仅解决了全国蚕种供需的矛盾，而且为国家提供了大量的建设资金。

其四，新市的"姑嫂共育室"成为全国第一个育蚕标兵单位。新市镇水北村的沈月华和章琴珠创建的"姑嫂共育室"，在 1958 年、1959 年两年连续创全省蚕茧单产最高产量，沈月华被评为全国"三八红旗手"。"姑嫂共育室"成了全国育蚕标兵单位。

其五，全国第一部以蚕桑生产为题材的电影《蚕花姑娘》在新市取材、拍摄。为扩大先进典型的影响，更好地促进蚕桑生产的发展，著名剧作家顾锡东深入新市水北村，以"姑嫂共育室"为背景，创作了电影剧本《蚕花姑娘》，1963 年上海天马电影制片厂拍成电影。

如今，新市养蚕业有了新的发展，逐步建成能灌、能排，沟、渠、路配套的蚕业园区，而且从培桑、养蚕、蚕种生产，到茧、丝、绸加工出口，形成一条比较完整的产业链，并向着蚕桑产业多种经营的方向发展。这将促进新市蚕桑产业转型升级和丝绸产业的健康发展。蚕桑丝绸产业能在新市这块古老的土地上历千年而不衰，正是一代一代生于斯、长于斯的勤劳、智慧的蚕农创造的产业奇迹。

（作者单位：德清县第三中学）

打造"一带一路"丝绸文化交流枢纽的建议

朱李鸣

浙江省是中华蚕桑丝绸文化的重要起源地和发祥地，理应成为传承弘扬中华蚕桑丝绸文化的中坚。蚕桑丝绸文化作为"一带一路"建设中文化交流的重要使者，具有促进民心相通的先行作用，浙江在这方面有独特综合优势，尤其是在国家级蚕桑丝绸文化交流枢纽建设中具有不可替代的地位和作用，应予高度重视并加快建设。

一、建设"一带一路"蚕桑丝绸文化交流枢纽浙江省具有不可替代的优势

（一）历来是"丝绸之府"也是古丝绸之路物理上的"丝路之源"。浙江考古发现余姚河姆渡 6000 年前的蚕形虫文象牙盅，湖州钱山漾 4000 余年前的残绢片，雄辩证明了浙江于中国，不仅是蚕桑之祖，更是丝绸之源。中国最早的规模化丝绸产区形成于 5000 年前良渚文化期，浙江丝绸文化、产业在中国丝绸的文明史中均具有不可替代的历史地位。蚕业而言，中国是"桑蚕王国"，浙江则是中国蚕桑的主要发祥地，19 世纪就已经成为我国的主要蚕区，在我国近代蚕业中有着举足轻重的地位；丝绸而言，一直作为全国丝绸业的重点，有"丝绸之府"的杭州，有"世界丝绸之源"的湖州，还有"中国丝高地"的嵊州。在长期生产中，浙江人民积累了丰富的栽桑、养蚕、缫丝、织绸经验。明清以来浙江丝绸一直在全国独占鳌头，一直是中国丝绸的重点产区和出口基地。湖州的"辑里丝"不仅成为皇家指定的御用品，且享誉海外。湖州钱山漾遗址出土 4750

年前的绢片是迄今世界上发现的最早的家蚕丝织品，从当地考古发掘出来的绢片、丝带、丝线考证，堪称真正的"世界丝绸之源"，古丝绸之路物理上的"丝路之源"。

（二）曾是东北亚"海上丝绸之路"的重要丝绸货源地。据史书记载，中国的"田蚕织作"早在公元前 12 世纪就传到了朝鲜，2 世纪末或 3 世纪初，又经过朝鲜传到日本。浙江作为我国养蚕丝最早的地区之一，在蚕桑纺织技艺传播上也做出了贡献。丝绸贸易方面，唐安史之乱后以浙江为中心的江南道成为全国丝绸生产的中心，丝绸生产和丝绸贸易鼎盛，丝绸文化繁荣；唐宋时期丝绸业迅速发展，从唐代起大量的丝绸由浙江沿海明州等港口输向东北亚的朝鲜半岛、东亚的日本列岛以及东南亚诸国。出产的丝绸直接从海上运往日本，丝织品已开始由礼物转为正式的商品，日本正仓院作为贮藏官府文物的场所，保存了不少中国唐代丝织品。

（三）目前蚕丝绸产业在全国居引领地位，有"中国丝绸看浙江"之誉。浙江无论是产业生产、出口规模、品种、品质、品牌、技艺创新力均在全国居引领地位。一是浙江丝绸特点是产品品种齐全，花样繁多、品质上乘。全省生丝产量、绸缎产量和出口量，均列居全国首位。丝织品更是丰富多彩，浙江常年织造的品种有 300 多种，花样上万个。二是生产出口规模占全国比重最高。浙江省的蚕桑丝绸相关企业数量最多，约 8,600 家，占全国的 23.24%；江苏省相关企业数量次之，约为 6,800 家，占全国的 18.28%。目前浙江是全国最大的丝绸生产和出口基地，产值约占全国的 1/4，真丝绸缎、真丝服装、真丝领带分别占全国 30%、40% 和 80%。浙江丝绸主产区地域特色也最为明显，形成了杭州丝绸女装、湖州高档丝绸面料、嘉兴丝绸针织和蚕丝被、嵊州真丝领带等特色明显的产业集群。三是丝绸产品品质上乘。2016 年 9 月 G20 峰会上，浙江丝绸元素的产品遍布会场；多款丝绸制品也作为"国礼"赠送给与会的外宾，向中外来宾展示着中华五千年的文化精髓。四是丝绸科技创新力领先。

（四）具有全国最好的蚕桑丝绸文化传承、发展和传播支撑体系。一是拥有丝绸产业发展和蚕桑丝绸文化交流的良好区位、物流、跨境电商、加工贸易条件。地处中国沿海地区和中国最发达的长三角地区，目前浙江蚕茧产量仅占全国 6%，但真丝绸商品出口额占了全国的 39%，足见已经拥有了较为完善的丝绸商品加工和出口基础，不依赖本省的蚕桑基础生产。凭借拥有世界货物吞吐量第一的宁波舟山港、义新欧中欧班列和全国跨境电商的核心区优势，获取国内生丝的运输和成本优势低，对外出口运输的基础完善，能够比其他国家更快更廉价地获取丝绸生产原料，有利于发展丝绸产业传播蚕桑丝绸文化。二是党委政府、企业、学术界等保护发展振兴蚕桑丝文化使命意识超前而强烈。2015年省委、省政府提出发展十大历史经典产业，把丝绸产业作为历史经典产业的重中之重。提出传承发展丝绸产业是打造浙江历史文化"金名片"的需要、是引领浙江省传统产业结构升级的需要。出台实施《关于推进丝绸产业传承发展的指导意见》（浙政办发〔2015〕114 号），明确"以传承保护和创新发展为主线，按照原料基地化、技术高新化、品牌国际化、人才梯队化、产业和文化一体化的要求，进一步巩固和提高浙江省丝绸产业在全国的领先地位，促进浙江省从国际丝绸产品制造中心向创意中心、时尚中心和质造中心转变"目标和系列举措。三是已有一批高水平的国际丝绸文化交流平台。省会城市杭州已经多年研究发布中国丝绸流行趋势，连续举办了十五届中国国际丝绸博览会，举办了六届中国国际丝绸论坛，杭州已成为世界丝绸产业界的交流中心。目前还拥有国际丝绸联盟、中国丝绸博物馆、中国（杭州）国际丝绸博览会（长期固定举办地）等一批一流国际交流平台，还有一批为丝绸文化交流不懈努力在业界有影响力的丝绸人。四是形成了一批在国内外有影响力的专业市场、产业基地、特色街区、丝绸小镇等载体。1987 年 11 月创建的杭州中国丝绸城，产品辐射全国城乡，远销欧美及东南亚地区，先后荣获"中国行业一百强"等荣誉，是目前全国唯一的丝绸专业批发、零售市场，并被原国家国内贸易局列为重点联系批发市场。湖州丝绸小镇创建，正打造成为集产业发展、历史遗存、生态旅游为一体的复合型丝绸文化小镇。武林路时尚女装街、四季青服装特色街区等一批具有设计研发、品牌展示、电子商务、旅游观光和文化创意等功能的丝绸文化时尚产业园正在形成。

二、创建国家级"一带一路"丝绸文化交流枢纽的举措建议

（一）呼吁国家"一带一路"建设"十四五"发展规划中创设国家级"一带一

路"丝绸文化交流基地项目。在我国全球149个国家（地区）已建立的530所孔子学院和海外建成的50个中国文化中心中，增加中外丝绸文化交流内容和活动项目，在国家级境外经贸合作园区、浙江省政府和地方境外商务中心增加中外丝绸文化交流内涵和活动项目规划内容，从而构筑起我国弘扬中国蚕桑丝绸文化的"一带一路"交流传播网络，加快构建中国丝绸文化话语体系。

（二）编制实施浙江"一带一路"丝绸文化交流基地建设规划。浙江要对标国家级要求，编制实施"一带一路"丝绸文化交流基地建设规划，打响"唐诗之路文化带""大运河文化带"之后"丝绸浙江"的国家"金名片"。将省内丝绸历史文化遗迹、丝绸博物馆、科研机构、市场和特色街区、"丝绸小镇"、产业基地、丝绸文化推介、品牌企业培育一体规划，统筹发展。在省内三大国际机场、国际会展中心设立展示浙江丝绸文化的文化空间，在浙江作为承办地的2022年亚运会等重要国际赛事、中国—中东欧国家博览会等重要展会中增加展示浙江丝绸文化的活动项目，真正建设成为展示中国丝绸发展和丝绸文化交流的标志"窗口"。

（三）建议国家、省市联合设立中国丝绸文化发展基金。与国家"一带一路"基金、中国文化产业投资基金加大合作，同时争取发行浙江中国丝绸文化彩票筹措资金。中国丝绸文化发展基金应重点加大对蚕桑丝绸文化传承、发展和传播支撑体系建设投入，用于合理建设丝绸博物馆、收集丝绸文物、保护丝绸历史文化遗迹、丝绸工业遗产项目与非物质文化遗产项目申报国家工业遗产和世界遗产、保护丝绸老字号企业品牌、建立丝绸文化资源公共数据平台、举办中国国际丝绸博览会及丝绸企业与行业协会开展丝绸流行趋势发布、设计师大赛、品牌展览展示、丝绸论坛、丝绸文化宣传等活动和公共设施建设的补助。

（四）省级产业基金中建立丝绸文化产业发展基金。重点用于支持丝绸文化企业并购国际丝绸品牌、企业上市、吸引国际人才、参加国际丝绸时尚赛事、开展国际院校科研合作，吸引国际丝绸顶级品牌企业集聚等。建议采取政府资金＋国际化产业基金合作模式，放大资金引导效应，助推丝绸文化品牌崛起。培育1—2家省市丝绸文化企业作为丝绸文化功能性平台企业。支持文化国资企业设立相应的丝绸文化创新发展基金。

（五）加快建设丝绸之路文化研究大平台。重点依托中国丝绸博物馆，联合浙江省高校和学术机构，聚集海内外专业人才和资源，深入挖掘、拓展丝绸文化和丝绸之路文化，多层次、多角度、跨学科地开展丝绸文化和丝绸之路文化研究，建设具有浙江标识度的文化平台。

（作者单位：浙江省发展规划研究院）

13—14世纪域外纪行中的丝绸

吴莉娜　邱江宁

"丝绸之路"的概念最早是德国地理学家、地质学家李希霍芬提出的。在1877年出版的《中国——亲身旅行和据此所作研究的成果》一书中，他通过关注中国的交通路线研究中国历史上的商贸道路，同时结合西方关于"丝绸之国"的记载，第一次，并且非常谨慎地提出了"丝绸之路"的概念。比起中国其他商品与世界贸易形成的交通路线，如玉石之路、茶叶之路、瓷器之路等，丝绸之路更加绵长，历史更为悠久，而且丝绸所具有的利润含量、技术成分、文化意味更高，更能刺激中国以及世界的神经。所以斯文·赫定感慨地说：丝绸之路是"穿越整个旧世界的最长的路。从文化—历史的观点看，这是连接地球上存在过的各民族和各大陆的最重要的纽带"[1]，是传统中国以丝绸为贸易主体，与世界构架的对话之路。

在欧亚大陆屹立着中国文明与希腊—罗马文明，而古印度文明、阿拉伯—波斯文明、古巴比伦文明等均处于丝绸之路的要道上。早期的丝路和丝绸蒙着神秘的面纱，人们对丝绸的记载和表述也充满了想象。

13—14世纪，由于蒙古人的东西征略，东、西方之间的政治壁垒和道路障碍被大大突破，丝路和丝绸也逐渐揭开神秘的面纱。士兵、俘虏、商人、传教士以及各种身份使命的人们往来和留驻于丝路沿线，许多固有的知识概念因为人们的交流而发生变化，这在纪行中有所展现。人们对丝绸的表述，从稀罕、传奇物质到普通平常日用品，从模糊地理和技术表达到细致、精确记录，域外

---

[1]　斯文·赫定：《丝绸之路》，江红、李佩娟译，新疆人民出版社1996年版，第214、215页。

尤其是西方人对丝绸的认知从神秘、传奇走向真实、平常。

一、13 世纪之前域外文本中的丝绸

一般认为，罗马人在卡莱之战中首次见到丝绸。公元前 53 年，罗马统帅克拉苏进攻安息帝国，结果罗马帝国惨败。罗马军队在这次战役中，第一次见到了鲜艳夺目的丝绸军旗。由于不认识丝绸，罗马人在惊奇、赞叹之余，赋予了它一个高贵的称号——赛里斯。"赛里斯"，由拉丁文 Seres 而来，Seres 是"丝国"的意思。[①]

在那次战役之后，有关"赛里斯"的想象在西方话语间留下了浓墨重彩的一笔，尤其多地出现在古罗马诗人的隐喻中。维吉尔在《农事诗》中展示了东方幻境的魅惑："叫我怎么说呢？赛里斯人从他们那里的树叶上采集下了非常纤细的羊毛。"[②] 在这里，维吉尔产生了丝绸来源于"羊毛树"的误解，他将"赛里斯"简单地当作一种植物纤维，也就棉花。[③] 这种认识上的偏差是不可避免的，距离的遥远、交通的不便、技术的保密，使东西方对彼此知之甚少。

华美的丝绸撩动人们的神经，"羊毛树"的神话似乎再也不能满足人们的好奇心，人们对丝绸的生产有了浓厚的兴趣。普林尼在《自然史》中记载了当时人们的看法：

我们遇到的第一个民族是赛里斯人（Seres），他们以取自与其森林的毛织品闻名于世。他们把叶片浸在水中之后，梳洗出白色的东西，此后我们的妇女还有两件工作要干，即纺纤维，再把纤维织在一起。[④]

普林尼的《自然史》是一部有关公元 80 年前后罗马知识的百科全书，其中真假混杂，但大致是当时人们所想到和所讲述的事情。[⑤] 普林尼仍认为丝绸来自

[①] 裕尔撰，考迪埃修订：《东域纪程录丛》，张绪山译，中华书局2008年版，第16页。
[②] 戈岱司编：《希腊拉丁作家远东古文献辑录》，耿昇译，中华书局1987年版，第2页。
[③] 布尔努瓦：《丝绸之路》，耿昇译，山东画报出版社2001年版，第27—28页。
[④] 普林尼：《自然史》，李铁匠译，上海三联书店2018年版，第70页。
[⑤] 布尔努瓦：《丝绸之路》，耿昇译，山东画报出版社2001年版，第35页。

"羊毛树"，但对纺织等生产工序有了相对准确的认知。普林尼生活的时代，正值汉明帝执政年间，通向西域的陆路交通重新打通，此时，中国丝绸业已诞生千年。丝绸原料是蚕吐出的丝，人们把蚕安置在木格中做茧，在蚕变蛾之前把茧投入滚烫的水中，用树枝轻轻搅动，融掉树胶，蚕丝就会缠绕在树枝上，然后将丝缠绕成盘以备纺织。①普林尼说的"纺纤维"可能指将丝缠绕成盘进行纺织的工序，虽然说法不一定准确，但这表明当时人们对丝绸的生产不再停留于空白状态，已经有了相对准确的认识。

丝绸的诱惑吸引着大批的贩丝商人，丝路上商旅往来、络绎不绝，出现了"商胡贩客，日款于塞下"②的繁荣局面。中国是丝绸的原产地，而罗马是丝绸的消费地，强大的波斯帝国在中间通过经营转手贸易赚取高额利润。为什么非要经过波斯呢？让我们来看一下科斯马斯《基督教风土志》的记载：

> 秦尼扎国向左方偏斜相当严重，所以丝绸商队从陆地上经过各国辗转到达波斯，所需要的时间比较短，而由海路到达波斯，其距离却大得多。……所以，经陆路从秦尼扎到波斯的人就会大大缩短其旅程。这可以解释波斯何以总是积储大量丝绸。③

科斯马斯是6世纪的希腊旅行家，其旅游经历著成《基督教风土志》一书。通过科斯马斯的记载，我们清晰地了解到罗马到中国距离漫长，陆路要比海路近得多且安全得多。波斯帝国占据着欧亚大陆的瓶颈位置，借助于得天独厚的地理位置阻断了东西方交流的通道。正是如此，波斯才能囤积大量丝绸，并以中间人的身份向过往商人牟取暴利。

综上所述，13世纪之前的域外文献对丝绸的记载充满了想象，丝绸的名称、来源等都被赋予"他者"的色彩。"实际上，这种人类对'他者'文化的向往正是对'缺乏之物'所抱有的渴求与欲望，古罗马作家对东方蚕桑丝绸文化的浪漫遐想正是如此。"④

---

① 布尔努瓦：《丝绸之路》，耿昇译，山东画报出版社2001年版，第4—14页。
② 范晔撰，（唐）李贤等注：《后汉书·西域传》，中华书局2012年版，第2931页。
③ 裕尔撰，考迪埃修订：《东域纪程录丛》，张绪山译，中华书局2008年版，第183—184页。
④ 曾景婷、周莹、李鹏：《古罗马文学对中国蚕桑丝绸文化的异域想象》，《蚕业科学》2018年第1期。

二、13—14 世纪西方纪行文本中的丝绸

13—14 世纪，蒙古人的世界征略打破了欧亚大陆自 7 世纪以来的隔阂与壁垒，统一完善的驿站系统，又使欧亚大陆的交往畅通无阻。这一时期中国与世界的关联程度前所未有地紧密，所谓"海外岛夷无虑数千国，莫不执玉贡琛，以修民职；梯山航海，以通互市。中国之往复商贩于殊庭异域之中者，如东西州焉"[①]，中国也第一次实现了沙漠与海洋两大出口的全球性开放格局。传教士、商人、旅行家等异质文化圈的人们沿着蒙古大军留下的道路进入中国，"赛里斯"的真实形象第一次出现在西方人的纪行中。

在早期来华的西方人中，柏朗嘉宾和鲁不鲁乞是比较重要的两位。他们都是受教会派遣前往东方的传教士，身兼刺探蒙古军事实力和规劝蒙古皈依基督教的双重使命。在某种程度上，他们的游记打破了幻想，开启了较为真实的东方形象。柏朗嘉宾在出使中已经注意到契丹这个地方，而鲁不鲁乞则将契丹和古代的"赛里斯国"联系了起来：

> 其次，是大契丹（Grand Cathay），我相信，那里的居民在古代常被称为塞雷斯人（Seres）。他们那里出产最好的绸料，这种绸料依照这个民族的名称而获得赛里克（Seric），而这个民族是由于他们的一个城市的名称而获得塞雷斯这个名称的。我从可靠方面听到，在那个国家，有一座城市，拥有银的城墙和金的城楼。那个国家有许多省，其中的若干省至今还没有降服蒙古人。在契丹和印度之间，隔着一片海。[②]

由于当时大部分丝绸都是以出产地的名称命名的，鲁不鲁乞获悉契丹人生产丝绸，于是鲁不鲁乞将契丹和"赛里斯"联系在一起。鲁不鲁乞的推测在西方文化圈中具有石破天惊的意义，"他第一个很准确地推测出古代地理学上所称的'塞里（雷）斯国'和'中国人'之间的关系"。[③]事实上，"他的论断虽然简

---

① 汪大渊著，苏继庼校释：《岛夷志略校释》，中华书局1981年版，第385页。
② 克里斯托福·道森编：《出使蒙古记》，吕浦译，周良霄注，中国社会科学出版社1983年版，第146页。
③ 张西平：《蒙古帝国时代西方对中国的认识》，《寻根》2008年第5期。

单，但在西方的中国认知序列中起着承上启下的作用，他把契丹同西方人在古希腊和古罗马时代的中国知识联系在了一起，接续了西方人头脑中的中国观念脉络。"①

随着交通的通畅、交流的频繁，西方人对丝绸的来源也打破了"羊毛树"的幻想，阿拉伯旅行家伊本·白图泰在其纪行有所记载：

他们那里有的是丝绸，蚕儿就养在桑树上，无需喂食。因此，养得很好。在中国，丝绸是穷苦人的衣料，如果不是商人们哄抬价格，丝绸本来是不值钱的。他们要用多件丝绸衣服才能换回一件棉布衣衫。②

这段话不仅表明人们对丝绸的名称有了准确的认识，更说明西方人已经打破了"羊毛树"的想象，明确地知道丝绸来源于蚕食桑叶所吐的丝。这也许和公元5世纪蚕种外传，"赛里斯"的真相逐渐揭开有关。公元420年或440年左右，西域于阗王国与汉族公主联姻，但如果未婚王妃想穿丝绸服装，必须带来制造丝绸的东西。于是，即将和婚的新贵人便将蚕种偷包在纸中，梳在头发里。③从此，精心维护了数世纪之久的蚕桑业的秘密被泄露，养蚕制丝业在中国之外的土地上建立起来。

大元帝国空前的疆域、鼓励各国商人来华经商的政策，为中外交流、商贸往来提供了广阔的空间。意大利旅行家马可·波罗在纪行中对丝绸的名称、产地、交易等有详细记载："产丝多，以织数种金锦丝绢，所以见有富商大贾"④；"居人面白形美，男妇皆然，多衣丝绸，盖行在全境产丝甚饶，而商贾由他州输入之数尤难胜计。……此种商店富裕而重要之店主，皆不亲手操作，反貌若庄严，敦好礼仪，其妇女妻室亦然。妇女皆丽，育于婉娩柔顺之中，衣丝绸而带珠宝，其价未能估计。"⑤马可·波罗不仅对不同品质丝绸的名称进行了准确无误

① 蔡乾：《思想史语境中的17、18世纪英国汉学研究》，福建师范大学博士论文，2017年。
② 白图泰口述，朱笛笔录：《异境奇观：伊本·白图泰游记》，李光斌译，海洋出版社2008年版，第540页。
③ 布尔努瓦：《丝绸之路》，耿昇译，山东画报出版社2001年版，第147页。
④ 布尔努瓦：《丝绸之路》，耿昇译，山东画报出版社2001年版，第347页。
⑤ 布尔努瓦：《丝绸之路》，耿昇译，山东画报出版社2001年版，第360页。

的记载：丝、金锦、绸绢、丝绢等，他还指出了当时的产丝重地：宝应、高邮、汴梁、襄阳、镇江、常州、苏州、扬州、嘉兴等。马可·波罗在记述杭州丝绸交易繁盛时，使用的"尤难胜计""其价未能估计"等都表现出市场的繁荣令人震惊，这是因为在13—14世纪的欧洲，尚处于黑暗的中世纪，饥荒、瘟疫和战争无处不在，与杭州城的繁华、遍地昂贵丝绸、商贸往来频繁形成鲜明对比。得益于13—14世纪蒙古帝国丝路的拓通、贸易的保护，两条丝绸之路——陆上丝绸之路和海上丝绸之路马可·波罗都走过，这也是马可·波罗获得真实认知的重要原因。

除了对丝绸的记载，马可·波罗还详细介绍了中国的纸币制造艺术，这种技艺和丝绸的生产有异曲同工之妙：

在此汗八里城中，有大汗之造币局，观其制设，得谓大汗专有方士之术点金，缘起制造如下所言之一种货币也。此币用树皮作之，树即蚕食其叶作丝之桑树。此树甚众，诸地皆满。人取树干及外面粗皮间之白细皮，旋以此薄如纸之皮制成黑色，纸既造成，裁为下式。①

早在西汉时期，中国已发明造纸术。公元751年，中国唐朝与阿拉伯发生战争，大批造纸工匠被俘虏到阿拉伯地区，从此造纸术传到欧洲。马可·波罗于1275年左右到达元朝首都，这时欧洲虽有造纸术，但纸币直到16、17世纪才开始使用。马可·波罗用了一章来描写纸币制造，详细介绍了纸币的材料、制造工艺、形制等，记载之细较中文文献更甚，足见纸币所带来的刺激。马可·波罗之所以注意到纸币的制造，一方面与其作为商人身份敏感的一面有关。另一方面，纸币的原材料是桑树皮，风靡欧洲的丝绸也来源于蚕食桑叶吐出的丝。同时，马可·波罗赞扬纸币是"方士之术点金"——即在用桑树皮制成的纸页上加盖大汗的印玺，这纸页就具有了金子或银子的价值，这对于当时以聚金积银为富的普遍观念来说，十分不可思议。

文学家元好问在《论诗》中说道："鸳鸯绣了从教看，莫把金针度与人。"② 丝

---

① 布尔努瓦：《丝绸之路》，耿昇译，山东画报出版社2001年版，第239页。
② 羊春秋等选注：《历代论诗绝句选》，湖南人民出版社1981年版，第205页。

绸技术越保密，丝绸价格越高，丝绸税收也成为中国官府一大稳定的赋税来源，这也是"玉石之路"变成"丝绸之路"的主要原因。众所周知，罗马是丝绸之路的终点和主要消费地，也是推动中国丝绸走向西方的源泉。让我们把目光转向曾经对丝绸最渴望的罗马人身上，经过了几个世纪，罗马人鄂多立克如何描述东方的丝绸的：

　　人们从他们的君王那里得到诏旨称：每火要每年向大汗交纳一巴里失（balis），即五张像丝绸一样的纸币的赋税，款项相当于一个半佛洛林（florin）。他们的管理方式如下：十家或十二家组成一火，以此仅交一火的税。①

　　八天后我抵达一座叫做临清（LENZIN）的城市，它在叫做哈剌沐涟（CARAMORAN）的河上。……我沿该河向东旅行，又经过若干城镇，这时我来到一个叫做索家马头（SUNZUMATU）的城市，它也许比世上任何其他地方都生产更多的丝，因为那里的丝在最贵时，你仍花不了八银币就买到四十磅。②

　　第一段话是鄂多立克在杭州时所见到的情境，他注意到纸币的使用，并从外形的相似上，将两者联系起来。同时，他敏锐地捕捉到了当时的税收政策。巴里失是蒙元时期的货币单位，佛洛林则是当时欧洲一些国家流通的货币单位。"元朝平定江南后，将江南的部分人户分封给宗室，总数达八十万户左右。对于江南的投下封户，元朝政府没有征收丝料，而是征收户钞。"③ 鄂多立克在这里所描写的赋税应该是户钞，总起来说，户钞是在江南临时代替五户丝而采取的一项措施。索家马头即沧州，物以稀为贵，鄂多立克正是由于当地丝绸价格低廉猜测其为世界产丝之最。

　　综上所述，13—14世纪，由于蒙古帝国的庇护，丝绸之路的畅通，传教士、商人等从西方历经艰辛到达传说中的"赛里斯国"，他们对丝绸的表述，从稀

---

① 鄂多立克等：《海屯行纪 鄂多立克东游录 沙哈鲁遣使中国记》，何高济译，中华书局2019年版，第66页。
② 鄂多立克等：《海屯行纪 鄂多立克东游录 沙哈鲁遣使中国记》，何高济译，中华书局2019年版，第69页。
③ 陈高华、史卫民：《元代经济史》，中国社会科学出版社2020年版，第403页。

罕、传奇物质到普通平常日用品，从模糊地理和技术表达到细致、精确记录。

三、13—14 世纪东亚文本中的丝绸

无论是鲁不鲁乞、伊本·白图泰、马可·波罗还是鄂多立克，他们都属于异质文化圈，他们带着对"赛里斯"的想象不远万里来到中国，了解它真正的名字、产地、交易等，并小心翼翼地记录下来传播给西方，打破了西方人传统的认知。然而，"在13—14世纪，东亚文化圈中对元朝认同程度最高的是高丽，这使得他们对'中国'的了解和表述如同国人。"① 除了东北地区的高丽，西南地区的安南同样与蒙元王朝来往密切，他们对丝绸的表述各具特色。

14世纪中叶，流行于高丽的汉语教科书《老乞大》尤其值得注意，"乞大"就是"契丹"，"老乞大"即老契丹，也有"中国通"之意。《老乞大》全书采用对话的形式，以高丽商人来中国经商为线索，展现了元末明初的中国社会，兼有旅行指南、经商指南的双重作用。首先，我们先来看看《老乞大》中记载的元、丽丝绸交易地区："俺直往南济宁府东昌、高唐，收买些绢子、绫子、绵子回还王京卖去。"② 济宁府东昌、高唐是当时北方重要的产丝胜地。这说明高丽商人对丝织产地十分熟悉，他们"不仅在商品聚集地如大都等商业城市购销商品，有时还到货物原产地购买，以期获得价廉物美的商品，"③ 同时反映出元丽贸易往来之频繁。"绢子、绫子、绵子"等极富口语化色彩，表现出中国丝织品种类繁多，纺织技术已经十分成熟。元末明初之际，高丽也危在旦夕，权贵奢侈糜烂，民不聊生，丝绸是当时人们竞相追逐的奢侈品。这些丝绸部分来自官方赠予，更多来自民间交易。王京是李氏朝鲜首都，对话中高丽商人购买丝绸在王京倒卖，正是当时社会现实的真实反映。

除了对丝绸交易有所描述外，《老乞大》对丝绸的价格、品质、花色都有详细记载：

---

① 邱江宁：《13—14世纪"丝绸之路"的拓通与"中国形象"的世界认知》，《江苏社会科学》2019年第4期。

② 汪维辉编：《朝鲜时代汉语教科书丛刊（一）》，中华书局2005年版，第10页。

③ 张雪慧：《试论元代中国与高丽的贸易》，《中国社会经济史研究》2003年第3期。

凭那绫、绢、绵子，就地头多少价钱买来，到王京多少价钱卖？

俺买的价钱，薄绢一匹十七两钱，打染做小红里绢。绫子每匹十五两，染做鸦青和小红。绢子每匹染钱三两，绫子每匹染钱，鸦青的五两，小红的三两。更绵子每两价钱一两二钱半。到王京，绢子一匹卖五综麻布三匹，折钞三十两。绫子一匹，鸦青的卖布六匹，折钞六十两，小红的卖布五匹，折钞五十两。绵子每四两卖布一匹，折钞十两。[1]

这短短的一段话包含了大量的信息，清晰地表明了元代丝绸的质量，也反映出高丽商人的熟练。对话中高丽商人如数家珍般说起了丝织品在济宁府东昌、高唐、王京的不同价格，说明与元商打交道经验丰富。出于利益的追逐，高丽商人把中国丝绸染色加工，分别染成小红里绢、鸦青，这也说明当时丝绸的产量和花色品种增加，质量大有提高，纺织、染色加工等生产技术十分成熟。通过计算，对丝织品染色加工、倒卖后，小红里绢和鸦青分别可以多卖三十两和二十二两，可谓是高额利润。当时，"棉花的普遍种植和棉织业在元代兴起，元朝灭亡后才传入高丽并发展起来。可以说，有元一代，高丽还不能生产棉布。因而，商人将中国上等的纺织品贩运到高丽，必然是供不应求且有利可图的"[2]。总之，这段话不仅形象地说明了丝绸的价格、品质、花色，也生动地反映了元朝与高丽的贸易往来频繁。

元朝和高丽不仅可以通过陆路互市，海路也是重要的贸易通道。下面这段对话对高丽商人所经路线，所用时间，买卖货物都进行了详细的介绍：

你自来到京里卖了货物，却买绵绢，到王京卖了，前后住了多少时？

我从年时正月里，将马和布子到京都卖了，五月里到高唐，收起绵绢，到直沽上船过海，十月里到王京。投到年终，货物都卖了，又买了这些马并毛施布（按：苎麻布。又称木丝布、没丝布，讹而为毛施布。）来了。[3]

①　汪维辉编：《朝鲜时代汉语教科书丛刊（一）》，中华书局2005年版，第10页。
②　陈高华：《从〈老乞大〉〈朴通事〉看元与高丽的经济文化交流》，《历史研究》1995年第3期。
③　汪维辉编：《朝鲜时代汉语教科书丛刊（一）》，中华书局2005年版，第10页。

由于元代广阔的疆土、完善的驿站制度，陆路、海路等交通事业空前发达。直沽是北方的海运港口，既是元代的南北粮食运送大都的港口，又是元丽往来经贸最便捷的港口。从上面可知，高丽商人正月从家乡王京携带马匹、毛施布等货物来中国，走的是旱路，然后把马匹、毛施布等货物卖出，到中国北方丝织原产地采购丝绸返回高丽，走的是海路，往返将近一年的时间。这些高丽商人赶马前来，带着毛施布，然后到京都卖掉，购买当地的丝织品再返回王京倒卖。可以说，马、毛施布、丝织品是元与高丽商贸往中十分重要的货物。马匹在元明两代与高丽的陆路贸易中承担着交通工具的重要作用，而更重要的是，高丽马在历史上十分出名，明太祖朱元璋就说过高丽自古出名马，所以马在元明两代的贸易具有重要的商业价值。毛施布（音译，亦称木丝、没丝、氁丝布、苎麻布等），用白色苎麻织成。"高丽所产毛施布品质优良、经久耐用，深受中国市场的欢迎，所以高丽商人带往中国的商品或者高丽士人赠送中国人的特产往往有小毛施。[①]"通过上面的对话，高丽商人在中国市场交易的情境跃然纸上，不仅可以感受到元与高丽的商贸往来的频繁，而且其口语化的叙述更是有别于异质文化圈的鲁不鲁乞、马可·波罗等人的震惊。

安南，今越南古称，得名于唐朝所设的安南都护府，长期作为中国的藩属国存在。13—14世纪，安南与中国的交流臻至繁兴，使节往来频繁，纪行作品异彩纷呈。寓居中夏的安南文人黎崱亲撰的《安南志略》聚焦于安南的地理、风俗、物产、文化等内容，是西南纪行作品的重要代表。其中在介绍安南的风俗时，对当地丝绸的用途有所记载："三日，王坐大兴阁上，看宗子内侍官抛接绣团球，接而不落者为胜。团球以锦制之，如小儿拳，缀采帛带二十条。[②]"这句话是在介绍安南的迎新风俗，宗子臣僚分班拜贺、各行家礼之后，于第三日，宗子内侍官抛接绣团球为乐。由介绍可知，团球的原材料、大小和外观都类似于中国本土的绣球。团球作为王公贵族的游戏工具，由锦制成，可见，以锦为代表的丝绸之高贵。与此同时，锦能用来制作绣球，也说明丝绸虽然高贵，但在当地并不缺乏。同时还说明，在当时的安南，丝绸不再罕见，已经成为日常

---

① 邱江宁：《13—14世纪"丝绸之路"的拓通与"中国形象"的世界认知》，《江苏社会科学》2019年第4期。

② 黎崱著，武尚清点校：《安南志略》，中华书局2000年版，第41页。

活动的一部分。

《安南志略》除了介绍丝绸的用途之外，对当时中国与安南往来朝贡的现象也有简单记载："今赐卿银五百两、细（色）绢帛一百匹。至可领也。"[1] 这句话出自度宗赐安南陈光昺的诏书。陈光昺是越南陈朝第一任皇帝，1225—1258 年在位，曾成功抵御蒙古帝国入侵。"基于地缘政治因素和儒家传统文化的影响，中国古代封建王朝建立了较为完善的中外关系体系——朝贡制度。"[2] 引文这句话即表明安南长期作为中国的藩属国，往来朝贡赏赐，其中不乏丝绸。历史上，高丽和安南是东亚地区典型的朝贡国，他们受儒家文化影响颇深，以此为标准建立自己的国家和思想文化基础，并向中国称臣，定期遣使朝贡，中国则对其进行册封、赏赐等。因此，安南的上等的丝绸来源和高丽一样，部分来自官方赐予，部分来自民间交易。

如前所述，13 世纪之前，域外文献中的丝绸表述充满了想象。13—14 世纪，随着蒙古帝国的对外扩张，以丝绸之路为纽带的互联互通体系的建立，异质文化圈的人们进入中国，并在其纪行中采用纪实的手法，以积极融入的参与者视角来描述丝绸，"赛里斯"的幻想从神坛跌落，走进现实。同一时期，同质文化圈的高丽对丝绸的表述如同当地人一样平常、熟悉。总之，随着时间的推移，空间的接近，域外纪行中的丝绸形象逐渐由外在走向深入，由传奇走向客观，丝绸也远超出其物质层面的媒介意义，对文学、文化、经济等都产生了重要影响。

（作者单位：浙江师范大学）

---

① 黎崱著，武尚清点校：《安南志略》，中华书局2000年版，第65页。
② 刘信君：《中朝与中越朝贡制度比较研究》，《吉林大学社会科学学报》2010年第5期。

长时段、全球化视野中江南城镇发展与蚕丝业的历史变迁

——以南浔为核心的考察

刘方

一、问题缘起与问题意识

国内明清江南研究由傅衣凌、洪焕椿等前辈学者开创、奠基，自 20 世纪 80 年代以来，江南市镇等一些新兴领域获得丰硕成果，而陈学文、刘石吉、樊树志等一批著名学者的学术著作中，都有涉及南浔市镇的相关研究。[①] 陈永昊、陶水木主编《中国近代最大的丝商群体——湖州南浔的四象八牛》作为比较早的研究南浔丝商群体的著作，在学术界也产生了很好的影响。[②] 从蚕神崇拜、湖丝外贸到四象八牛、南浔商人群体与地方家族，等等。目前有关南浔丝绸生产、丝绸文化的研究，已经有了一批比较可观的研究成果。[③]

然而就今日学术发展的新的趋势而言，我在文章中分析过体现出比较明显

① 傅衣凌：《明清时代商人及商业资本》，中华书局1956年版。傅衣凌：《明代江南市民经济初探》，中华书局1957年版。傅衣凌：《明清农村社会经济》，中华书局1961年版。傅衣凌：《明清社会经济史论文》，中华书局1982年版。洪焕椿：《浙江文献丛考》，浙江人民出版社1983年版。洪焕椿：《浙江方志考》，浙江人民出版社1984年版。洪焕椿：《明清苏州农村经济资料》，江苏古籍出版社1988年版。

② 陈永昊、陶水木主编：《中国近代最大的丝商群体——湖州南浔的四象八牛》，浙江人民出版社2001年版。

③ 余连祥：《杭嘉湖地区的蚕神崇拜》，《湖州师专学报》1993年第3期；刘方：《江南市镇经济繁荣与南宋地方宗教信仰发展——以南浔镇为核心的考察》，《宗教学研究》2018年第2期。

的局限与不足：对于当代新的相关学术理论、方法和学术发展趋势了解不足，对于海外学者在相关研究领域的成果了解、参考、借鉴不足。这些海外学者的研究成果，往往运用了许多当代新的相关学术理论、方法，体现了当代学术发展的一些新趋势。近年来已经有中译本的比较有代表性和借鉴意义的相关研究著作有：斯波义信《宋代江南经济史研究》，斯波义信《中国都市史》，滨下武志《近代中国的国际契机——朝贡贸易体系与近代亚洲经济圈》，弗兰克《白银资本：重视经济全球化中的东方》，彭慕兰《大分流：欧洲、中国及现代世界经济的发展》，王国斌《转变的中国》，等等。这些国外学者的相关研究成果，在国际学术界研究的新的理论、方法和学术研究发展趋势等诸多方面，给我们提供了很好的学习、借鉴和有效利用的范本。同时对于开拓我们的学术视野，打破学术界长期形成的思维惯性和研究范式，从而获得学术研究的突破，等等，都具有极大的意义。因此，我认为：应该借鉴诸多领域的理论成果，在区域研究中研究南浔，甚至在全球化视野中研究南浔，南浔研究的未来才可能是有创新性和有开拓性的。[①]

因此本文即是有关研究的一个尝试。从布罗代尔长时段的时间跨度和全球化视野的空间，以南浔丝绸生产为个案，初步探索江南城镇发展与丝绸业兴盛与衰落的数百年历史变迁。

二、唐宋变革与宋代城市革命、江南经济革命

南浔市镇作为明清之后著名的江南市镇，其崛起则在南宋时期。不过由于其崛起初期相关文献十分缺乏，不仅在南宋史料，包括南宋地方志中几乎无从考察，即使南宋文人保存下来的大量文集中，也难觅踪影。今日可见的相关资料，主要是几方碑志文献。阮元《两浙金石志》中收录有 4 种，到汪日桢《南浔镇志》则增加到了 10 种，而且对于阮元已经收录的碑志进行了补校。较之基本成书于同一时期，收入《潜园总集》的归安陆心源撰《吴兴金石记》还多收入一种。而对比同为湖州人氏的汪日桢《南浔镇志·碑志》与陆心源《吴兴金石记》所编著的乡帮文献，可以基本上判断，虽然两种地方碑志文献在编纂时间上相续，

① 刘方：《南浔研究的历史回顾与南浔学的研究展望》，《湖州师范学院学报》2015年第5期。

但是似乎各自独立成书，而相互之间不存在影响关系。

而目前已有的对于几方碑志的研究和利用，大多数研究者仅仅摘录其中涉及经济繁荣情况的文字，特别是对于这些碑志资料其中的 2 种，即丁昌朝撰《浔溪祇园寺庄田记》和李心传撰《南林报国寺记》，由于其中有几句典型记录南浔市镇及其早期经济状况的文字，常常被介绍和研究南宋南浔等江南市镇历史与经济状况的一些学术文章、著作所反复引用。

据南宋著名历史学家李心传所撰《安吉州乌程县南林报国寺记》碑文记载："南林一聚落尔，而耕桑之富，甲于浙右，土润而物丰，民信而俗阜，行商坐贾之所萃，而官未尝稽征焉。"[1]《接待忏院公据碑》上也有"泽乡南林……境系平江、嘉兴诸州，商旅所聚，水陆要冲之地"[2]的记载。

由于水陆交通的便捷，促进了商贸的繁荣，南宋时期江南市镇得到快速发展。研究南宋市镇的史料中，一大宗即为石刻碑志资料，而介绍、研究、讨论南宋南浔等江南市镇经济状况的一些典型记录文字，常常被一些论著反复引用。而这些石刻碑志大多数是与佛教或者地方宗教信仰有关的碑志。而目前已有的研究，一是仅仅摘录其中涉及经济繁荣情况的文字，没有对于整篇碑志进行全面研究，更没有对于存世的几篇同类碑志进行整体性综合研究；二是研究者往往最关心和关注碑志中有关市镇情况、市镇经济方面内容，而缺少关心市镇民众的宗教信仰及其相关社会、历史、文化现象与问题。而事实上，这些碑志恰恰主要是反映市镇民众的宗教信仰及其相关问题的史料，有关市镇经济等方面的内容只是顺便涉及。[3]

湖州蚕桑业比较早就有了很好的发展。宋代谈钥嘉泰《吴兴志》卷二十《物产》中的绢、丝等条目下就已经记载有"武康、安吉绢最佳"。[4]日本学者斯波义信分析湖州东乡各市镇商税额剧增的现象，认为南浔镇民众富裕、流通发展，实际上"已远远超过一般县城的规模而发展成为城市"。[5]

---

① 汪日桢：《南浔镇志》卷廿五，碑刻一，清光绪戊申年（1908年）刻本，页十五。

② 陆心源：《吴兴金石记》（台北：新文丰出版公司，《石刻史料新编》第一辑第十四册）卷十2《接待忏院公据碑》，页十二下—十五下。另3《接待忏院公据碑阴》，页十五下—十六下

③ 刘方：《江南市镇经济繁荣与南宋地方宗教信仰发展——以南浔镇为核心的考察》，《宗教学研究》2018年第2期。

④ 谈钥嘉泰《吴兴志》卷二十《物产》页五。

⑤ 斯波义信：《宋代江南经济史研究》，方健、何忠礼译，江苏人民出版社2001年版，第398页。

南宋江南经济繁荣，推动了一批市场贸易类型市镇的出现，成为南浔形成市镇的重要因素，樊树志在《江南市镇：传统的变革》一书中指出：

由于宋代以来江南经济迅猛发展，市镇如雨后春笋般大量涌现，并且早已摆脱了几日一集的定期集市模式。

江南市镇的基础奠定于宋代。宋代的农业革命与商业革命，以及"苏湖熟，天下足"局面的出现，为江南市镇的兴起提供了有力的经济支撑，不少江南市镇都可以追溯到这个时代。[①]

而梁庚尧更是细致地通过分析从北宋到南宋时期的江南市镇税收，常常增长十几倍甚至几十倍的比较普遍的情况，定量化分析和揭示了南宋时期市镇商业繁荣的基本情况。[②]正是在市镇商业繁荣背景下，南浔市镇在南宋开始崛起。[③]

关于市场与城市形成的内在联系，马克斯·韦伯在其名著《经济与社会》中就指出：

为了我们能够说它是"城市"，必然还必须增加的另一个特征是：b）在居民点地方存在一种不仅是偶尔的而且是经常的货物交换作为居住者的收益和需求满足的基本组成部分：存在着市场。然而并非任何"市场"就已经使市场所在地变为"城市"。定期的交易会和长途商业市场（年市），在固定的时间内，旅行商贾会聚在一起，相互间批发或零售他们的商品，或者向消费者销售他们的商品，它们往往设在一些我们称之为"村庄"的地方。

只有居住在当地的居民在经济上日常生活需要的基本部分，能在当地的市场上得到满足，即基本部分由当地的居民和周围附近的居民为了在市场上销售而生产或者获得的产品来加以满足，我们才想说是经济意义上的"城市"。任何在这里所说的意义上的城市都是一个"市场的地方"，也就是说，有一个地方市场作为定居点的经济中心，在这个市场上，由于现存的经济生产的专门化，非

---

① 樊树志：《江南市镇：传统的变革》，复旦大学出版社2005年版，第97—98页。
② 梁庚尧：《宋代社会经济史论集（下）》，允晨文化实业股份有限公司1997年版，第21—37页。
③ 南浔市镇崛起的历程，参考樊树志：《江南市镇：传统的变革》，复旦大学出版社2005年版，第97—99页，第672—675页。

城市居民对手工行业的产品或者对商品或者对二者的需要，也在这个市场上得到满足，而且城市居民本身自然也在这个市场上相互换出和换入他们的专门产品和他们经济的消费需求。起初凡是城市作为一个同农村区分的实体出现的地方，不管是领主或王公的居住地也好，还是市场所在地也好，城市都具有两种性质——家族和市场——的经济中心，这是正常的，而且除了经常性的地方市场外，还在当地有旅行商人定期举办长途商品的集市，这也是常见的。但是，城市（在这里所应用的词义上）是市场定居点。[①]

这一市场的形成，与南浔地理位置与交通的便利有很大关系。亚当·斯密指出："水运开拓了比陆运所开拓的广大得多的市场，所以从来各种产业的分工改良，自然而然地都开始于沿海沿河一带。"[②]

南浔镇的崛起，与地方宗教信仰也有关系。美国著名城市学家刘易斯·芒福德就曾经指出"市场的那些功能——取得货物，贮存货物，分配货物——原来是庙宇来承担的。"[③] 事实上，北宋时期寺院经济就很繁荣，[④] 而到了南宋南浔市镇形成时期，地方民众与寺院经济形成了更为密切关系，开拓了寺院经济新的类型。[⑤]

而如果从一个更大的历史宏观视野来看，南浔这一类市镇的崛起，也与日本内藤湖南提出，在中国学术界比较广泛接受的唐宋变革说，这一中国历史上的重要变革时期有很大关系。[⑥] 当然，在我看来，内藤湖南命题本身也存在一定的局限性，[⑦] 近年来对于内藤湖南命题获得了多方面的深入研究与反思。[⑧]

---

① 马克斯·韦伯：《经济与社会·城市的类型》下册第九章第七节，林荣远译，商务印书馆1997年版，第568—569页。中译本亦可参考马克斯·韦伯：《非正当性的支配：城市的类型学》，康乐、简惠美译，广西师范大学出版社2005年版，第3—4页。
② 亚当·斯密：《国民财富的性质和原因的研究》（上卷），郭大力、王亚南译，商务印书馆1972年版，第17页。
③ 刘易斯·芒福德：《城市发展史——起源、演变和前景》，宋俊龄、倪文彦译，中国建筑工业出版社2005年版，第9—11页。
④ 刘方：《汴京与临安：两宋文学中的双城记》，上海古籍出版社，第44—51页。
⑤ 刘方：《仪式与供养：寺院经济与南宋地方社会》，"中国宋史研究会第十八届年会"会议论文。
⑥ 刘方：《唐宋变革与宋代审美文化转型》，学林出版社2009年版，第23—32页。
⑦ 刘方：《唐宋变革与宋代审美文化转型》，学林出版社2009年版，第41—58页。
⑧ 刘方：《唐宋变革与宋代审美文化转型》，学林出版社2009年版，第35—38页。

特别是美国一些学者提出宋元明过渡论，借鉴布罗代尔长时段理论，在这一长时段中讨论江南经济与文化发展。集中体现在 *The Song-Yuan-Ming Transition in Chinese History* 这部论文集中。该书称："本书旨在填补中国帝国中期和晚期之间的空白，恢复历史叙事的连续性。撰稿人认为，宋元明过渡时期构成了一个独特的历史过渡时期，而不是一个中断和权力下放的时期。"①

与日本内藤湖南提出的在中国学术界比较广泛接受的唐宋变革说相比，美国汉学家提出的宋元明过渡论，不仅更为重视历史的连续性发展，而且对于江南地区的经济发展给予了很大的关注，提出了一系列新的观点和研究成果。

其中著名汉学家万志英的论文《城镇和庙宇：长江三角洲的城市增长和衰退（1100—1400）》与本文研究的问题关系最为密切。万志英在文章中认为集镇发展的模式，不仅只是发生于宋代，在某些方面都市化的发展在元朝时依然是在持续成长。万志英在其讨论中相当重视长江流域的集镇在宗教生活与日常活动中扮演的角色。他指出在宗教祭祀中，就如同经济生活领域中，集镇的发展形式反映出其与乡村结合成为共同体。另一方面，集镇作为宗教祭祀的中心，就如同在商业活动中扮演的角色一般。因此，如同经济模式发生改变时，集镇亦会发生改变般；当宗教文化上发生改变时，亦会对集镇的未来发展，造成很大的冲击。②

万志英作为加州学派代表人物，近年来更是对于中国古代经济史进行了全面的考察与研究。李伯重教授在为《中国经济史：古代到 19 世纪》所做的序言中说：

> 国际中国经济史研究取得了长足的进展。以"加州学派"的出现和"大分流"问题的持久讨论为标志，中国经济史研究也进入了国际经济史学术主流，成为国际经济史学的一个重要部分。中国经济史研究新成果不断推出，新理论、新观点不断涌现，大大改变了以往学界对中国经济史的认识，在一些方面甚至

---

① Paul Jakov Smith, Richard von Glahn eds. The Song-Yuan-Ming Transition in Chinese History, Cambridge: Harvard University Asia Center press, 2003.

② Richard von Glahn，Towns and Temples: Urban Growth and Decline inthe Yangzi Delta, 1100—1400, Paul Jakov Smith, Richard von Glahn eds. The Song-Yuan-Ming Transition in Chinese History, Cambridge: Harvard University Asia Center press, 2003, p176—211.

颠覆了传统的共识，从而使得我们对历史上中国经济的真实情况有了更正确的了解。①

在《中国经济史：古代到 19 世纪》中，万志英认为："750—1250 年的这一段时间，被后来的学者公认为'唐宋变革时期'，同时也被认为是中华帝国经济史的一个重要分水岭。在这一时期，长江流域的水稻经济取代了中原，成了中国经济的重心。人口的南迁带来了农业生产力、技术、工业增长、交通、金融以及国际贸易等方面的一系列转变。"在此基础上，万志英进一步研究揭示："货币经济的扩张，农村产业的发展，市场在空间范围上的扩展，对外贸易规模的扩大，劳动力束缚的消失，私人部门克服国家管制后的崛起，共同使得中国在大约 1550 年前后出现了某些学者所称的'第二次经济革命'（第一次经济革命是唐宋变革）。"他认为："与 18 世纪的欧洲相比，当时的中国经济是非常自由的。土地、劳动力以及商品市场皆存在竞争。清朝政府积极鼓励私人商业扩张：实际上，除了盐和铜之外，其他所有商品市场都由自由贸易所主导。政府对国内贸易征税极轻，对外国进口商品也免收关税。城市行会的权力受到限制。农村产业则完全独立于行会的规制。"②

在彭慕兰的经典之作《大分流》之前，英国学者邓钢在其同样分析中国传统社会经济制度模式的著作《中国传统经济：结构均衡和资本主义停滞》中，特别讨论了"宋朝及其不寻常之处"。邓钢分析认为宋代时期政府在王安石实施改革之前几近破产的财政压力之下，被迫增加商贸作为税收来源，等等。这些对于宋代经济的判断，与其他学者看法基本一致。邓钢重要的新发现和洞察在于，认为宋代的经济变革是非持续的，贸易政策仅仅是权宜之计。南宋政权在更大的财政压力之下，加重了土地掠夺和赋税，导致竟然人口出现了从南方宋国到北方金国的反向迁移，使得南宋财政更加依赖商贸税收。他认为"宋朝的经济增长本质上是属于特权所有、所享的，它没有使宋朝摆脱社会经济危机，没有收拢人心"。③南宋时期南浔市镇崛起，也正是在宋元明过渡理论与江南经济发

① 万志英：《中国经济史：古代到19世纪》，崔传刚译，中国人民大学出版社2018年版，第4页。
② 万志英：《中国经济史：古代到19世纪》，崔传刚译，中国人民大学出版社2018年版，第183、258、303页。
③ 邓钢：《中国传统经济：结构均衡和资本主义停滞》，茹玉骢、徐雪英译，浙江大学出版社2020年版，第343—344页，第348—356页，第358页。

展背景下可获得更好认识与理解。

三、早期全球化市场初步形成与明清时期江南城镇蚕桑业的发展繁荣

江南市镇蚕桑业的发展、繁荣与衰落，绝不是一个孤立的历史文化事件，而是与整个传统中国的地区乃至于国际贸易，与早期全球化密切联系在一起。

伊曼纽尔·沃勒斯坦在 1974 年出版的《现代世界体系（第一卷）：16 世纪资本主义农业和欧洲世界欧洲的起源》中提出了世界体系理论（World system theory）。沃勒斯坦对"世界体系"概念做了明确的理论阐释。他认为，"世界体系"是一个经济体系，超越了传统帝国的政治体系。[1]

沃勒斯坦认为，这个资本主义世界经济体系最重要的特征之一就是由该体系的横向分工和资本积累的运动形态所产生的一个不等价交换体系：核心地带、半边缘地带和边缘地带。半边缘地带在相互对立的核心与边缘之间充当一种缓冲物，并起到平衡经济的作用。[2]

沃勒斯坦的现代世界体系与资本主义不可分割。沃勒斯坦之前，对此问题的研究以韦伯的《新教伦理与资本主义精神》最为著名。而沃勒斯坦在解释欧洲究竟是被什么引向接近创立一个资本主义世界经济体的边缘时，将中国和欧洲做了对比，进行了解释：

我曾谈到世界经济体是现代世界的一个发明。不尽如此。以前也存在过世界经济体。但它们总是转化成帝国，例如中国、波斯、罗马。现代世界经济体本来也可能发展到同一方向——的确，它也曾偶尔似乎显示出要如此发展的样子。但由于现代资本主义的技巧和现代科学技术（据我们所知，这两者之间有某种联系），使这个世界经济体得以繁荣、增殖和扩展，而没有出现一个统一的政治结构。

---

① 伊曼纽尔·沃勒斯坦：《现代世界体系（第一卷）：16世纪资本主义农业和欧洲世界欧洲的起源》，罗荣渠等译，高等教育出版社1998年版，第12页。

② 伊曼纽尔·沃勒斯坦：《现代世界体系（第一卷）：16世纪资本主义农业和欧洲世界欧洲的起源》，罗荣渠等译，高等教育出版社1998年版，第108—109页。

资本主义所做的是提供另一种更加有利可图的攫取剩余的来源（至少从长远来看是如此）。帝国是一个征集贡品的机制，在弗雷德里克·莱恩的丰富想象中，它"意味着：征集款项为的是提供保护，而所征集的却超过提供保护的费用。"而在资本主义世界经济体中，政治力量被用来保证垄断权利（或尽可能如此）。国家减弱了作为中央的经济机构的作用，而更多地变成在其他经济交易中保证一定的进出口交换比率的手段。这样，市场的运行（不是自由运行，但毕竟是市场运行）刺激了生产率的提高，产生了现代经济发展所带来的各种后果。世界经济体就是这些过程发生的舞台。[1]

通过对各种观点和证据的讨论和分析，沃勒斯坦认为：

关于中国的论点可概括如下：人们怀疑15世纪的欧洲和中国在人口、面积、技术状况（农业技术和航海工程）等基本点上存在重大差别。而所存在的某些差别的程度很难说明是未来几个世纪发展差别之如此悬殊的原因。此外，价值体系的差别似乎被过分夸大了，同样，差别存在的程度也不足以造成如此不同的后果。因为，正如我们试图表明的，思想体系能被用来服务于相反的利益，能与非常不同的结构发展相联系。

中国和欧洲的基本差别再次反映一个长时段的长期趋向与一个更直接的经济周期的结合。长期的趋向可回溯到罗马和中国这两大古代帝国，及其解体的方式和程度。[2]

沃勒斯坦的现代世界体系包括对于传统中国没有能够发展出现代经济体系的解释等等，都引发了广泛的讨论和争议。其中著名的是弗兰克的《白银资本：重视经济全球化中的东方》中的批评："本书认为并力求证明，由于人们普遍不能采用一种整体主义的全球视野，结果不仅使我们囿于狭隘的地方主义、部门性和暂时性的事物。那些避免狭隘的地方主义的尝试，只要是以一个局部，尤

---

① 伊曼纽尔·沃勒斯坦：《现代世界体系（第一卷）：16世纪资本主义农业和欧洲世界欧洲的起源》，罗荣渠等译，高等教育出版社1998年版，第13页。

② 伊曼纽尔·沃勒斯坦：《现代世界体系（第一卷）：16世纪资本主义农业和欧洲世界欧洲的起源》，罗荣渠等译，高等教育出版社1998年版，第49页。

其是以一个错误的地方作为出发点来认识全球整体的结构和进程，也都难免会出现这种结果。这是流行的欧洲中心论的历史学和社会理论的原罪，因为它们都是以欧洲作为出发点，由此向外窥探。本书则要把这种方法颠倒过来，从整个世界的角度来反观世界内部。换言之，本书将从探索我们环绕地球的路线入手，从世界范围的贸易、货币、人口和生产入手。""本书将证明，欧洲是如何利用它从美洲获得的金钱强行分沾了亚洲的生产、市场和贸易的好处——简言之，从亚洲在世界经济中的支配地位中谋取好处。欧洲从亚洲的背上往上爬，然后暂时站到了亚洲的肩膀上。"[1]

而在传统中国的对外贸易研究领域中，长期以来，最为著名的则是朝贡体系理论。"朝贡体系"这一概念，是哈佛大学教授、著名汉学家费正清在与华裔汉学家邓嗣禹合作的论文《论清代的朝贡制度》中最早提出的。其主要观点是："朝贡制度（the tributary system）曾是古代中国与周边国家传统关系的主要形态，进而成为近代以前中国为中心之整个东亚地区的一种基本国际关系形态。"[2]而在1956年出版的著作《中国沿海的贸易与外交：通商口岸的开埠（1842—1854）》中，费正清考察了传统中国的外交模式"朝贡体系"及其在广州的应用。在马钊和麦哲维为中文版所做的序《旧籍新读——费正清和他的〈中国沿海的贸易与外交〉》中分析指出：

为了弄清中国对西方的"排斥"，费正清超越了外交史与制度史的探寻，考虑到意识形态的因素。他发现，在清朝与英帝国的互动中，双方的冲突在于彼此的世界秩序观念完全不同：一个是普世的道德政治秩序，另一个是民族国家体系。在费正清看来，以中国为中心的意识形态完全体现于朝贡体系的制度之中。中国和西方政治秩序愿景的冲突亦体现在双方经济理念上的差异，中国宣称无所不有，抑制商人，而英国则促进自由贸易。费正清研究的时段，从

---

① 弗兰克：《白银资本：重视经济全球化中的东方》，刘北成译，中央编译出版社2008年版，第53页，第5页。

② J. K. Fairbank and S. Y. Teng, On the Ch'ing Tributary System, Harvard Journal of Asiatic Studies, Vol. 6(2), 1941, pp.135—246.相关述评参考权赫秀：《中国古代朝贡关系研究评述》，《中国边疆史地研究》2005年第3期。王志强：《西方朝贡制度研究的开拓与奠基之作——费正清〈论清代的朝贡制度〉评介》，《海南师范大学学报（社会科学版）》2012年第5期。

1842 年第一批通商口岸开埠，到 1854 年海关税务司设立，标志着"两个单边体系——中国和西方之间的关系格局经历了变迁"。费正清描述了同西方接触之前中国社会相当稳定的政治秩序，认为这种政治秩序在 1842 至 1854 年间的过渡时期开始崩溃。他断言，"如此超稳定的社会如果不从整体结构上完全摧毁，并加以重新建设，想重塑它的任何部分都不可能实现。"①

滨下武志不同意中国和亚洲的近代化是由于西方的冲击所造成的，在他的名著《近代中国的国际契机：朝贡贸易体系与近代亚洲经济圈》中，滨下武志从经济史的角度研究近代亚洲市场，以朝贡贸易体系为切入点，为我们揭示了以朝贡为纽带的亚洲各国间的关系。滨下武志试图突破费正清朝贡体系理论，形成东亚朝贡体系经济史视野，因此其试图寻求"一种既能有效的继承过去的传统，有能全面地把握各国不同的历史特质和现状，进而把亚洲作为一个整体来设定问题。"②

在第四章以"1850 年围绕中国市场与世界市场的连接与扩大，成为中国近代经济史的转换期"为中心的研究中，滨下武志阐明"白银的流出和流入这种现象为媒介进行的、背后规定着白银动向的、包括中国经济社会在内的统一的国际金融关系，即国际汇兑信用关系的历史性质。"③因此，滨下武志分析指出 这一时期"中国经济已被卷入了以伦敦为中心的世界规模的国际结算体系之中。"④

清代中国并没有闭关自守，而且比起当时世界上许多国家来说更为开放。也正因如此，19 世纪中期以前中国在世界贸易中占据中心地位。这是弗兰克在《白银资本：重视经济全球化中的东方》一书中所得出的结论。他认为，19 世纪初期以前中国是世界上最大的贸易国。⑤

---

① 马钊、麦哲维：《旧籍新读——费正清和他的〈中国沿海的贸易与外交〉》，《中国沿海的贸易与外交：通商口岸的开埠：1842—1854》，山西人民出版社2021年版，序二。
② 滨下武志：《近代中国的国际契机——朝贡贸易体系与亚洲经济圈》，朱荫贵译，中国社会科学出版社2004年版，中文版前言。
③ 滨下武志：《近代中国的国际契机——朝贡贸易体系与亚洲经济圈》，朱荫贵译，中国社会科学出版社2004年版，第155页。
④ 滨下武志：《近代中国的国际契机——朝贡贸易体系与亚洲经济圈》，朱荫贵译，中国社会科学出版社2004年版，第193页。
⑤ 弗兰克：《白银资本：重视经济全球化中的东方》，刘北成译，中央编译出版社2008年版，第418页。

事实上，包括湖州府中的南浔、新市等等在内许多江南市镇蚕桑经济，是在明清时期，走向繁荣和鼎盛时期。李伯重的一系列文章与著作指出鸦片战争之前的江南，并不是我们想象中那样的贫穷落后，是当时世界上走在比较前面的地方。尽管后来出现很多问题，但是我们必须肯定在长期历史发展过程中，江南走在整个东亚世界的前面。正如李伯重分析指出，早期贸易体系，不仅范围有限，更为重要的是，没有能够形成真正意义上的具有贸易规则的贸易体系。一直到明清时期形成。①

李伯重基于经济全球化分析指出明清江南经济并非衰落。他认为明清时期"东亚地区形成了一个联系日益密切的国际贸易网络"。挑战了传统的明清"闭关自守"论。作者认为："到了16世纪，欧洲人从海路到达中国之后，以中国为中心的亚洲东部地区和以欧美为中心的世界其他地区开始在经济上紧紧联系在一起，从而掀起了真正意义上的经济全球化大潮。"李伯重指出："没有中国的参与，经济全球化虽然可以可能也会发生，但肯定不会是我们今天看到的那个在世界历史上真实发生的经济全球化了。"②

南浔、新市等在内的许多江南市镇经济，充分利用了其地理位置、交通网络、商品物产等等因素，参与到近代世界体系中，获得繁荣和鼎盛时期。

四、外来冲击、内卷化与近代江南市镇蚕桑业发展的挫折

事实上，包括南浔在内的近代江南市镇蚕桑业在近代的衰落，与世界性市场需求，日本蚕桑业现代机械化技术，东南亚蚕桑业崛起，等等诸多外在因素有关。也与黄宗智指出的内卷化，过密化，马尔萨斯人口陷阱，斯密型增长等等内在理路相关。

黄宗智认为过密型商品化导致明清以来"没有发展的增长"这一悖论现象。他的观点我们可以不完全同意，但的确给我们重新思考近代以来江南经济提供了新的视角。全球化市场体系下的外来冲击与内卷化深刻影响到近代江南市镇

① 李伯重：《"江南经济奇迹"的历史基础——新视野中的近代早期江南经济》，《清华大学学报（哲学社会科学版）》2011年第2期。
② 李伯重：《火枪与账簿：早期经济全球化时代的中国与东亚世界》，生活·读书·新知三联书店2017年版，第95页，第57页。

蚕桑业发展遭遇挫折。

"内卷化"一词源于美国人类学家吉尔茨的《农业内卷化》。根据吉尔茨的定义,"内卷化"是指一种社会或文化模式在某一发展阶段达到一种确定的形式后,便停滞不前或无法转化为另一种高级模式的现象。黄宗智在《长江三角洲小农家庭与乡村发展》中,把"内卷化"这一概念用于中国经济发展与社会变迁的研究,他把通过在有限的土地上投入大量的劳动力来获得总产量增长的方式,称为没有发展的增长,即"内卷化"。黄宗智研究指出:

就总产出和总产值的绝对量而言,明清时期长江三角洲的农村经济确实出现了相当幅度的增长;以整个家庭的年收入来分析,农村经济也显示了若干程度的增长。但是仔细考察一下就会发现,这种增长乃是以单位工作日的报酬递减为代价而实现的。家庭年收入的增长,不是来自单位工作日报酬的增加,而是来自家庭劳动力更充分的利用,诸如妇女、儿童、老人的劳动力,以及成年男子闲暇时间的劳动力。这就是"无发展的增长",或者说"过密型增长"。[1]

黄宗智还就江南的桑蚕业和丝手工业进行了具体分析:

在这种情况下,在严重耕地不足的地区,桑蚕业的发展是势在必行。只有在那些劳动力,包括家庭辅助劳动力严重不足,乃至不得不按工作小时来计算价值的地区,桑蚕业才是人们不乐于采纳的。这种在现代都市中常见的现象,在小农社会中却是很少看到。在这样的小农社会中,劳动力市场,尤其是妇女、儿童、老人以及成年男子的闲暇劳动力市场,远未发展起来。这些劳动力几乎没有机会成本,从而成为桑蚕业所需要的劳动密集化和过密化的主要劳动力来源。

植桑和养蚕通常与非资本密集的手工业——家庭缫丝——相联系。小农家庭有能力置办缫丝所需的简单设备。而且,在19世纪末新的烘茧技术出现以前,缫丝几乎只能由养蚕人来完成,因为蚕茧必须在7天内缫丝,否则便会有蚕蛾钻出。

---

[1]　黄宗智:《长江三角洲小农家庭与乡村发展》,中华书局1992年版,第77页。

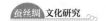

相比之下，丝织却相对资本密集，需要相当复杂的织机，至少要两三名熟练工人来操纵。况且，丝绸是上层阶级消费的奢侈品，可获较高的报酬。这些特点使丝织脱离了小农家庭，作为一种几乎城镇专有的行业而发展。①

因此，黄宗智指出：

事实上，帝国主义制造出一个把城市发展和农村过密化联锁在一起的新型经济体系，两者是同一现象的两个相互依存的侧面。资本相对密集的城市工业依靠劳动力密集的农户以得到廉价生产的原料（如棉花和蚕茧）和廉价加工的产品（如棉纱）。在这个过程中，在城市工业的发展和城乡贸易结构的改造的同时，小农生产发生过密化，它的廉价劳动力形成城市发展的部分基础。

正是这个体系使城市发展和农村贫困化的同时发生成为可能。②

李隆生《晚明海外贸易数量研究：兼论江南丝绸产业与白银流入的影响》，可以说是一个对于弗兰克《白银资本：重视经济全球化中的东方》的一个回应性研究。认为1514至1662年间，中国政府和人民卷入和受到"现代世界体系"发展最初阶段的影响。这些牵涉和影响是经由连接全球各大洲的海上航线所导致，经由这些航线，商品、作物、疾病、概念进行了交换：

不论江南的丝绸业在明代后期是否出现资本主义萌芽，但是明代后期的丝绸产业的确出现一些与前朝极不相同的特色。胪列如下：第一、丝织品种类增加和品质提升；第二、价跌量增；第三、丝绸专业市镇出现，丝绸业从大城市扩散到市镇和农村；第四、从商业资本延伸或是小生产者分化，出现了工业／手工业的资本家；第四、身份自由的专业劳工出现，劳动市场形成。这显示其市场化／商品化的程度非常高。

显而易见，晚明中国丝绸出口，对江南丝绸产业的发展有很大影响。③

① 黄宗智：《长江三角洲小农家庭与乡村发展》，中华书局1992年版，第80页。
② 黄宗智：《长江三角洲小农家庭与乡村发展》，中华书局1992年版，第145页。
③ 李隆生：《晚明海外贸易数量研究：兼论江南丝绸产业与白银流入的影响》，秀威出版2005年版，第213—214页。

当然，江南市镇的丝绸业发展与衰落，有着十分复杂的多方面的影响因素，加州学派过度强调市场，强调世界贸易体系，而没有考虑社会文化，社会制度方面问题。

诺贝尔经济学奖获得者、新制度经济学代表人物诺思认为，新制度经济史所要解释和说明的核心问题是："为什么相对无效的经济会持续？是什么妨碍了它们去采用更有效的经济制度呢？"在探寻这一问题答案的过程中，诺思又发展了制度变迁的轨迹和路径依赖理论。他认为，制度变迁的路径依赖理论能够为上述问题的解答提出一个新的视角，"路径依赖性是理解长期经济变迁的关键"。诺思把路径依赖的相关概念和分析方法引入了制度变迁的分析之中。他认为，在制度变迁中，同样存在着报酬递增和自我强化机制。这种机制使得制度变迁一旦走上某条路径，它的既定方向就会在以后的发展中得到自我强化，从而形成对制度变迁轨迹的路径依赖。[1]

一方面明清时代，全球化经济体系带来的国际贸易，对于江南的丝绸业发展具有极为重要的影响。另一方面，社会文化、社会制度等方面因素同样产生重要的影响。马德斌在《中国经济史的大分流与现代化》一书中从诱导性创新假设、官方意识形态差异、学者思想开放程度、制度创新、基础设施、政府克服外部性、阿克洛夫柠檬市场逆向选择等诸多方面，对于中日养蚕业技术进步差异，进行了初步的比较与解释。[2]

南浔等江南市镇蚕丝业的兴起、繁荣与衰落，不是某一个地域发生的偶然性的事件。只有把它置于南宋以来特别是明清以来，整个世界逐渐形成的经济、贸易体系的全球化进程中，才能够获得更为全面、深入的认识与理解。

五、结语：一点思考与启示

本文的着眼点在于提供一种长时段的全球化背景下国际视野的认知与理解，而非对于南浔或者新市市镇丝绸业进行某些具体时期的细部研究。事实上，这

---

① 道格拉斯·C.诺斯：《制度、制度变迁与经济绩效》，杭行译，格致出版社2008年版。

② 马德斌：《中国经济史的大分流与现代化：一种跨国比较视野》，徐毅、袁为鹏、乔士容译，浙江大学出版社2020年版。

些年来对于南浔或者新市市镇丝绸业经济相关学术问题的研究，已经有了不少研究成果。不仅有整体性的江南丝绸史的研究，而且有许多江南市镇如震泽、盛泽等的丝绸业经济的专题研究。笔者认为，除非出现一些重要的新材料，很难有比较大的学术研究突破和重大创新性研究成果。在笔者看来，某些具体的历史发展过程中的细节研究成果固然重要，但是如果没有对于整个经济发展的宏观历史的研究与认知，很难真正揭示出具体的专题研究中的经济发展大趋势，从而难以获得整体性认知与理解。

经济的盛衰，行业的起落，往往是诸多因素共同影响的结果。比如，近年来，研究南浔蚕丝业发展的衰落原因，很多研究者注意到日本的机械化生产技术引进问题。但是这并没有能够帮助南浔蚕丝业真正摆脱衰落的命运。

因此，认识和把握时代发展的大趋势，针对多种因素进行综合性考虑与分析，十分必要和重要。正如卡尔·波兰尼在《巨变：当代政治与经济的起源》中所言：

一般而言，一个社会的整体情况，是由外在因素形成的，如气候的改变、农作物的收成、一个新的敌人、一个旧敌人采用新武器、出现新的共同目标，或发现新的方法来达成旧有的目标。若要了解各阶级在社会发展过程中的作用，就必须把这些局部的利益放在社会整体情况中加以通盘考虑。

阶级利益在社会变迁中会扮演重要的角色毋宁可说是相当自然的。任何全面性的变迁必然会对社会不同部门造成不同的影响，而其原因则可归诸地理位置、经济与文化条件上的不同等。局部性利益于是就成为推动社会、政治变迁之现成工具。不管社会的变迁是源自战争或贸易、惊人的发明或自然条件的改变，这时社会的各部门会采用不同的适应方式（包括强制的），并调节本身的利益以配合它们试图领导的其他阶级；因而只有当我们能指出某一群体或某些群体引发变迁时，我们才能解释何以会发生这些变迁。然而，变迁的最终起因是由外在力量决定的，只有关于变迁之心理过程，社会才依赖内在的力量。"挑战"是针对社会整体而发的，而所生的"反应"却是来自内部各个团体、部门与阶级。[①]

在一个整体性、宏观性的国际性视野中，才能够更好地认识卷入全球化经济体系与世界贸易体系的具体的蚕丝业企业的发展趋势。对于蚕桑业生产与贸易的具体细节，才能够获得更为深层和更为全面的认知与理解。

从宏观发展看，就江南市镇蚕丝业发展的内部因素而言，一方面主动面向市场需求，提供商品，一方面积极参与全球化贸易体系。从外部环境看，稳定的国际化市场需求，良好的全球化贸易体系，都是十分重要的因素。在今日全球化贸易体系时代，蚕丝业很难独善其身。积极融入双循环，增加高端产品，通过新技术开发新材料，打造品牌产品，开拓市场，才能够有发展前景。以南浔为代表的江南城镇蚕丝业的光荣已经属于历史，具有前瞻性，勇于探索，勇于开创，才能够拥抱未来。

（作者单位：湖州师范学院人文学院）

[①] 卡尔·波兰尼：《巨变：当代政治与经济的起源》，黄树民译，社会科学文献出版社2013年版，第270—271页。

附录：春蚕日记

春蚕日记·收蚁

范帆鞭　余连祥

　　我老家多植桑树，早些年村民中有很多养蚕的人家，但我家中亲友皆不以农桑谋生，我儿时又是个怕虫的胆小鬼，因而论起养蚕这事儿，二十多年以来，这竟是头一遭。对于养蚕我毫无经验，心中难免忐忑。我们学校由党委书记金佩华研究员牵头，申请到了教育部中华优秀传统文化（蚕丝绸）传承基地。基地专门筹建了"春蚕工作坊"，由原湖州市蚕桑技术推广站站长、教授级高工楼黎静任首席专家，湖州市蚕桑技术研究所所长张金卫带领全所提供友情支持。一听有一众专家指导，那股初次养蚕的兴奋劲儿便立马盖过了心中的忐忑不安。许多小朋友都在父母老师带领下有模有样地养起了蚕，那我们这群大朋友便也在专家老师的指导下，体验一把养蚕的乐趣吧。

　　谷雨前边，蚕农都要忙于布置蚕室、整理蚕具了。我们"春蚕工作坊"的前期准备工作也有条不紊地进行着。蚕具大多是从湖州乡下养蚕的人家中收来的，蚕匾、蚕架、蚕网、叶籭等等，大大小小、形状各异，有的已经是十几年的老物件了。那些蚕具中，我看那切桑叶用的叶墩头最觉得新奇。据"春蚕工作坊"负责人余连祥教授说，专门制作叶墩头的师傅要先梳理干净的稻草，刘去顶端细嫩部分，梳理掉杂叶，中间用竹箍束紧，矮矮的圆柱形，状似家中厨房常见的切菜墩头。据说用它切小桑叶片可以不发出一丝声音，不会惊扰娇小的蚕宝宝。一试果然如此，妙哉！蚕具集齐后就送到毗山脚下的湖州市蚕桑研究所进行了清洗、消毒和晾晒的工作。

我们的"春蚕工作坊"虽是由办公室改建而成，但经过了高压水枪冲洗，漂白粉配成的消毒水清洗等多道程序也已准备完毕。随后便是调试养春蚕工作坊的温度和湿度，因此春蚕工作坊内的养蚕专用干湿温度计是不可或缺的物品。在饲养春蚕小蚕时，由于气温比较低，这个阶段要燃炭盆增加室温。我们则是将春蚕工作坊内的空调设为 30 摄氏度，还添置了大功率电饭煲煮水的方式来增加空气的温度和湿度，为小蚕的生长营造有利的环境。

准备工作做完后，万事俱备，只欠蚕种了。从前，蚕农还需做选种、浴种、暖种的工作，而现在的蚕种都由蚕种场利用现代温控技术进行科学育制。蚕农领回蚕种后只要收蚁就行了。我们的蚕种是由浙江大学动物科学学院陈玉银教授团队友情提供的实用型彩色蚕茧品种"金秋 × 初日"，能结出金黄色的"黄金茧"。

在专家的指导下，2021 年 4 月 28 日下午，我们进行了收蚁的工作。吃过中饭，我们几位女生穿上了由荻港渔庄友情提供的蓝印花布蚕娘服饰，在楼站长的指点下，开始做准备工作。我们放好蚕架，从蚕台里抽出一张消过毒的蚕匾，在匾里铺一层薄膜，再铺一层防干纸。我们剪开"金秋 × 初日"蚕种，将催好青的蚕卵轻轻倒在纸上，让其"见光"。乌蚁孵化时，蚕农要采嫩桑叶切细，将野蔷薇花叶焙燥揉细拌入，然后一并撒在蚕种纸上，乌蚁嗅到香气，纷纷爬上叶面，过两小时即可用鹅毛将乌蚁掸入蚕匾内，开始喂养。旧时要用秤杆挑布子，桑叶中掺进灯芯草，意谓"称心如意"。一颗颗由黑转青的蚕卵中爬出成千上万条黑色小蚕宝宝。这种"乌蚁"与我印象中白白胖胖的蚕宝宝形象大相径庭。这并不是我们弄错了虫子，是因为蚕宝宝成长要经过几个阶段，半个月后就是我们所熟悉的白胖模样了。爬走蚕宝宝的蚕卵壳居然是白色的。

乌蚁孵化后立即撒上防僵粉，一小时后用"防病一号"蚕药对蚕体进行消毒并进行给桑叶，也就是喂给蚕宝宝小桑叶片，小桑叶片要撒得均匀，尽量让每条蚕宝宝都有一片独有的小桑叶片。桑叶是养好蚕的关键的因素。我们几个开玩笑说，蚕宝宝之所以叫作宝宝大概与它吃得精细有关。桑叶老的不行，干瘪的不行，不新鲜的不行，不干净的更是不行。桑叶上的露水和灰尘也需给细细揩去了，再将桑叶切成小桑叶片，小桑叶片大小在蚕身体 1.5 倍左右，就为了让蚕宝宝们吃得便利些。蚕宝宝吃的都是每天清晨新摘的嫩桑叶。天气转暖后，如何良好存放桑叶的问题就变得尤为关键。家长带着孩子养蚕，可将桑叶放在冰箱内保鲜。我们没有冰箱，就将桑叶平铺在竹匾中，盖上透气熟料薄膜放在阴凉处，同时安排同学常翻动桑叶，留心桑叶是否变质，保证蚕宝宝的口粮品质优良。

第一次喂食结束后，用鹅毛将蚕宝宝定座，定座就是将蚕宝宝连同小桑叶片轻拢成为长方形。初次喂食后两小时后第二次喂食，视蚕吃小桑叶片情况适度添加小桑叶片，同时用鹅毛将过于密集的蚕宝宝轻移至稀疏处。到这儿，收蚁基本已经完成了，只需完成最后一步，给蚕座盖上防干纸，以保存小桑叶片的水分。

"子规啼血四更时，起视蚕稠怕叶稀。"收蚁是我们养蚕活动开始的第一步，我们的养春蚕小组成员接下来还需给蚕宝宝定时喂食，监控养春蚕工作坊的温度和湿度，及时消毒清理等工作。从一开始的不知从何下手到如今的逐渐熟练，大伙儿都有了很大的进步，并且还从中寻出了点乐趣。若你硬让我说是什么乐趣？那可能是见证小生命成长那一份喜悦吧。

（原载《钱江晚报·小时新闻·全文艺》2021 年 4 月 30 日）

春蚕日记·头眠

陈柳伊　余连祥

养蚕是一项忙碌劳累又需心细如发的生产活动。

自 4 月 28 日蚕卵孵化收蚁，至 30 日，我们春蚕工作坊的蚕宝宝，无论是从形态、尺寸还是颜色等，都一直在快速变化中。

第一日是黑色小蚁状，所以此时的蚕宝宝也可戏称为"乌蚁"；到第二日的头部明显泛白，身体略有增长；而第三日头部则已完全呈现白色，身体转为黄褐色，体型增长至乌蚁的两倍大。

而且自 30 日晚 9 点起，就有很大一部分蚕宝宝进入了休眠模式，也就是俗称的头眠——蚕宝宝的第一次蜕变期。这时的蚕宝宝，用古农书的说法，那就是"身肥皮紧，色带微黄，嘴亦缩入，乃脱壳之候也"，且相比于前两天的活泼好动多食，此时的蚕宝宝会静卧不动不食，如睡眠一般，因而称为"眠头"。至于为什么取个这样的名字，我猜，大概是因为这蚕在休眠时，还会将头部略微抬起，作瞻望态。

不过，为了让蚕宝宝安全又舒适地度过这个重要的生理转折点，我们的蚕娘们也是下足了功夫。

首先，我们在湖州市蚕桑研究所张金卫所长的带领下预估时间，完成了"眠前加网除沙"的工作，保证眠蚕有一个干爽清洁的蚕座，避免蚕粪、剩叶堆积过多或时间过长，导致病菌滋生蔓延，在蚕抵抗力较弱的眠期侵入蚕体致病。为了减少蚕娘喂蚕时带入蚕室的细菌，蚕娘们在进入蚕室前都需净手换鞋，且每晚还需在蚕身上均匀播撒"防病一号"蚕药以消毒，并在蚕架周围适量喷洒漂白水。

蚕性虽喜暖恶湿，但在头眠时却又略有不同。发觉蚕将起眠后应适当降温补湿，避光透气。比如去除防干膜，让蚕在休眠初期处于尽量干燥且不处于闷热滞涩的环境。但后期又要适当补湿，避免过分干燥导致蚕儿发生蜕皮困难或半蜕皮的情况。同样要注意的是，头眠中的蚕室需降温 1—2 度，也就是使温度处于 24~25 摄氏度左右，以减少眠蚕体力消耗。

然后就是在蚕眠前期均匀撒上焦糠，促进蚕座干燥无菌的同时起到止桑的作用，防止"偷叶娘"提前饲食，吃残剩桑叶影响健康，并可保证起眠后的蚕宝宝生长同步。蚕农们都十分注意，力求蚕宝宝眠得整齐。我们自然也要努力让蚕宝宝同时眠好"头眠"。

不过我们蚕室的春蚕还是因为发育进程略有不同，分作两批进行头眠。造成这种现象的原因很多，大致为以下三点：一是蚕宝宝是一个大的群体，2 万多条蚕，发育不可能完全一样；二是这次摊卵工作没有做好，蚕宝宝自己从育卵盒子里爬出来，并且收蚁操作略有失误，使之有了一定的损伤；三是喂叶不均，导致桑叶局部积温，蚕宝宝提前蜕皮或部分蚕宝宝多食而较早入眠。

虽然有了这样一个小插曲，但是在原湖州市蚕桑技术推广站站长、教授级高工楼黎静老师的指导下，我们及时将蚕宝宝进行提青分批，让未入眠蚕宝宝继续进食至生长同步，最后让所有蚕宝宝都顺利入眠。

而后历经一昼时，也就是在大约 5 月 2 日早晨 8 点，可以观察到 95% 以上的蚕宝宝已经蜕皮成功，呈青白色，并且开始活动，抬起头来寻找桑叶，称"起娘"。此时的蚕就进入了饲食期。因为是新起娘蚕，皮肤娇嫩，需先用"防病一号"蚕药进行消毒杀菌，再加分箔蚕网后喂给桑叶。必须注意第一次饲食给桑应遵循多喂薄饲的原则，也就是让桑叶薄薄覆盖一层，每条蚕都能吃到并能在 4 小时左右吃完的量。到第二次饲食就可恢复之前的喂叶量了。而且因为

蚕宝宝已经顺利蜕皮，所以防干膜需要重新盖上，保证湿度适宜。

至此，蚕宝宝的头眠就顺利结束了。蚕宝宝顺利从一龄进入二龄。不过二龄的蚕宝宝仍是小蚕，仍需大家精心呵护。清代诗人沈炳震在《蚕桑乐府·饲蚕》中描述道：

初眠二眠蚕如毛，饲蚕切叶嗟劳劳。辛勤半月蚕出火，带叶连枝亦已可。小时食叶叶须干，露中采得当风悬。大眠饷后叶可湿，清泉细洒明珠圆。

我们仍用毛巾擦干净桑叶，在叶墩头上切成小叶片，才轻轻洒下蚕匾里给二龄的蚕宝宝饷叶。

本学期我选修了余教授的公选课《中国蚕桑丝绸文化欣赏》。听余教授说，旧时蚕农有祈神宜蚕的习俗。嫘祖、马鸣王菩萨、蚕花娘娘都是民间祭祀的蚕神。蚕花三姑也是古时人们用于占卜蚕事的神。道家认为："道生一，一生二，二生三，三生万物。"在道家看来，"三"是一个神奇的数字，它能推算出人间万象。用三姑来占卜蚕事，是好是坏也就能够自圆其说了。阴阳术士认为：大姑心狠，故大姑把蚕则蚕事不利；二姑仁慈，故二姑把蚕则蚕事大吉；三姑最任性，喜怒无常，故三姑把蚕则蚕事倏好倏坏。

五一小长假，回家的同学都在朋友圈里晒各种休闲活动。我们几位留守学校的"蚕娘"则忙于呵护蚕宝宝的"头眠"。我们都期待在大家的悉心照顾下和蚕花二姑的眷顾下，我们养蚕工作坊能够蚕事大吉，蚕茧丰收！

（原载《钱江晚报·小时新闻·全文艺》2021 年 5 月 6 日）

春蚕日记·二眠

陈溪婷　余连祥

本学期，我们大一学前专业开设了劳动课，授课内容是养春蚕。有不少同学很喜欢养春蚕。我从小在新疆长大，没养过蚕，说不上喜欢。好在班长很热心很负责，我这个副班长不用操多少心。五一前，班长说他五一要回家，让我带领留在学校的四五位同学一起养春蚕。于是，节前跟着班长去春蚕工作坊"见习"，主要是熟悉饲养蚕宝宝的操作流程。我们有个养春蚕工作微信群，每次只要把温度、湿度和蚕座的情况拍成照片或小视频，发到群里，专家看过后就会指导大家怎么操作。有时候专家还会到蚕室来现场指导。熟悉了这一流程，心里有了点谱。

刚眠好"头眠"的蚕宝宝十分娇小，喂的桑叶需切成蚕宝宝身长1.5倍的小叶片。班长他们切得很艰难，问我是否会切菜。切菜炒菜我会。"见习"了一会儿切叶，我接过叶刀，切去叶蒂，将桑叶切成条，再切成小片。班长他们夸我这个女汉子会切叶。于是，我五一期间负责养好春蚕的信心大增。

自5月3日晚上开始，蚕宝宝陆续进入二眠。现在的蚕宝宝跟乌蚁时的体型有了很大的差别，已经长长的一条了。晚上，蚕宝宝的活跃程度降低，开始有眠的迹象，于是就减少了桑叶的喂食。5月4日早上，大部分蚕宝宝开始了二眠，还有小部分的蚕宝宝因为各方面的原因发育进程略有滞后。湖州市蚕桑所张金卫所长指导大家在蚕座上撒上焦糠，以便将剩余的桑叶盖住，统一饷蚕进度，之后将处在二眠的春蚕与"发育较慢"的春蚕加网提青，继续进行二眠。在分好的匾中撒上焦糠，再在上层撒上新鲜的桑叶丝。

蚕宝宝每增一龄，都要眠一次，一生要眠四次。每次蚕眠，蚕宝宝都要静静地躺着，如睡眠一般，一直要等到脱去一层皮后，才恢复行动和吃叶。此间蚕妇正可以忙中偷闲，略事修整。每逢眠关，旧时蚕家都要用好酒好菜祭祀蚕花娘娘。蚕家也可以托神之福，改善改善生活。清代黄燮清的《长水竹枝词》就是描写这种习俗的："蚕种须教觅四眠，买桑须买树头鲜。蚕眠桑老红闺静，灯火三更作茧圆。"

原诗有注："蚕眠后，作小粉圆，祀马头神，名曰茧圆。"茧圆，是形如蚕茧的米粉团子，只是比蚕茧大很多。蚕农大概是希望蚕茧结得大一些，养得"蚕花廿四分"吧。

我们不用作茧圆祀马头神，可以偷得浮生半日闲，找个地方休闲一下。提完青后，春蚕工作坊负责人余教授就开车带着我们去采桑叶、桑葚，吃立夏饭。

来到云豪家庭农场，我们先穿上蓝印花布的蚕娘服饰，为蚕宝宝采些"树头鲜"桑叶。起娘比较娇嫩，饲食那餐的桑叶最好鲜嫩一点。采完嫩嫩的桑叶，我们又去采了酸酸甜甜的桑葚。我们在果桑园里过了把吃桑葚的瘾，还各自采了一篮。吃过立夏饭，我们回到蚕室，大部分的青头也眠了，楼站长让我们再次进行提青。这些就是需要淘汰的"老头蚕"。撒焦糠，加网，撒桑叶，一系列的操作完后，就将蚕宝宝的发育进度拉齐。

我们向楼站长和张所长学会了判断眠头和起娘的方法：一、看体色：新起娘蚕整体呈青白色，些许的黑色，且头部略呈椭圆形。没有脱皮的蚕宝宝则尾部呈蜡质般的黄色，头部呈三角形；二、观口器：新起娘蚕的口器会增大；三、察体型。借肉眼观察，新起娘蚕的体型明显变大了。

5月5日早晨，蚕宝宝都眠好，成为"起娘"了。新起娘蚕刚脱完皮，很容易生病。据《吴兴蚕书》载："蚕自小至老，须刻刻防其疾病。俗称蚕为忧虫，受一分病则歉收一分。"蚕宝宝主要的蚕病有白肚病、僵病、蝇蛆病等。引起蚕病的原因是多方面的，有病毒、细菌、寄生虫、有毒气体等等。蚕病重在预防，首先必须了解蚕的习性，其次是保持蚕室、蚕具、桑叶的卫生。所以，在进入蚕室之前、触碰桑叶的时候，我们都需要洗手。在进入蚕室时身上也不能有刺激性的气味，防止引起蚕宝宝的不适。

起娘蚕都需要在饲叶前用"防病一号"蚕药进行消毒杀菌，在用分箔蚕网后喂给桑叶。此时的蚕宝宝已进入三龄，食欲比二龄蚕大上许多，但是第一餐饲叶要采用多喂薄饲的方法。即此餐喂叶量少一点，薄薄的一层，但必须每条蚕都得吃到，4个小时之内就能吃得光光的。我们在分箔蚕网上均匀地撒上一层桑叶，不久就看见蚕宝宝在吃叶了。在喂完桑叶过后需要用防干薄膜将蚕座盖起来，防止桑叶水分流失。

蚕室的温度也必须严格控制，三龄期蚕，中心温度在 80℉—81℉左右。一般干湿温差在 2℉—3℉之间。一旦湿度不够，老师们都会让我们把电饭煲改为煮饭模式，烧煮出水蒸气来。每天早中晚都需要将温度记录下来，桑量控制，根据蚕宝宝的吃桑情况，适度增减都是需要慢慢掌握的。

刚养蚕时，余教授戏称，到时候会养出感情来的，当时确实有些不以为意，但是从收蚁、头眠、二眠到现在，看着它从一个小黑点到现在已经初具形状，确实有着些许欣慰，一天就会变个样子，相信不久就能结出金黄色的"黄金茧"来。

（原载《钱江晚报·小时新闻·全文艺》2021 年 5 月 7 日）

春蚕日记·三眠（出火）

范帆鞭　余连祥

趁着五一假期我回了一趟老家，和家人闲聊时说起我最近在学校养蚕的事儿。80 岁的爷爷一听乐了，兴冲冲地跑去翻出件丝绸制的旧短衫来，说是太祖母在世时年年养蚕、补贴家用，这便是她自己缫丝织绸为他做的衣裳。太祖母当年可是个养蚕能手，但离世早，养蚕的手艺并未传下来。爷爷欣喜于我还与养蚕有这缘分，仿佛是冥冥中注定的传承。在家那些天，他反复叮嘱我要认真养蚕,不可马虎,临返校前又絮絮叨叨地嘱咐了我好些话。我一一应下,心想:这又多了个"监工"的,养蚕得再上心些了。

仅和蚕宝宝短暂分别了 5 天,它们竟已大变了模样。原本黑黢黢的皮肤褪去了黑色,呈现黄中带青的色泽,身体也长大了不少。蚕宝宝日长夜大,一个蚕匾自然也不够安置了,二眠结束后便进行了分匾。分匾这事儿说起来简单,但做起来就不是那么回事儿了。我们养蚕小组大多是女生,又大都怕虫子。尽管我身体力行地证明了蚕宝宝乖顺并不咬人也无济于事,她们仍不愿用手触碰蚕宝宝,便只好由我与另一位男生合力完成了分匾工作。第一次分匾因为缺乏经验再加上人手不足,导致各个蚕匾中的蚕宝宝数量极不均匀,这给我们的喂蚕工作带来了麻烦。若每匾蚕宝宝的数量均匀,则每匾喂桑叶的数量可以保持一致,也就不会出现这匾喂多了那匾喂少了的情况。为此,我们又一次进行了分匾,最后共分成了 9 匾。

据《豳风广义》记载:"蚕复将眠,宜微暖。候蚕变黄色,不论阴晴,急须抬过,可布满十二箔。细叶频饲,候蚕尽眠方住食。眠一日夜,第二十二日复脱壳尽起,是为三眠。"三眠前几天,蚕宝宝的食欲明显旺盛起来。我们每天要喂早、中、晚三次蚕。每回到达蚕室后，先检查蚕室内的温度是否在 25 摄氏度左右，且干湿温差为 1.5–2 摄氏度。如若温度偏低，则要将电饭煲开启煮饭模式，利用煮水的水蒸气给蚕室增温，并开窗通风以保证蚕室空气清新。白天大伙儿都是趁课间时间喂蚕，时间紧迫，这边的同学刚切好一篮子桑叶，那边的同学便赶紧拿去喂蚕宝宝，一篮接着一篮，要喂 5 斤左右的桑叶才够。喂完后还要给蚕室进行简单的清洁消毒工作，拖地后再撒些漂白水。蚕室内的物品摆放也需整齐利落，关于这对蚕宝宝是否有益我说不上道理，但蚕室整洁干净了，我们看着赏心悦目，干起活来的确是更有劲了。晚上喂蚕的时间就宽裕多了，除沙、蚕体消毒、换匾这些工作大都放在这会儿。二眠后的蚕宝宝属于三龄，按专家指导，我们一天一次用"防病一号"蚕药对蚕体进行消毒，消毒后再喂桑叶。同时除沙也保证一天一次的频率，除沙是在给桑叶前将蚕网加盖于蚕座之上，每两次给桑叶之后即可提网，剩下的那堆废弃物就是蚕沙了。在湖州荻港的桑基鱼塘生态圈中，蚕沙是用来喂鱼的极好饵料。那么我们没养鱼，就将蚕沙倒在了花坛中，让它成为花草的养料。除沙过后伴随着的就是换匾，即抬网将蚕宝宝们安置在干净的新蚕匾中。换下的蚕匾、塑料薄膜等蚕具要拿去清洗、消毒和晾晒，以备下次所用。

精心照料 4 天后，5 月 7 晚蚕宝宝的食欲减弱，活动减少，是快要三眠的迹象。蚕宝宝三眠我们需做的工作和二眠时大致相同。5 月 8 日早上，大部分蚕宝宝开始了三眠，还有小部分的蚕宝宝因为各方面的原因发育进程略有滞后。原湖州市蚕桑技术推广站楼站长指导大家在蚕座上撒上焦糠，焦糠会让剩余桑叶水分流失，让未眠的蚕无法再吃，这叫作止桑，意在统一饷蚕进度。之后将处在三眠的春蚕与"发育较慢"的春蚕加网提青，继续进行三眠。在分好的匾中撒上焦糠，再在上层撒上新鲜的桑叶丝。

5 月 9 日上午，蚕宝宝们都眠好，俗称为"起娘"了。新起娘蚕刚脱完皮，很容易生病，因而需要在饷叶前用"防病一号"蚕药进行消毒杀菌，在用分箔蚕网后喂给桑叶。清代诗人董蠡舟的《南浔蚕桑乐府·饲蚕》写道："盼到几时才出火，连枝喂食无不可。"三眠后的蚕宝宝已经是四龄了，又长大了不少，可以喂整片的桑叶了，这将大大减轻了我们的工作量，对此我们甚感欣慰。但考虑到新起娘蚕的口器还比较娇嫩，所以眠好后饲的第一顿还是将桑叶切成了较大的

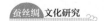

桑叶片后再喂。立夏后，湖州的天气日渐炎热，蚕室自然温度已有 24 摄氏度，加上四龄的蚕宝宝已经较为强壮了，那么之后便无须人为加温，可在蚕室的自然温度下饲养蚕宝宝了。俗称三眠为"出火"，意谓加温的火缸可以从蚕室搬出去了。不过我们只是去除了加湿用的电饭煲，晚上还是要用空调加点温度。

　　我素来贪睡，但为了养蚕这事我连续早起了好些天，倒也不是我转性变勤劳了，而是我那爷爷近来在微信上连番问候蚕宝宝的近况，还转发了好些关于养蚕的文章给我，把我搞得哭笑不得。记得初养蚕时，"春蚕工作坊"负责人余教授说，我们既要科学养蚕又要养出文化。我听得懵懵懂懂，因为对于文化这个词我一直无法给它下个清晰的定义。但我最近好像明白了点什么，我想我们养蚕不仅是对养蚕手艺的传承，而且还是对其中蕴含着的千年来中华民族智慧的传承，更是对其中人和自然，人与生灵、人与人之间和谐关系的传承。文化的特点是：有历史，有内容，有故事，所以我们要活化传统蚕桑文化，努力加以传承和传播。

（原载《钱江晚报·小时新闻·全文艺》2021 年 5 月 10 日）

春蚕日记·大眠

范帆鞿　余连祥

　　三眠后的那几天，蚕宝宝的食欲依旧高涨。尽管省去了切桑叶的步骤，我们一日三次的喂蚕时间仍是在反复的择桑叶、擦桑叶、喂桑叶、消毒清理等事务中度过。原以为蚕宝宝整叶喂桑后将大大解放我们劳力的想法惨遭破产。因为这整叶喂桑也有讲究，要求将片片桑叶在匾中铺得均匀、平整，要层层叠叠铺上个两三层桑叶方足够，自然也免不了费些精力。诚然，我们已切身体会到养蚕是件既费时又劳累的事了。单调乏味的重复性劳作使人身体疲惫，但更令人无法忍受的是头脑中的一片空白。我们习惯性地想明白做某件事情的意义。于是，我们养蚕小组的成员们开始频频交谈一个问题：我们为什么要做养蚕这件事儿？

80岁爷爷在得知我在养蚕后一直热切地关注着我们养蚕的进程，数不清是他第几次向我询问蚕宝宝近况时，我向他提出了心中的疑问。不知为何，我感到有些心虚，就像是小时候没完成作业还偷跑出去玩碰巧被他抓个正着的情景。不过他听完后只是哈哈大笑，告诉我说："正是因为你们会问'为什么？'啊。"我并未能恍然大悟，依旧迟缓的思索着，但还未等我找到答案，蚕宝宝的大眠已经到来了。大眠是蚕宝宝的最后一个眠关。蚕宝宝每增一龄，都要眠一次，一生要眠四次，但因为蚕农忌说"四"，"四"与"死"谐音，故称"四眠"为"大眠"。

5月12日午时，我们正准备喂桑叶时，却意外发现蚕匾中大半的蚕宝宝已有了要眠的迹象。它们不再吃我们喂的桑叶，伏在匾上一动不动，仅半昂起其"马头"。我用手轻扣蚕宝宝的头试图把它叫醒，但它仅回缩了下身子便再无其他反应。蚕宝宝眠了意味着我们可以获得短暂的休息时间，然而这回我们却有些忐忑。前一日晚上，出于担心蚕宝宝挨饿的原因，我们喂了比平日多了一倍的桑叶。今早来喂蚕时，发现蚕匾中剩的桑叶也并不多，这说明喂桑量也在合理范围内。一切好像没什么问题，但大眠早了又好像有点问题，思来想去不得其解。原先的计划被打乱，大伙儿都停下了手上的活计，面面相觑不知如何处理，心绪不安地等待楼站长赶来后再做安排。果然，我们喂多了桑叶这事儿未能逃过楼站长的眼睛，但她也判断出是近来湖州连日高温加快蚕宝宝成长的速度并提早进入了大眠。我松了一口气，暗喜并非喂多了桑叶惹的事。

在楼站长的指导下，我们也赶紧给蚕宝宝做好大眠前的准备工作。先在蚕座中撒上焦糠，目的在于止桑。随后加上蚕网，再稀疏地铺上些许桑叶，意在引出未眠的青头蚕。按照前几次的经验，需要隔一到两小时后再将提出的青头蚕归置在一匾中喂桑后再眠。然而，等我们下课后再回到蚕室时，却看到新加的蚕网上趴着蚕匾中近大半的蚕宝宝。这些蚕宝宝中有些是已入眠的眠蚕，还有些是仍在吃桑叶的青头蚕。清代诗人董洵的《南浔蚕桑乐府·捉眠》写道："三眠四眠种各异，欲眠不眠揽丝未。"现下情况显然超出了我们已有的经验范围，我们只好再次求助于楼站长。电话中我们简要地说明了蚕宝宝的情况，楼站长告诉我们可以以分批的方式来处理，即每匾提网后移至新蚕匾，一分为二。恰如诗人董洵写的："已眠未眠——分，曲植蘧筐忙位置。"蚕匾中余下的那些为先眠的蚕，移至新蚕匾的那些则是后眠的蚕。随后，我们给后眠的那批蚕宝宝再次撒上焦糠给桑叶，晚8点左右也已基本眠了。

这两批蚕大眠的时间不同，眠好的时间自然也不同了。5月15日早，先眠的那批蚕宝宝基本眠好，蚕匾可见许多蚕宝宝蜕皮后留下的黑褐色的蚕皮，而蜕皮后的蚕宝宝肤色呈奶白色，十分可人。我们照例在饲食前先要用"防虫一号"进行蚕体消毒，再加蚕网后给桑叶，眠好后饲的第一餐只需要铺薄薄的一层桑叶。我猜一方面是由于新起娘蚕口器娇嫩，还有一方面和人久饿后不能一次性吃太多是一个道理。待蚕宝宝将桑叶基本吃完后，进行提网除沙换匾并再喂桑叶，这次给桑量可以稍多些。

后眠的那批蚕宝宝一直到晚 7 点左右才眠好，用同样的方式完成了饲食。两批蚕宝宝的发育进程不一致了，之后上簇、结茧的时间也将有所差异，因而我们将两批蚕宝宝的蚕匾分开放置以便区分。此时的蚕宝宝已有婴儿手指那么粗了，生命力比蚕蚁时着实来得强。蚕匾里已容不下那么粗大的蚕宝宝。再过几日，我们将把蚕宝宝放在蚕室内地上饲养，俗谓"落地铺"。地铺四周要撒上石灰，以防蚂蚁伤蚕。地面上要铺上一层厚厚的菜壳（油菜籽的壳），以隔绝地上的湿气。旧时蚕宝宝落地铺以前要用手捉起来过秤。6 斤大眠头为 1 筐（也称箔、羌）。诗句"吴地育蚕唯论筐"盖指此。这样做自然也有图吉利的意思，不过主要是为了计算蚕茧产量。1 筐大眠头每产蚕茧 1 斤为一分蚕花。产上 12 斤蚕茧为蚕花十二分。蚕花十二分是相当不错的了。十三四分难得碰上。"蚕花二十四分"只是发发"好利市"而已。

自四龄起，我们便已是在自然温度下饲养蚕宝宝了，蚕室内温度维持在 75 华氏度左右，干湿温差为 5 华氏度，之后若气温偏低则热空调加温，气温偏高则冷空调降温。同时要加强通风和消毒工作。此时蚕宝宝相对强壮，因而春蚕工作负责人余教授就特意请人做了标牌，把蚕室开放成打卡地。第一批来打卡的是公选课"蚕桑丝绸文化赏析"的同学，大家都来拍照，扫码"我爱蚕宝宝"公众号，发朋友圈。周末就有教工带了孩子来亲子打卡。于是，我们春蚕工作坊几乎刷爆了学校的朋友圈。

有一日晚上喂完蚕后，我们一行人走在回寝室的路上，突然有人发问："蚕宝宝为什么会结茧呢？它什么时候会结茧呢？我太想看看了，甚至想到时候偷偷拿走一个。"他的语气中透露着兴奋与好奇，我由此顿悟"为什么"的答案了。我们这群大朋友也要在自我解答众多的"为什么"中，懂得养蚕背后的科学道理，体悟蚕桑文化的历史渊源，拉近我们与自然万物的距离，也慢慢读懂父辈乃至祖辈们对于养春蚕的集体记忆。

（原载《钱江晚报·小时新闻·全文艺》2021 年 5 月 17 日）

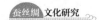

春蚕日记·熟蚕上山

范帆鞔 余连祥

"仙人难断叶价。"原先养蚕，最怕桑叶不够。从事桑叶买卖的叶行专门推出了"稍叶"这种远期交易。现如今，农村的桑树地里难觅采叶人。学校第一年养蚕，桑树新栽，刚发了些嫩小的枝叶，桑叶都是别处友情提供的。如此看"空头蚕"，总不踏实。

大眠以后的蚕宝宝俗称"老蚕"。不过此时的蚕宝宝并没有"老"相。它们已有小拇指般粗细，白胖的身子微微泛着青色，脑袋是圆鼓鼓的，近尾巴处渐扁窄些，伏在墨绿的桑叶上埋头苦吃。若是被儿时的我见着了，定是要被吓得哇哇大哭，可现在的我瞧着蚕宝宝甚是欢喜，竟还看出了几分虎头虎脑的可爱来。这大约是老母亲的心态，怎么看自家的蚕宝宝都觉得好看。

老蚕食量颇大，不分昼夜，一个劲地吃叶。往往是在地铺里铺满桑叶后，没过多久，在蚕宝宝如雨打芭蕉的蚕食声中，桑叶被蚕宝宝风卷残云一般吃尽，地铺上唯一片生青滚壮的蚕宝宝嗷嗷待哺。大眠后那几日，蚕宝宝一天要吃掉近200斤的连枝桑叶。由于阴雨天气和蚕忙等原因，我们的桑叶供应出了问题。一时间蚕宝宝即将面临断粮挨饿的窘境。暴雨前夕，湖州天气潮湿闷热，大伙的心情也如天气般烦躁不安，我们蹲在竹筐前细细择出品相砢碜但也还能喂给蚕宝宝的桑叶，不舍得浪费，生怕蚕宝宝吃了上顿没下顿。校园新栽桑树上的那些小枝条，也不得已做了蚕宝宝们的储备粮，不时就得去摘些来喂蚕。树小蚕多，就算薅秃了那几颗小桑树也远不能填饱蚕宝宝们的肚子，必须去别处寻来大量桑叶才行。于是，余教授决定带上我们的同学开车前往湖州荻港古村的桑基鱼塘核心保护区去摘桑叶。傍晚时分，一行人满载而归，余教授的小汽车被塞得满满当当，硬是载了近两百来斤的桑叶回来。同去的同学为给桑叶让座，只好自己打车回学校。与桑叶一起来的还有一个好消息，便是桑叶的问题解决了。经楼站长牵线、余教授积极沟通，荻港古村的几位蚕农将每天给蚕宝宝送来充足且新鲜的桑叶。大伙儿心里的石头总算落下，喜滋滋地戏称我们"春蚕工作坊"从此是"桑叶大户人家"，养起蚕来底气十足，很大方地给来前蚕室打卡的学生和家长送桑叶。

　　老蚕已经可以连枝喂桑了，并且桑叶上的细小灰尘与露水也无须揩去了。据张所长说，此时的蚕仍容易出现蚕病，因而蚕室通风和一日一次用"防病一号"进行蚕体消毒工作依旧不可或缺。自从落地铺后除沙的工作便就免去了，但蚕沙长期堆积不清理容易发霉导致细菌滋生从而影响蚕宝宝的健康。楼站长告诉我们可以采用多喂薄饲的方式，让蚕宝宝尽可能地把每次喂的桑叶吃干净，这样子一来蚕沙堆积便少了。不过，理论我们是听懂了，实践起来就是另一码事了。依旧是慈母的心态在作怪，我们总是担心蚕宝宝挨饿，每次都喂厚厚的好几层桑叶。虽说蚕宝宝吃得多，不料却同孩子那般挑食，他们只吃新喂的新鲜的桑叶。于是陈旧的桑叶在蚕宝宝的足下越积越厚，地铺渐渐凸起成小山丘。大概是蚕宝宝长势喜人，我们竟然选择性忽略了蚕沙堆积的问题。

　　在接连饲了五六日后，蚕宝宝吃叶速度减慢了，随之发现先眠的那批蚕宝宝中有些身体已经从尾部往上渐渐由生青转黄白。等到蚕全身变为玉黄色，不再吃桑叶且开始网丝，就意味着蚕熟了，俗称熟蚕。蚕熟后下一步便是上簇，要将熟蚕捉到蚕簇上去，让它吐丝结茧。一日下午，我们随余教授去了毗山脚下的湖州市蚕桑研究所参观学习。那儿的蚕比我们的要早熟些，有部分已经上簇结茧了。如何判别熟蚕，张所长告诉我们一个简单的方式。熟蚕是透明的，蚕农判断蚕宝宝是否已熟时往往把蚕宝宝拿到光线里去照，看蚕宝宝是否已"通"，即是否透明了。

　　5月20日，刚出差回来的楼站长大清早便赶来学校指导。她在细细观察后，判断出老蚕将在近两日陆续变为熟蚕，明日稍晚些就可以上簇了。同时，我们的"蚕沙山"终于藏不住了，楼老师让我们必须在上簇前把蚕沙清理掉。趁着下午没课，我们养蚕小组的同学们开始"移山"工作。估计是朝夕相处有了感情，女孩子们都不怕蚕宝宝了，她们能一边面不改色捉蚕宝宝，一边还与人谈笑风生。我们很快将地铺中的蚕宝宝悉数捉到蚕匾里暂时放置在门外走廊上，再将地铺上的蚕沙等废弃物清理干净，随后还要用报纸代替原先的油菜籽壳铺落地铺。在等待蚕室整理、布置的期间，蚕宝宝们偶遇了一群刚下课的同学。他们齐围在蚕匾旁边，在经过我们同意后，有同学好奇摸了摸蚕宝宝，还有的同学与蚕宝宝合了影。人群热闹嘈杂，我远远地听见他们在说"为什么要在学校养蚕？""好多蚕，好大只啊！真不错诶。""这个蚕好像有花的有纯白的。""我家里以前也养。"……我们做的事情终于被人看见了，还得到了赞叹，近一个月来的辛苦都化作了欣慰。

蚕宝宝被重新放回地铺。由于蚕宝宝大眠的时间不一致，因而有些许几只蚕也熟得早些，需捉起放到一旁的簇具上先行吐丝结茧，可真是"喜见新蚕莹似玉，灯前检点最辛勤。"大部分未熟的蚕还需再喂几次桑叶。据《豳风广义》记载："饲至身肥、嘴小、丝喉渐亮……便可上簇。蚕将老之时也，饲之宜薄且频，宜微暖，不过一二日之间，便可上簇矣。"在蚕熟之前饲养需注意两点：一是不继续在自然温度下养蚕，打开热空调，将蚕室温度控制在 75 华氏度左右；二是不再用连枝桑叶喂蚕，需将桑叶摘下，在地铺上薄薄铺一层，见蚕宝宝吃完了便再薄饲一层。

"候蚕尽皆身体透明，不食游走则作茧也！急宜拨之上簇。""蚕熟一时，麦熟一响。"5 月 21 日，正巧是小满节气，下午 5 时左右，我们开始上簇了。旧时蚕宝宝将熟，蚕农们要在蚕室中用竹木、芦帘和草荐架起棚，俗称"山棚"，因而上簇又称上山。蚕农得将蚕宝宝从地铺里一一捉起来，过秤后再放到山棚上，然后在山棚上插满"帚头"，以便让蚕宝宝在"帚头"上做茧。如今，一切就简，只要在地铺里放满蚕簇就好。我们所用的蚕簇有好几种。一是草龙又称柴龙，二是湖州把即帚头。这两样都由稻草做成，诚如诗人沈炳震在《蚕桑乐府》所述："去年田好多收稻，有米冬春尚余藁。平头剪截一例齐，留待今年作蚕草。"其三是现代化的塑料格簇。第四种是从校园中就地取材，用竹子枝丫做的蚕簇。将竹子较为软且易折断的部分去除，然后剪成 50cm 长短，竖立放置在地铺上，就成了一个简易蚕簇。来我们蚕室打卡的家长们正为如何上簇发愁，看到这种竹枝簇具，都说可以学样，从小区的孝顺竹上剪些枝条来上簇。

上簇之前需进行最后一次蚕体消毒，随后依据蚕宝宝的情况来决定是否还需再饲少许桑叶，若未熟的蚕宝宝尚多则还需喂桑叶。铺满蚕簇后，只需静待熟蚕爬上蚕簇找到它满意的位置后吐丝结茧。蚕结茧期间，蚕室内温度需保持在 80 华氏度左右，并关上门窗，拉下帘子，加温去湿。蚕茧"出口干"有利于缫丝。正如清代康熙皇帝为《耕织图》题诗的《炙箔》中写道"蚕性由来苦畏寒，深垂帘幕夜将阑。炉头再蘸松明火，老媪殷勤日探看。"接下来的时间便交给蚕宝宝们忙活了，我们就等着收获金灿灿的黄金茧了。

蔡元培说："大学者，研究高深学问者也。"我们大学生养蚕远不能仅是养蚕，我们既要科学喂养蚕宝宝，又要传承丰富的蚕桑丝绸文化，还要带动前来春蚕工作坊打卡的学生和家长养好蚕宝宝。

（原载《钱江晚报·小时新闻·全文艺》2021 年 5 月 25 日）

春蚕日记·头蚕罢

范帆鞭　余连祥

"小满动三车"。"三车"是指丝车、油车和龙骨水车。小满前后，蚕乡采收了蚕茧要用丝车来缫丝；收获了油菜籽，要开油车榨油；油菜和麦子属于旱地作物，收获后需要用水车车水后翻耕，然后插种水稻。

别处的小满，只收些麦子和油菜等春花作物，小有收获。蚕乡的小满，是

一年中最大的收获时节，蓬头赤脚养一季春蚕，大半年的开销就有了。

据茅盾和丰子恺回忆，他们的祖母嫁到镇上，每年都要大规模养一季春蚕，图的就是"头蚕罢"丰收的热闹和喜悦。

春蚕由于是第一季蚕，故又称"头蚕"。童年的丰子恺，大人们忙着张罗缫丝，他却乐滋滋地享用慰劳蚕忙的"软糕"（茶糕）和枇杷。忙罢头蚕，大人们一边收拾养蚕、缫丝用具，一边教丰子恺童谣："枇杷枇杷，隔年开花；要吃枇杷，明年蚕罢。"于是，丰子恺在落寞中对明年的"头蚕罢"又有了盼头。

在从前，蚕宝宝吐丝结茧是件极为神秘的事情。蚕农们会将蚕室封起上锁，还要在蚕室门楣上挂起驱邪祈福的桃枝。三日后，蚕已成茧，蚕农撤去火缸，拆除围住山头的草荐等物，将窗户打开，俗称"亮山头"。到那时便是"几家欢喜几家愁"了，若见到山棚上的蚕茧白皑皑一片，这家是欢声笑语庆丰收；反之山棚上若只见稀疏几个蚕茧，那家也只能哭着接受现实了。

这种彩票开奖般的体验我们是无缘经历了，而且大伙儿对自己养的蚕宝宝极有信心，放言：待到"亮山头"时定是满地遍是黄金茧。

我们讲究科学养蚕，对蚕吐丝结茧的情况要时时监控，也不存在封闭蚕室了。而且封闭蚕室虽利于增温去湿，但事实上蚕室内空气不流通，蚕沙、蚕茧都容易发霉，还会产生难闻的异味。因此，上蔟后我们利用热空调增温去湿，使蚕室温度维持在摄氏 26 度，门窗留出缝隙通风，还要拉下帘子营造出静谧的环境，让蚕宝宝们安心结茧。

仅过了一昼夜，第二日早晨便见蚕蔟上有不少黄金茧了。

由于蚕发育有快慢，仍还有近半数的蚕宝宝未爬上蚕蔟。等到晚上再去看时，基本上所有的蚕宝宝都爬上蚕蔟了，只是有些在乖乖做茧，还有小部分蚕宝宝不知是偷懒还是迷糊，在蚕蔟上爬来爬去搞不清楚要做些什么。

蚕在吐丝结茧之前要将肚子里东西排干净，只留一肚子的蚕丝。因此，当未做茧的蚕宝宝在蚕蔟上爬动时，它的排泄物容易污染其他的蚕茧，导致形成残次的黄斑茧。我们按照楼站长指导意见，将未做茧的蚕宝宝捉出放到另外的蚕蔟上。次日清晨，这批蚕宝宝也大都结茧了。

据《豳风广义》记载："用火要两昼夜，则茧成矣。茧成之后，大开门窗，以通风凉。"

三日期限一过，就是俗称"亮山头"的时候了。我们关上空调，拉开帘子，打开门窗南北通风。瞧，蚕宝宝们可真给我们这群新手"蚕娘"面子，只见遍地蚕茧"光明洁净坚且圆，如珠累累相骈联"。虽是亲眼看着蚕蔟上渐渐缀起颗颗金黄的蚕茧来的，但也还是想拍手称赞一番。

不过，现在还未到收茧的时候。从上蔟那日算起要过六七日左右，摘一颗茧子轻轻摇晃可听见"咚咚"声响，说明蚕已成蛹，方可收茧。

5 月 27 日下午，湖州师范学院校党委书记、蚕桑丝绸文化基地负责人金佩华研究员，湖州师范学院党委委员、宣传部部长杜宁一行来到"春蚕工作坊"，和我们养蚕小组的同学们一同收茧庆丰收。他们来的时候，我们一时都没察觉。因为大伙儿摘茧正摘得兴起，还在发愁篓子里快放不下蚕茧了，可真是"只愁茧多无处盛，草篰桑篮尽堆积"。金书记夸奖我们的春蚕养得好，"春蚕日记"的影响力大，来年可以养彩色茧，还和我们分享了他多年前带着学生养蚕的趣事，最后大家一块儿合了影。次日，我们养春蚕工作坊黄金茧大丰收的新闻还登上了"学习强国"。

说到这摘茧亦有讲究，正如《豳风广义》中记载："摘时将坚实良茧，另放一器。将薄茧、两头薄茧、有孔茧、二三蚕相合之茧、血蚕茧，择出另放一器，制作绵用。"简单来说就是有好次之分，蚕茧要区分放开。像同功茧、鹅口茧和黄斑茧是不宜做丝的，但适宜于剥绵兜。如诗人沈炳震《蚕桑乐府》写写的，

"止堪去蛹剥为绵，留待三冬作絮被"。

蚕丝被向来是湖州人家嫁女儿时十分体面的嫁妆，近年来蚕茧价格低迷，许多人家早早为女儿准备了丝绵嫁妆。爷爷在很早之前就告诉我说：蚕蛹可是美味又营养的食材，昨日告知他我们的春蚕大丰收，他再与我谈起当年太祖母那道拿手好菜——油炸蚕蛹。他绘声绘色地描述那口好滋味，我听得依旧是半信半疑，这蚕蛹真能吃吗？然，我竟又听余教授说，剥绵兜时剥出来的蚕蛹，洗干净后，同韭菜一起煎炒一番后，就是一道极好的下酒菜了。韭菜炒蚕蛹，其味可以与河虾相媲美，其营养价值也不亚于河虾。好了，我姑且相信蚕蛹不仅是桑基鱼塘生态圈中鱼儿们的佳肴，它也是人们餐桌上的美味了。若有机会，我定要去尝一尝。

蚕茧全部摘下后平铺在竹匾里，放在通风阴凉的地方。恰如《豳风广义》所言："摘下摊于通风凉房内箔上，厚二三寸，不可过厚，厚则发热，丝腐难缫。五六日之间，方可缫丝。迟至七日后则蛾生。"

那些"洁净光明"金黄色的蚕茧，我们并不打算用来缫丝织绸，而是另有用途。一部分蚕茧将送去烘干处理后放回簇具上，不久之后将亮相大会堂二楼东侧的蚕桑丝文化展览。剩下这部分蚕茧，则是交给艺术学院的张新江老师。他将带领艺术学院从事工艺设计的师生将蚕茧做成各种文创产品。更有意思的是，我们的蚕茧还将变成赠送 2021 届湖州师范学院新生的一份小礼物，和录取通知书一块儿送到他们手中。另有一些次茧，我们就送给云豪家庭农场剥绵兜做黄金茧蚕丝被。

4 月 28 日到 5 月 27 日历时一个月时间，我们养春蚕活动就要告一段落了。这个过程有苦有甜，从一开始感到新奇，到中途的疲倦，再到满怀期待，蚕宝宝们慢慢长大，我们也在这个过程中获得了成长。我们跟着资深专家科学养蚕，又回溯过去，看从前的蚕农如何养蚕。我们是大学生在校园里养蚕，又在"我爱蚕宝宝"公众号上带着小朋友们一块儿养蚕，并通过钱江晚报的小时客户端扩大了影响力。我们在养蚕又却不仅是养蚕，因为我们想要传承、传播中，让蚕桑丝绸文化历久弥新。

余教授说，蚕桑丝绸文化基地正在筹建春蚕工作坊。我们将在养蚕小组的基础上，组建"蚕花研学社"。明年的养春蚕，我们要养得更有文化，更有影响力。于是，我像童年丰子恺期待来年的"头蚕罢"一样，期盼明年的春蚕研学活动。

（原载《钱江晚报·小时新闻·全文艺》2021 年 5 月 25 日）

春天日记·三年级小朋友养蚕手册

蔡颖萍

接到余教授的邀请，为《我爱蚕宝宝》公众号写一篇文章，回忆起 2020 年的这个时候，记忆深刻。去年的这个时候还在疫情期间，家里的小学生还没有开学，只能按教学进程在家上着网课。记得女儿读小学一年级时，学校鼓励养蜗牛，也花了不少心思；听说到了三年级，会要求孩子们养春蚕，那就更费周折。当时听着就觉得很麻烦，因为自己没什么耐心也不爱养小动物。2020 年的春天，是女儿上三年级的第二学期，虽然因为疫情没有开学，但科学课上的养蚕任务还是如期而至。大概也是这个时候，4 月份，科学老师就在班级群里布置了养春蚕任务，并上传了一份《科学养蚕记录表》，有 14 页。

虽然我的内心是觉得又多了件事，但是女儿超级的兴奋，可能小朋友们就是爱养小动物，而她是尤其爱小动物，听到自己可以养蚕了，那是开心得不得了，无比期待蚕宝宝的到来。我从小在安吉的农村长大，对养蚕并不陌生，小时候家里也养过几年的蚕，对养蚕的过程很了解，小时候也喜欢蚕宝宝，帮母亲摘桑叶喂蚕，喜欢听蚕宝宝吃桑叶发出的沙沙声像极了屋外的细雨声，喜欢放学和同学们采桑果吃……我们小时候养蚕，有欢乐，但更多的是看到父母的辛苦，因为蚕宝宝在不眠的时候，是 24 小时都要吃的，特别是四龄、五龄的蚕，吃桑叶的速度特别快，母亲每天都要花很多时间去摘桑叶喂蚕，就算下再大的雨，也得冒着雨把桑叶摘回来。那时候养蚕是生计，现在小学生们养蚕是

学习、是乐趣。

　　首先得买蚕种，小时候是乡镇上统一发种的，现在是网上什么都有，搜一搜，选择一下即可，也只花了 20 几元钱买了个学生养蚕套装。很快就收到了包裹，打开一看，有三个小盒子：一个盒子里是蚕卵，一个盒子里是一龄蚕，一个盒子里是二龄蚕，还送了一些桑叶、一个放大镜、一个温度计、一根鹅毛、一张清洁网。女儿如获至宝，基本不许我们插手，我们只能进行口头指导，不能动手参与。她外婆也跟着有点兴奋，因为也有二十几年没有养蚕了，看见现在网上能买到这些新奇的小玩意儿，老人家觉得很惊讶，但是因为自己有经验，也总爱时不时地插手管一下。

　　一龄蚕和二龄蚕很简单，就先放在小盒子里喂桑叶，因为蚕宝宝太小，外婆就教女儿用剪刀把桑叶剪成条状的放进盒子里。蚕卵需要孵化，在我们小时候，孵蚕卵是很重要的过程，需要保暖，有时候还会用灯泡照着，不然蚕卵就容易受冻，孵化不出来。告诉女儿这个道理后，女儿就把放蚕卵的盒子放在她的羽绒服里，再盖上被子，每天要去看好几次，每次都失望地发现，蚕卵没有任何变化。这个过程持续了有几天，后来终于发现有黑乎乎的，小小的在盒子里一动一动的，女儿开心地大叫：看见小蚕宝宝啦！然后，也是把桑叶剪细细的，喂小蚕宝宝，不一会，就发现，黑黑的，小小的，就爬满了桑叶。女儿还会定期给蚕宝宝清理蚕沙（蚕的便便），在蚕宝宝吃完一批桑叶后，把清洁网放在蚕宝宝的上面，然后在清洁网上放上新的桑叶，蚕宝宝就会寻找桑叶而从清洁网的洞洞里爬上来，等下面的蚕宝宝全部爬上来之后，端着清洁网，把盒子里的蚕沙倒掉就干净了。当然，以前养蚕数量多，蚕沙是很好的有机肥料。

　　然后，最大的问题就是蚕宝宝的食物——桑叶。住在城市里，养蚕期间，桑叶是每天需要操心的事情。不像我们以前在农村，放学的路上两边都是桑树地，春天里桑果成了我们放学后的零食。但由于现在养蚕农户的急剧减少，就是在我们村里，桑树地也都改种了白茶，只有路边还能看见零星的一棵两棵桑树。自从女儿养蚕后，一回到安吉，就是到处找桑树。家门口水塘边的一棵桑树，成了女儿养的这点蚕宝宝的主要食物来源。蚕宝宝小的时候，每周回去摘个一小袋桑叶，带回湖州，放在冰箱里，够吃一周左右。

　　有次因为周末有事，没有回安吉，蚕宝宝就面临着断粮的危险，女儿把寻找桑叶的事情交给了我。我印象中有次聚会，听农科院的朋友说他们院里有桑树，想到了就马上开车去农科院。到了农科院门口，发现院子里有棵桑树，枝丫伸到院子外面，每个枝丫头上散落着零星的几片小小的叶子，枝丫下面大一点的桑叶很明显是被摘掉了。我愣了一会儿，拍了张照片发给闺蜜，感叹湖州三年级小朋友的父母都不容易啊，这一棵桑树在这里，估计都被好多人知道了。因为疫情原因，我就没有进农科院，就把这棵桑树上剩下的桑叶摘了，想着这点也能维持两天。

周一到学校上班，中午和余连祥院长一起去食堂吃饭的路上，我提到了自己找桑叶的经历，余院长立马给我提供了一条宝贵的消息：说他在散步的时候发现学校有棵桑树，而且就那么一棵。吃完饭，余院长就带我去找那棵桑树，要穿过一小段杂草，真的有棵桑树！赶紧又摘了一些桑叶，想着又能维持两天了！现在养蚕，原来也不易啊！

女儿去哪都要带着这一小盒蚕宝宝，五一假期，出去玩，也要带着蚕宝宝一起，带到酒店，放在床头，在游玩之余也不忘精心照顾蚕宝宝，每天都会花一会时间盯着蚕宝宝观察，看着它们吃桑叶。五一假期之后，小学开学复课了，女儿就叮嘱外婆一定要在她上学的时候帮她照顾好蚕宝宝，一定要及时喂食，别让蚕宝宝饿着。后来，蚕宝宝大了，买的时候感觉没多少，一点点长大后，特别是到了四龄蚕的时候，感觉好多啊，从一个小塑料盒子换到了鞋盒里，从鞋盒又换到了装打印纸的盒子里，而且一个还不够，需要好几个盒子。

　　女儿一边养蚕、一边观察学习、一边记录，发现了蚕宝宝吃桑叶的时候很有规律，而且吃得干干净净，一点也不浪费。她知道了蚕宝宝还要经历4次休眠期，在休眠的时候不吃也不动。有次周末我们回安吉，女儿就很放心地没带蚕宝宝回去，和外公说"蚕宝宝们都眠了，在睡觉，这两天不用喂桑叶的，就像有些动物要冬眠一样，但是蚕宝宝竟然能休眠四次，而且每次休眠完蚕宝宝就会蜕一层皮，很神奇"。

　　时间过得很快，有些蚕宝宝开始不吃了，就在盒子里到处爬，白白胖胖的身体开始有点收缩、有点发黄，随后变得通透。外婆告诉女儿，蚕宝宝要吐丝做茧了，而且有的已经开始在盒子的一角开始吐丝了。外婆说得马上给这些蚕宝宝找到适合结茧的工具，不然它们在盒子的边上一直吐丝，浪费了很多丝后就做不起来茧了，那这条蚕的生命就终止了。女儿催促我赶紧在网上下单买结茧网，但是收到包裹需要点时间，外婆就用了自己的经验，用绳子把一些竹子枝丫捆在一起，把要吐丝的蚕宝宝挑出来，放上去。

　　看着结出来的彩色蚕茧，不仅女儿很兴奋、很喜欢，外婆也很惊喜，不相信一样喂桑叶的蚕宝宝竟然能吐出彩色的蚕丝！看着网上的购买记录，4月23日买的蚕种、5月16日买的结茧网，短短二十多天的时间，女儿体验了养蚕的过程，也收获了很多蚕茧。

　　在以前养蚕，结出蚕茧也就告一段落了，会请亲戚邻居过来花几天时间集中收获蚕茧，大部分好的蚕茧就挑选出来直接拿去卖掉了，能换回来一笔不小的现金收入；少量的不完整的蚕茧，就会直接用水煮了，然后在农村妇女们一双双巧手下变成一个个"绵兜"，晾晒干后，做成丝绵被、丝绵袄。小时候的我们，就是穿着丝绵袄长大的。

但是，现在不行，女儿不允许外婆碰她的一个蚕茧，她说科学老师讲过了，蚕宝宝在蚕茧里会变成蚕蛹，蚕蛹会羽化成蚕蛾，蚕蛾交配后还会产卵。蚕茧就这样放着，在逐渐升温的天气里，一个个蚕茧里飞出了蚕蛾，而且真的产下了很多的蚕卵，有的蚕卵又孵化出了小蚕宝宝。但因为天气热了，找桑叶也不容易，就狠下心让女儿没再继续养下去了，女儿还为此伤心了好久，到现在还记忆深刻。

养蚕的过程很短，但小朋友学习了很多，也收获了很多，作为小学三年级科学课上要求的内容，真的很有必要。别说小朋友，在工作之余，我也会偶尔看着蚕宝宝吃桑叶，虽然蚕宝宝们被女儿比喻成"吃货"，实则它们"拼命地吃"是为了尽快地长大、变老、吐丝、结茧；看着蚕宝宝不眠不休地在那一圈圈地吐丝，把自己的身体包裹在里面，想起了"作茧自缚"，然而"作茧自缚"是为了"破茧成蝶"，又想起了"春蚕到死丝方尽"，那种专注和执着，让人动容，觉得这个世界真的很神奇。我也喜欢就这样静静地看着它们，很治愈。

（原载《钱江晚报·小时新闻·全文艺》2021 年 4 月 23 日）

后记

2020 年 9 月，湖州师范学院获批教育部中华优秀传统文化（蚕丝绸）传承基地，是全国 106 个基地中唯一一个蚕丝绸文化方面的综合性基地。基地成立之初，我们就努力打造蚕丝绸文化论坛，构建立足长三角、面向全国、影响世界的蚕丝绸文化研究学术共同体。

2021 年 4 月，首届蚕丝绸文化论坛在浙江德清新市镇成功举办。该论坛由湖州师范学院、《中国蚕业》杂志社、德清县文化和广电旅游体育局主办，由新市镇人民政府、湖州师范学院教育部中华优秀传统文化（蚕丝绸）传承基地承办。论坛共收到论文 30 多篇，与会专家学者分别来自中国农业科学院蚕业研究所、浙江大学、南京农业大学、江苏科技大学、西南交通大学、上海师范大学、浙江师范大学、杭州师范大学、浙江省发展规划研究院、浙江省文化和旅游发展研究院等科研院所和高等院校、文化机构，既体现了专业性，又具有广泛性。来自各地的蚕丝绸文化相关专家学者的报告议题主要集中在三个方面：一是对蚕丝绸文化悠久历史的研究，二是对蚕丝绸文化国际传播的研究，三是对蚕丝绸文化和蚕丝绸产业的现代传承、转化和可持续发展方面的研究。

《中国蚕业》杂志社作为本次论坛的主办方之一，在 2021 年第 4 期开设了"蚕丝文化"专栏，刊发了由张为刚、余连祥撰写的论坛综述《蚕丝绸文化新市论坛纪实》和由李奕仁、沈兴家撰写的论文《桑基鱼塘的兴起与式微——"从处处倚蚕箔，家家下鱼筌"说起》。

论坛举行期间，我们就发动与会专家修改完善论文，开始论文集的筹划准备工作。基地负责人金佩华研究员专门撰写了论文《新时代中国蚕丝绸文化的功能实现》。浙江师范大学教育部青年长江学者邱江宁教授正在主持国家社科基金重大招标项目"13—14世纪'丝路'纪行文学文献整理与研究",在论坛上作了学术报告《13—14世纪域外纪行中的丝绸》,随后又与研究生吴莉娜一起整理成同题论文。浙江省发展规划研究院朱李鸣先生在论坛发言的基础上整理成浙江省咨询委建议《打造国家级"一带一路"丝绸文化交流基地的建议》,获省委书记袁家军与时任省委常委、宣传部长朱国贤批示。人文学院刘方教授也在学术报告的基础上整理成同题论文《长时段、全球化视野中江南城镇发展与蚕丝业的历史变迁——以南浔为核心的考察》。人文学院马明奎教授则对论文《湖州蚕桑神话的文本叙事性及本文开放性》进行了修改完善。2021年春夏之际,基地的工作坊组织学生饲养春蚕,并发动师生撰写"春蚕日记"。这些日记发表在《钱江晚报》小时客户端和基地的公众号"我爱蚕宝宝"上,产生了很好的社会反响。《钱江晚报》小时客户端的总点击阅读量超过10万人次。这些日记作为附录收在这本论文集里。

这本论文集即将付梓之际,蚕丝绸文化桐乡论坛由于疫情原因推迟了。但没有受到疫情影响的是,专家们积极向论坛投稿,第二本论文集已进入编辑阶段。感谢湖州师范学院的优秀校友——德清县委敖煜新书记、桐乡市徐剑东副市长,分别促成了湖州师范学院教育部中华优秀传统文化(蚕丝绸)传承基地与德清县、桐乡市文化和广电旅游体育局的合作共建。浙江大学出版社褚超孚社长、人文与艺术出版中心宋旭华主任十分关心和支持本书的出版工作,在此一并致谢。

图书在版编目（CIP）数据

蚕丝绸文化研究：2021年 / 金佩华主编. -- 杭州：
浙江大学出版社，2022.5
ISBN 978-7-308-22380-5

Ⅰ．①蚕… Ⅱ．①金… Ⅲ．①蚕桑生产－文化－中国
②丝绸－文化－中国 Ⅳ．①S88②TS146-092

中国版本图书馆CIP数据核字(2022)第036978号

蚕丝绸文化研究（2021年）

金佩华　主编

责任编辑	牟琳琳
责任校对	韦丽娟
封面设计	尤含悦
出版发行	浙江大学出版社
	（杭州市天目山路148号　　邮政编码　310007）
	（网址：http://www.zjupress.com）
排　　版	杭州林智广告有限公司
印　　刷	杭州宏雅印刷有限公司
开　　本	710mm×1000mm　1/16
印　　张	16.25
字　　数	251千
版 印 次	2022年5月第1版　2022年5月第1次印刷
书　　号	ISBN 978-7-308-22380-5
定　　价	68.00元